北大社"十三五"职业教育规划教材

高职高专土建专业"互联网+"创新规划教材

全新修订

第二版

建筑施工机械

主　编◎吴志强　杨红玉

副主编◎汤金华　张雯超　杨　永

参　编◎韩欢欢

主　审◎刘　旭

内 容 简 介

本书比较详细地介绍了工程起重机械、土方机械、桩工机械、钢筋机械、混凝土机械、装修机械等的构造、特点、工作原理、应用领域、使用要点，以及各类施工机械的使用管理等相关内容。本书内容精练、通俗易懂、操作性强、利于教学，反映了现代的新技术、新机型及我国建筑施工机械的新成就。

本书可作为土木工程、工程管理、市政、交通、建筑设备等专业的本科、专科、高职等层次的教学用书，也可供建设单位、施工单位、监理单位等工程技术人员和管理人员学习参考。

图书在版编目(CIP)数据

建筑施工机械/吴志强，杨红玉主编. —2 版. —北京：北京大学出版社，2017.5
（高职高专土建专业“互联网+”创新规划教材）
ISBN 978-7-301-28247-2

Ⅰ. ①建… Ⅱ. ①吴…②杨… Ⅲ. ①建筑机械—高等职业教育—教材 Ⅳ. ①TU6

中国版本图书馆 CIP 数据核字（2017）第 085268 号

书　　名　建筑施工机械（第二版）
　　　　　JIANZHU SHIGONG JIXIE
著作责任者　吴志强　杨红玉　主编
策 划 编 辑　杨星璐　刘健军
责 任 编 辑　伍大维
数 字 编 辑　孟　雅
标 准 书 号　ISBN 978-7-301-28247-2
出 版 发 行　北京大学出版社
地　　址　北京市海淀区成府路 205 号　100871
网　　址　http://www.pup.cn　新浪微博：@北京大学出版社
电 子 邮 箱　编辑部 pup6@pup.cn　总编室 zpup@pup.cn
电　　话　邮购部 62752015　发行部 62750672　编辑部 62750667
印 刷 者　北京圣夫亚美印刷有限公司
经 销 者　新华书店
　　　　　787 毫米×1092 毫米　16 开本　14.5 印张　333 千字
　　　　　2011 年 10 月第 1 版
　　　　　2017 年 5 月第 2 版　2024 年 1 月修订　2024 年 1 月第 6 次印刷（总第 13 次印刷）
定　　价　42.00 元

第二版前言

随着工程机械的发展，各类工程机械被广泛应用于工程施工中，大大节省了劳动力，降低了工程成本，大幅度提高了工作效率和经济效益，为加快工程建设速度、确保工程质量提供了可靠保障。同时，建筑施工机械的拥有量和装备率、机械技术的先进性和管理水平、机械设备的完好率和利用率等，已成为衡量一个国家机械化施工水平高低的重要指标。因此，了解、熟悉和掌握现代各种建筑施工机械的选用、使用、维护保养等方面的知识，已成为高等学校土木工程类专业学生和相关工程技术人员的必修课。

本书基于建筑工程现场施工的实际和岗位要求选择教材内容，包括工程起重机械、土方机械、桩工机械、钢筋机械、混凝土机械、装修机械等方面，主要以介绍各类建筑施工机械的类型、构造组成、适用范围、工作原理、技术指标、合理选用、安全使用等方面的知识。书中采用大量的表格给学生以明确的参数概念，同时还运用大量的简图、示意图和构造图给学生以形象的认识，以便于学生理解。本书在编写中力求做到系统性、先进性、适用性和准确性，具有重点突出、深入浅出、通俗易懂、便于教学和自学的特点。本书在修订的过程中还融入了党的二十大报告内容，突出职业素养的培养，全面贯彻党的二十大精神。

为了使学生更加直观、形象地学习建筑施工机械课程，同时，为了扩大学生的建筑施工机械的知识视野，且方便教师教学，本书编写组以“互联网+”教材的信息化模式对第一版教材进行了升级。通过在书中相应位置以二维码的形式增加视频、动画、图片、网络链接、知识拓展等案例资源，学生可以在课内外通过扫描二维码来获取更多的学习资源，节约了学生搜集、整理资源的时间，同时，通过扫描二维码也可获取课后习题答案，便于学生自测后对照。此外，编者还将根据行业发展情况，不定期更新二维码所链接的资源，使教材内容与行业发展结合更加紧密。考虑到本课程的实践性较强，建议各院校采用现场参观、电化教学、多媒体课件等多种手段相互结合的教学方式，充分发挥信息化教学资源的优势，以提高学生的学习兴趣和对知识的消化吸收。

本书由南通职业大学的吴志强、杨红玉任主编，南通职业大学汤金华、张雯超及天津城建大学杨永任副主编，南通建工集团股份有限公司刘旭总工任主审，南通职业大学韩欢欢任参编。本书具体编写分工如下：专题 1、专题 2、专题 8 由吴志强编写，专题 3 由张雯超编写，专题 4 由杨红玉编写，专题 5 由杨永编写，专题 6 由汤金华编写，专题 7 由韩欢欢编写。

在本书编写过程中，参考并引用了许多施工机械研发、生产、销售单位的技术文献资料，同时得到学校、学院领导和相关企业专家的大力支持，在此一并对他们表示衷心的感谢。

由于编者水平所限，书中疏漏和不足之处在所难免，恳请广大读者批评指正。

编　者

第一版前言

随着我国基本建设规模的不断扩大，建筑工程施工机械化程度的日益提高，建筑施工机械已经广泛地应用于我国的城市建设、交通运输、国防建设等各类施工现场中。

机械化施工可以节省大量人力，降低劳动强度和工程成本，完成人力难以承担的高强度工程施工，大幅度地提高工作效率和经济效益，为加快工程建设速度、确保工程质量提供可靠的保障。因此，建筑施工机械的拥有量和装备率、机械技术的先进性与管理水平、机械设备的完好率和利用率等，已成为一个国家机械化施工水平高低的标志；建筑施工机械的产值在国民经济总产值中所占的比重，也在一定程度上反映了一个国家科学技术发展的水平和经济发达的程度。

因此，了解和熟悉现代各种建筑施工机械，掌握机械的选用方法，已成为高等学校土木工程类专业学生和相关工程技术人员的必要业务知识。

本书在内容上主要介绍各建筑施工机械的类型、构造组成、适用范围、工作原理、技术指标、合理选用和安全操作要点等，并尽可能反映现代的新技术和新机型。本书在编写中力求做到系统性、先进性、适用性和准确性，而且具有重点突出、深入浅出、通俗易懂以及便于教学和自学等特点。

本书从目前建筑工程现场施工的实际出发，按建筑施工机械的应用范畴分类，包括绪论、工程起重机械、土方机械、桩工机械、钢筋机械、混凝土机械、装修机械以及施工机械的使用管理等内容。本书注重用图表给学生以明确的参数概念，书中运用了大量的简图、示意图和构造图给读者以形象的认识，便于理解，同时也考虑到本课程的实践性较强，建议各院校采用参观、电化教学、多媒体课件等多种教学手段辅助教学，以提高学生学习的兴趣和接受能力。

本书可作为高等院校土木工程、工程管理、市政、交通、建筑设备等专业的本科、专科、高职等层次的教学用书，也可以供建设单位、施工单位、监理单位的工程技术人员和管理人员参考。

本书建议安排36～40学时讲授，教师可根据各专业的实际情况以及学生对各专题的接受能力灵活调整，实践学时需根据各院校的实训条件进行安排，详细的学时分配建议见下表。

序号	专题	授课内容	课时分配		
			总学时	时数	实践学时
1	专题1	绪论	1	1	—
2	专题2	工程起重机械	6	5	1
3	专题3	土方机械	5	4	1
4	专题4	桩工机械	5	4	1
5	专题5	钢筋机械	7	6	1
6	专题6	混凝土机械	7	6	1
7	专题7	装修机械	5	4	1
8	专题8	施工机械的使用管理	2	2	—
总学时			38	32	6

本书由吴志强任主编，汤金华和陈剑峰任副主编，杨毅、杨永、韩欢欢、冯虎和王庆华参编。具体编写分工如下：吴志强编写专题1、专题2和专题8，杨毅编写专题4，冯虎和王庆华共同编写专题3，陈剑峰编写专题6，韩欢欢编写专题7，杨永和汤金华共同编写专题5；全书由吴志强负责统稿。

本书在编写过程中参考和借鉴了许多优秀教材、专著和相关文献资料，并得到了相关部门和专家的大力支持与帮助，在此一并致谢！限于编者的水平及阅历的局限，书中不足及疏漏之处在所难免，恳请广大读者批评指正。

编　者

2011年9月

目录

专题1 绪 论

教学目标

了解建筑施工机械的含义；了解机械化施工的意义；掌握机械化程度的衡量指标；掌握建筑施工机械的分类；了解工程施工机械的发展趋势。

能力要求

能够判别施工现场各类施工机械的类型；掌握施工机械现场使用的基本要求，为今后学习打下坚实的基础。

引言

建筑业是我国国民经济建设的支柱产业之一。一个建筑物或构筑物的施工，是由许多工种组成的，而每一个工种的施工都离不开施工机械设备。建筑施工机械是建筑工程中用于减轻劳动强度、提高劳动生产率、保证工程质量和降低工程成本的主要施工手段，它对建筑工程中施工机械化及建筑工业化的发展具有极其重要的意义。

1.1 建筑施工机械与机械化施工

1.1.1 建筑施工机械的含义

建筑施工机械与设备是指用于工程建设和城镇建设的机械与设备的总称。

建筑施工机械在各国有着不同的含义，其中在美国和英国称为建筑机械与设备，德国称为建筑机械与装置，俄罗斯称为建筑与筑路机械，日本称为建设机械。我国由于以前归口部门不同，有工程机械、建筑机械、筑路机械、施工机械等称号，名称不同，实际上是你中有我，我中有你，由归口部门按需要采用，故内容大同小异。

当前，“设备”作为机械设备的统称，已在国内外普遍采用，因为“机械”也属于设备的范畴，故现在在建筑施工行业把机械设备统称为机械或设备。

1.1.2 机械化施工的意义

机械化施工是指应用现代科学管理手段，在对各种建筑工程组织施工时，充分利用成套机械设备进行施工作业的全过程，以达到优质、高效、低耗地完成施工任务的目的。

机械化施工是解决施工速度的根本出路，是衡量各国建筑行业水平的主要标志，对加速国民经济的发展起着重要的作用。建筑工程施工是一个占用劳动力多、劳动强度大、劳动条件差和劳动生产率低的工程类型，只有最广泛地实现机械化施工，才能将人们从落后的手工操作和繁重的体力劳动中解放出来，才有可能从根本上改变我国建筑企业施工水平相对落后的现状。

1.1.3 建筑工程施工对建筑工程机械的基本要求

由于建筑工程机械的使用条件多变，工作环境恶劣，受施工场地、自然环境等各种条件影响大，工程作业中受冲击和振动载荷作用，直接影响到机械设备的稳定性和寿命，因此要求建筑工程机械应具有良好的工作性能，主要包括以下几方面的要求。

1. 适应性

我国是一个幅员辽阔的国家，建筑工程机械的使用地区从热带到高寒带，自然条件和地理条件差别大；施工环境有地下、水下及高原，多数在野外、露天作业，建筑工程机械设备常年受到粉尘、风吹、日晒的影响，必须具有良好的防尘和耐腐蚀性能。因此，建筑工程机械既要满足一般施工要求，还要满足各种特殊施工的需要。

2. 可靠性

大多数建筑工程机械是在移动中作业的，工作对象有泥土、砂石、碎石、沥青、混凝土等。建筑工程机械作业条件严酷，机器受力复杂，振动与磨损剧烈，构件易于变形，底盘和工作装置动作频繁，经常处于满负荷工作状态，常常因疲劳而损坏。因此，要求建筑工程机械具有良好的可靠性。

3. 经济性

建筑工程机械制造的经济性体现在工艺合理、加工方便和制造成本低等方面；使用经济性则应体现在效率高、能耗少和管理及维护费用较低等方面。

4. 安全性

建筑工程机械在现场作业，易于出现意外危险，因此，对建筑工程机械的安全保护装置有严格要求，不按规定配置安全保护装置的不允许出厂。

1.1.4 衡量机械化水平的主要指标

【参考图文】

常以下面 4 项指标作为衡量机械化施工水平的主要指标。

1. 机械化程度

计算方法有货币和工程量两种，即用货币消耗和机械施工工程量统计。由于货币往往有变化，故以工程量计算比较真实。我国一般都采用机械施工工程量统计的方法来计算机械化程度指标，即采用机械化完成的工程量占总工作量的比率作为机械化程度指标。

2. 装备率

装备率一般以每千(或每个)施工人员所占有的机械台数、马力数、重量或投资额来计算。

3. 设备完好率

设备完好率是指机械设备的完好台数与总台数之比。设备完好率是反映机械本身的可靠性、寿命和维修保养、管理与操作水平的一项综合指标。

4. 设备利用率

设备利用率是指实际运转的台班数与全年应出勤数的总台班数的比率。设备利用率与施工任务的饱满程度、调度水平及设备完好率等都有密切关系。

实际上，机械化施工水平与施工条件、施工方法、机械性能、容量、可靠性、管理水平、维修保养、操作熟练程度等许多因素有关。一般只能从实际效果上来衡量机械化水平的高低，即从节约劳动力或施工高峰人数、工期或年度竣工量、劳动生产率或工程的单位耗工量等方面去评价。

1.2 建筑施工机械的分类

建筑施工机械按其用途不同可分为以下几类。

1. 施工准备机械

施工准备机械是用来在大型施工现场施工前准备必要的施工条件和施工环境的机械，如除根机、灌木清除机、松土机、平地机(图 1.1)和卷扬机(图 1.2)等。

图 1.1　平地机

图 1.2　卷扬机

2. 土方工程施工机械

土方工程施工机械是用来进行土方、石方施工的机械，主要有挖掘机(单斗挖掘机、多斗挖掘机)、推土机(图 1.3)、铲运机、凿岩机、装载机、平地机械等。如图 1.4 所示为反铲挖掘机。

图 1.3　推土机

图 1.4　反铲挖掘机

3. 压实机械

压实机械是用来压实灰土、三合土垫层和基坑、基础回填土的机械，主要有静力式碾压机械、冲击式压实机械和振动式压路机等。如图 1.5 所示为蛙式打夯机，如图 1.6 所示为振动压实机。

图 1.5 蛙式打夯机

图 1.6 振动压实机

4．桩工机械

桩工机械是用来对护坡桩和桩基础施工的机械，主要有预制桩打桩机械(柴油桩锤、蒸汽打桩锤、液压打桩锤和振动打拔桩锤等)和灌注桩成孔机械(螺旋钻孔机、冲击成孔机和冲抓成孔机械等)。如图 1.7 所示为桩架，如图 1.8 所示为静力压桩机。

图 1.7 桩架

图 1.8 静力压桩机

5．工程起重机械

工程起重机械是建筑施工时用来进行垂直运输和水平运输吊运安装的机械，主要有起重卷扬机、自行回转式起重机(汽车式起重机、轮胎式起重机和履带式起重机等)和塔式起重机(轨道式塔式起重机、自升式塔式起重机)等。如图 1.9 所示为塔式起重机，如图 1.10 所示为履带式起重机。

图 1.9　塔式起重机

图 1.10　履带式起重机

6. 钢筋加工机械

钢筋加工机械是钢筋混凝土预制构件厂、钢筋加工厂或施工现场对钢筋进行各工艺加工的机械。这类机械包括钢筋强化机械(钢筋冷拉机械、钢筋冷拔机械和钢筋冷轧机械)、钢筋调直机械、钢筋切断机械、钢筋弯曲机械和钢筋焊接机械(钢筋对焊机械、钢筋点焊机、电渣压力焊机等)等。如图 1.11 所示为钢筋切断机，如图 1.12 所示为钢筋弯曲机。

图 1.11　钢筋切断机

图 1.12　钢筋弯曲机

7. 混凝土施工机械

混凝土施工机械包括混凝土原材料的计量设备、混凝土搅拌机械(自落式搅拌机、强制式搅拌机)、混凝土搅拌楼(站)、混凝土运输机械、混凝土浇筑机械(混凝土浇筑泵、混凝土浇泵车和混凝土布料机械等)。如图 1.13 所示为混凝土搅拌机，如图 1.14 所示为混凝土搅拌站。

图 1.13　混凝土搅拌机

图 1.14　混凝土搅拌站

8．路面施工机械

路面施工机械是用来对居民小区和城市道路施工的机械，主要有路床铺筑机械、沥青混凝土摊铺机械、压路机、路面破碎机械及路面修筑机械等。如图 1.15 所示为光面压路机，如图 1.16 所示为轮胎压路机。

图 1.15　光面压路机

图 1.16　轮胎压路机

9．装饰机械

装饰机械指对建筑物进行装修时使用的各种机械、机具等。这类机械机具根据动力源的应用不同分为电动和气动两大类。电动机具类有电锤、电钻、电锯、电刨、电动修整机、电动水磨石机、电动刻槽机、电动路面切割机等；气动机具又称为风动机具，主要有风镐、风钻、风锤、风动凿岩机和气动射钉枪、气动扳手等。如图 1.17 所示为水磨石机，如图 1.18 所示为抹光机。

图 1.17　水磨石机

图 1.18　抹光机

1.3　建筑施工机械的发展

随着建筑工业突飞猛进的发展，为适应整个建筑工程施工和生产过程的高效、安全、低成本的要求，国内外都根据自身的国情，发展以建筑施工机械化为核心的建筑机械。无论是单机多能、组合配套，还是大中小型建筑施工机械，都朝着液压自控机械化和自动化的方向发展。

1.3.1　建筑施工机械的发展趋势

【参考图文】

(1) 在技术设计制造上发展集机电一体化的当代新技术。

在建筑施工机械的发展中，提高其机电一体化的目的主要体现在节约能源，净化排气，提高效率；提高操纵性能；提高安全性；提高可靠性；实现运行的合理化管理方面。

(2) 建筑机械要向大型化、多用途和高效实用型方向发展。

建筑施工机械是为了在建筑施工中保质高效地完成施工任务的需要，即实用型。在高层建筑的发展史中，施工混凝土的泵送机械在向高压大流量、垂直输送距离长的方向发展；塔式起重机在向加长起重臂和增大起重量的方向发展。

(3) 从环境保护的角度考虑，发展低污染、低噪声的施工和养护机械。

建筑施工机械的发展应适应各种环境的需要，如何降低污染及噪声是目前发展清洁高效机械的目的。如美国卡特彼勒公司最新研制成功的电子控制液压操纵燃料喷射系统，可不受工作条件的限制，使燃料充分雾化，减轻污染。在建筑施工中，目前对基础施工多采用先进的灌注成孔桩技术，以降低柴油打桩及其他冲击设备带来的噪声及污染的负面影响。

(4) 建筑施工机械在向机械的安全性、舒适性和易操纵性等方向发展。

建筑施工机械的操作劳动强度大、操纵复杂、要求的操纵技能较高。如在装载机循环作业中，换挡非常频繁，如果能使机械操作变得像开小汽车一样，换挡操作在方向盘上就可以进行，将会使操作更加容易和舒适，这就要求电动开关控制换挡向微机控制自动换挡方向发展。同时，建筑机械的安全性问题也是重中之重，在建筑机械的发展中也是不容小视的。

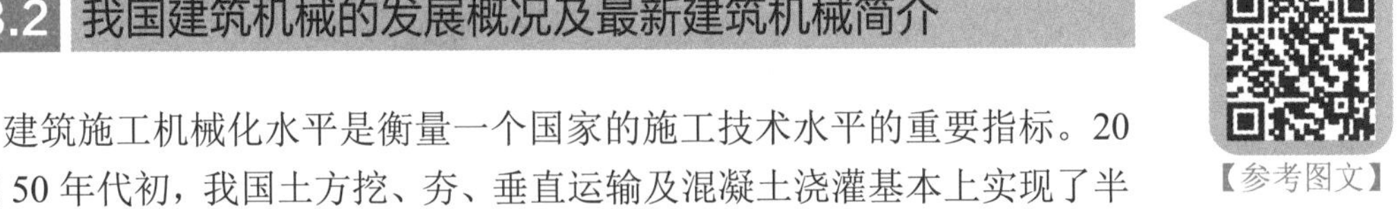

1.3.2 我国建筑机械的发展概况及最新建筑机械简介

【参考图文】

建筑施工机械化水平是衡量一个国家的施工技术水平的重要指标。20 世纪 50 年代初，我国土方挖、夯、垂直运输及混凝土浇灌基本上实现了半机械化和机械化；20 世纪 60 年代，巩固和发展了许多技术成果，出现了大量的塔式起重机和土方施工机械；20 世纪 70 年代，向水平运输机械化和墙体改革进军，取得了较快的发展，也推动了模板的发展；20 世纪 80 年代，商品混凝土搅拌车、泵送混凝土有了较明显的发展；20 世纪 90 年代取得了钢筋接头改革和装修工程机械化的突破，使我国施工机械有了较大的发展。

目前，我国的建筑施工机械已由成熟走向技术创新阶段，成功研制和开发了一系列的建筑施工机械，达到甚至超过了 20 世纪 90 年代初国际同类产品的先进水平，成为替代同类进口产品的理想机种。但国产设备尚有许多空白点，如水泥混凝土路面施工中的大型拌和、运输设备及维护成套设备，大型滑模式水泥混凝土摊铺机等。

1.4 建筑施工机械的学习任务与要求

在建筑工程技术专业学习与培训过程中学习建筑施工机械在于了解建筑施工机械的基本知识，掌握常用建筑施工机械的构造组成、工作原理、技术性能、生产率计算方法、使用中的注意事项等，以达到在充分了解施工要求的情况下，做好准确、经济、合理地选用建筑施工机械，并顺利地进行机械化施工的目的。

建筑施工机械课程所涉及的理论和实践知识范围较为广泛，机械的类型、品种、型号又十分繁杂，选机时会进行类比和相关的分析、计算，对具体工程施工还要进行机种、机型的组配分析，从而确定出优化的机械化施工方案，以保证所选定的机械在施工过程中发挥最佳的效益。从这个意义上讲，要求学生在学习过程中着重建立系统概念，掌握分析和解决问题的方法，从施工的实际需要出发，准确掌握各种建筑施工机械的性能要素，选机、定型、定数的结果，应以保证施工进度、施工质量、施工安全，最大限度地发挥机械效益为测量的标准，充分体现机械化施工的优越性。

习　　题

1．简述建筑工程施工对建筑施工机械的基本要求。

2．衡量机械化水平的主要指标有哪些？

3．建筑施工机械按其用途可分为哪几类？

【参考答案】

专题2 工程起重机械

教学目标

熟悉起重机械的类型和起重机的主要性能参数；掌握千斤顶、滑车、卷扬机、塔式起重机、汽车起重机、轮胎起重机、履带式起重机的类型、特点和工作过程；了解千斤顶、葫芦、滑车、卷扬机、塔式起重机、汽车式起重机、轮胎式起重机、履带式起重机及施工升降机的构造、工作原理和使用场合。

能力要求

能够在工程施工过程中正确选择使用千斤顶、滑车、卷扬机、塔式起重机、汽车式起重机、轮胎式起重机、履带式起重机。

引言

在工业建筑、民用建筑和工业设备安装等工程中的结构与设备的安装工作以及建筑材料、建筑构件的垂直与装卸工作中，还有交通、农业、油田、水电和军工等部门的装卸与安装工作中都广泛地应用各类工程起重机械。它对减轻工人的繁重体力劳动，加快施工进度，提高劳动生产率，降低施工成本起着重要作用。

2.1 概　　述

起重机是一种间歇吊升并做短距离运送重物的机械，是现代生产部门中应用极为广泛的设备。

2.1.1 起重机的组成及类型

【参考图文】

由于使用要求和工作条件的不同，起重机有许多类型，通常根据结构特征分为以下三类。

1. 简单起重机

简单起重机是一种只能使重物升降的设备，又称简单起重设备，又分为千斤顶、滑车和卷扬机等(图 2.1)。

(a) 千斤顶

(b) 滑车

(c) 卷扬机

图 2.1　简单起重机

2. 转臂式起重机

转臂式起重机是一种吊臂(起重臂)能够绕机械回转中心做 360° 旋转的机械(图 2.2)，又称旋转类起重机，可以在吊臂回转范围内吊运重物。其基本动作有重物升降、吊臂变幅和转台回转，依靠升降动作吊升重物，依靠变幅动作改变径向吊重距离，依靠回转动作使吊重范围成为一个圆形空间。如将机械固定在基座上，就成为桅杆起重机，如将机械装在轮式底盘、履带底盘、塔架、船舶上就成为轮式起重机、履带式起重机、塔式起重机、起重船等，其工作范围也就扩大成为具有一定高度的任意空间。

3. 桥式起重机

桥式起重机是一种以刚性或挠性架空支架为支承，重物吊在小车上升降并在支架上临空运行的机械(图 2.3)，刚性支架(桥架)可以在轨道上行走，故机械工作范围是一矩形空间。若桥架在行车梁轨道上运行，就是桥式起重机；若桥架两端装腿架，在地面轨道上运行，就成为龙门起重机；如跨距很大，以挠性缆索代替桥架，小车在缆索上运行，就是缆索起重机。

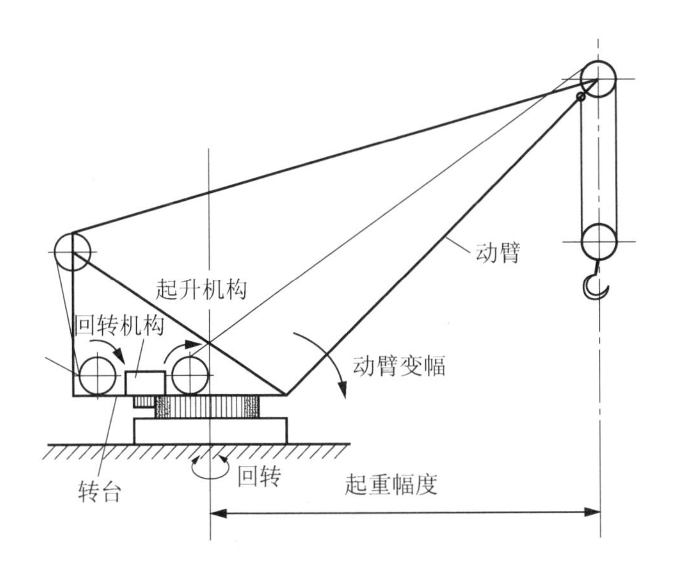

图 2.2 转臂式起重机

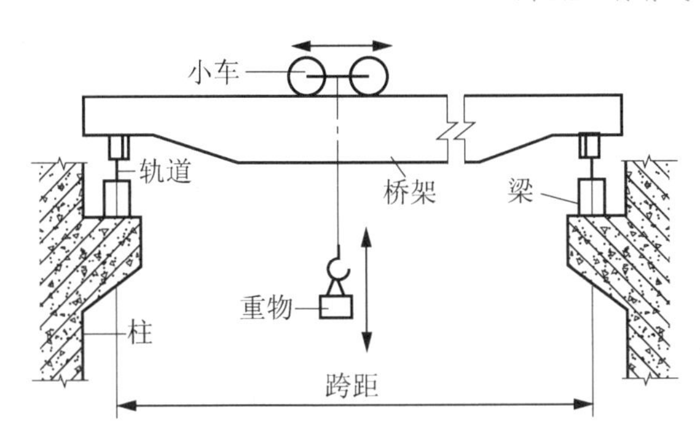

图 2.3 桥式起重机

此外，还有一种建筑施工中常用的提升设备——建筑升降机，也可属于起重机械。建筑升降机是一种利用吊笼或盛器沿垂直导轨提升物件的固定升降装置，分为载物和载人两种(图 2.4)。

起重机一般由金属结构、工作机构、动力装置和控制系统等组成。

金属结构是起重机的承重骨架，包括吊臂、人字架、转台、底架、塔架等，一般占起重机整机质量的 50%～70%，甚至更大。

工作机构一般分起升、变幅、回转、行走 4 种机构，用以实施重物吊升、吊臂变幅、上车回转和整机行走等工作运动。

动力装置主要有电驱动和内燃机驱动两种，前者应用广泛，后者多用于自行式起重机。

控制系统有操纵系统和安全装置两种，操纵系统用于控制各种动作，安全装置用于保证起重机安全作业，有起重量、起重力矩、起升高度和行走终点等限制器以及相应的信号报警装置。

图 2.4　施工升降机

2.1.2 起重机的主要性能参数

起重机械的主要性能参数有起重量、幅度、起升高度、各机构的工作速度，对于塔式起重机还包括起重力矩和轨距。此外，生产率、外形尺寸和整机质量也是起重机的重要参数。这些参数表明起重机的工作性能和技术经济指标，也是设计起重机和选用各种起重机的技术依据。

1．起重量(*Q*)

起重量是起重机起吊重物的质量值，单位为 t 或 kg。起重机起吊的质量参数通常以额定起重量表示，所谓额定起重量是起重机在各种工况下安全作业所容许起吊重物的最大质量值。起重量通常不包括吊具的质量，但包括抓斗、电磁吸盘等的质量，塔式起重机的起重量则包括吊具质量。履带式和轮式起重机还标注有最大额定起重量，是指最小工作幅度下所吊重物的最大质量值，但由于幅度太小，无法利用，只是一种名义上的起重能力。

2．幅度(*R*)

起重机回转中心轴线至吊钩中心线的水平距离称为幅度(图 2.5)，单位为 m，对于幅度可变的起重机，常以最大幅度值来表示机械不移位时的工作范围。

有效幅度(*A*)是指起重机起吊最大额定起重量时，吊钩中心垂线到机械倾翻点垂线之间的距离，单位为 m，反映起重机幅度实际可用的范围。

对于桥式起重机，其横向工作范围用跨距(*L*)来表示，跨距是大车运行轨道面中心线之间的距离，单位为 m。

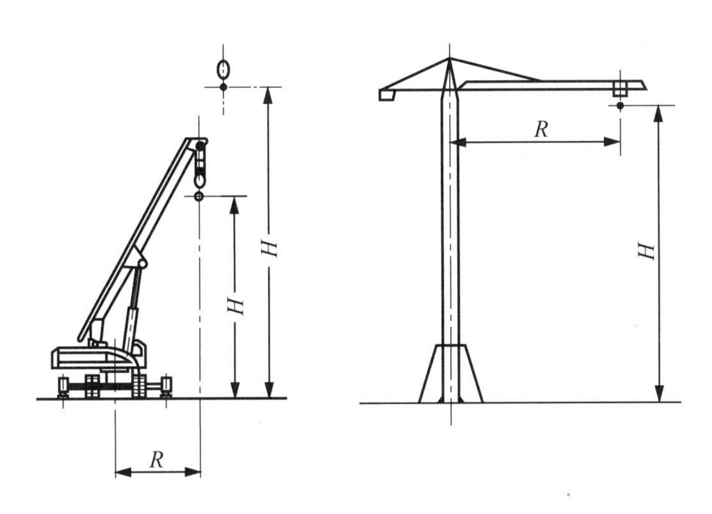

图 2.5　起重机的幅度与起升高度

3. 起重力矩(M)

起重量 Q 与相应于该起重量时的工作幅度 R 的乘积为起重力矩 M($M=Q \cdot g \cdot R$)，单位为 N · m。超重力矩是一个综合参数，能够比较全面和确切地反映起重机的起重能力。尤其是塔式起重机，它的起重能力一般以起重力矩的 N · m 值来表示。

4. 起升高度(H)

起升高度是指地面或轨面(对于轨道式塔式起重机)到吊钩钩口中心的垂直距离，单位为 m。

5. 工作速度(v)

起重机工作速度包括起升速度、变幅速度、回转速度和行走速度，对于伸缩臂轮式起重机，还包括吊臂伸缩速度和支腿放收速度。

起升速度是指吊钩或取物装置的上升速度，单位为 m/min；变幅速度是指吊钩或取物装置从大幅度移到最小幅度的平均线速度，单位为 m/min；回转速度是指转台每分钟转数，单位为 r/min；行走速度是整机的移动速度，单位为 m/min 或 km/h。此外，吊臂伸缩和支腿放收，通常以所需时间(s)来计算。

6. 轨距

轨距是两根轨道中心线之间的距离，对于轨道式塔式起重机，轨道是一项重要的参数，因为它直接影响到整机的稳定性和机械本身尺寸。

7. 自重(G)

起重机自重是指起重机在工作状态时机械本身的全部质量，单位为 t，是一项评价起重机优劣的综合性能指标。为考核起重机自重指标，通常用起重量利用系数 K 来衡量，此系数是指起重机在单位自重下有多大的起重能力。显然，K 值越大，自重指标越先进。

2.2 起重机的零部件

2.2.1 钢丝绳

【参考图文】

钢丝绳是起重机作业时所使用的绳索，其特点是自重轻、挠性好、强度高、韧性好，能承受冲击荷载作用，并且在高速运行时无噪声，破断前有断丝征兆。因此，它被广泛应用于各种起重机上的起重绳、牵引绳以及起重作业中的索绳(吊挂索绳、捆绑索绳)。

1．钢丝绳的组成和种类

钢丝绳是起重机械和其他建筑机械中用于悬吊、牵引或捆缚重物的挠性件。一般的钢丝绳由直径为 0.4～2mm 的钢丝按照一定规则捻制而成。按照捻制方法，钢丝绳分单绕、双绕和三绕钢丝绳等。单绕钢丝绳是由一或数层钢丝绕成的；双绕钢丝绳是先由钢丝捻成股，再由多股绳围绕绳芯捻成绳；三绕钢丝绳是以双绕绳为股，再围绕绳芯捻成绳。起重机和建筑机械上常用的是双绕钢丝绳。

钢丝绳的绳芯有机芯(麻芯、棉芯)、石棉芯、金属芯等。机芯钢丝绳的挠性和弹性好，但承受横向压力差，耐高温性能差，如采用浸过油脂的机芯，则贮油润滑的性能好；石棉芯的性能与机芯相似，并可在高温下工作；具有软钢丝绳芯的钢丝绳可耐高温，并能承受横向压力，但挠性较差。钢丝绳芯标记代号：纤维芯为 FC；天然纤维芯为 NFC；合成纤维芯为 SFC；固态聚合物芯为 SPC；钢芯为 WC；独立钢丝芯为 IWRC；钢丝股芯为 WSC；压实股独立钢丝绳芯为 IWRC(K)。

起重机常用的双绕钢丝绳按照捻制方向分为同向绕、交叉绕和混合绕钢丝绳三种(图 2.6)。同向绕钢丝绳[图 2.6(a)]是钢丝捻成股的方向与股捻成绳的方向相同，这种绳的挠性好、表面光滑、磨损小，但易松散和扭转，不宜用来悬吊重物。交叉绕钢丝绳[图 2.6(b)]是指钢丝捻成股的方向与股捻成绳的方向相反，这种绳不易松散和扭转，宜作起吊绳，但挠性差。混合绕钢丝绳[图 2.6(c)]指相邻两股的钢丝绳绕向相反，性能介于前两者之间，其制造复杂，使用较少。

捻制类型及方向代号：捻制方向用两个字母(Z 或 S)表示。第一个字母表示钢丝在股中的捻向，第二个字母表示在钢丝绳中股的捻向。字母“Z”表示右向捻，字母“S”表示左向捻；“ZZ”或“SS”表示右同向捻或左同向捻，“ZS”或“SZ”表示右交互捻或左交互捻；“aZ”或“aS”表示右混合捻或左混合捻。

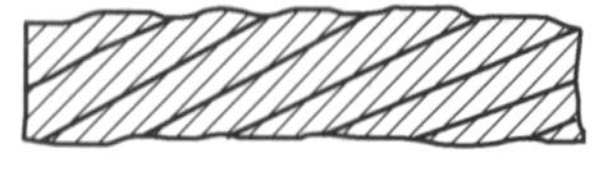
(a) 同向绕钢丝绳

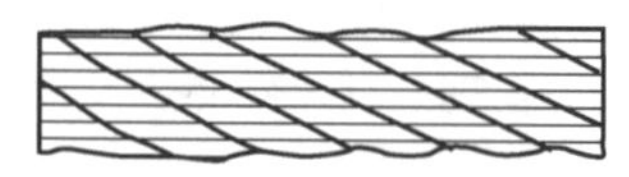
(b) 交叉绕钢丝绳

(c) 混合绕钢丝绳

图 2.6　双绕钢丝绳的构造类型

钢丝绳表面状态标记代号：光面钢丝为 U；A 级镀锌钢丝为 A；B 级镀锌钢丝为 B；B 级锌合金镀层为 B(Zn/Al)；A 级锌合金镀层为 A(Zn/Al)。

按照钢丝绳股中钢丝与钢丝的接触状态，钢丝绳分为点接触绳和线接触绳两种(图 2.7)。

点接触绳[图 2.7(a)]的绳股中各层钢丝直径相同，但内外层的钢丝节距不同，相互交叉，形成点接触，因此接触应力高、寿命短，但制造工艺简单，价格低。常用的点接触钢丝绳有 6×19 和 6×37 两种形式(即绳由 6 股捻成，每股有 19 根或 37 根钢丝)，其股的标记分别为(1+6+12)和(1+6+12+18)。图 2.8(a)所示为 6×19 点接触绳的截面形式。

线接触绳[图 2.7(b)]的绳股由不同直径的钢丝绳绕成，各层钢丝的节距相同，外层钢丝位于内层钢丝间的沟槽里，形成线接触，其接触情况好、挠性大、承载能力大，有利于选用直径较小的滑轮、卷筒，使整个机构的尺寸和重量减小，所以其在起重机中应用广泛。

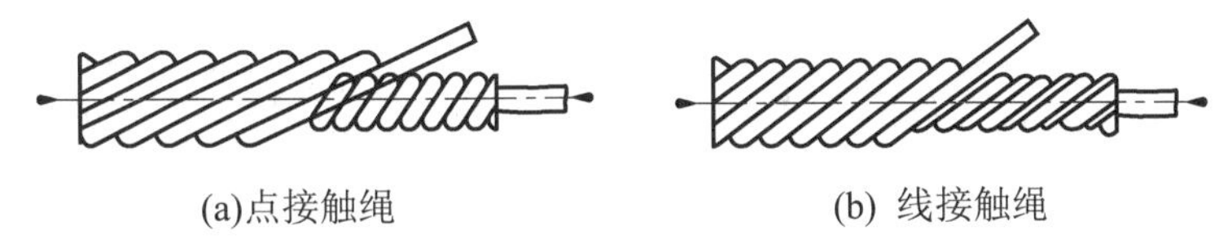

(a)点接触绳　　(b) 线接触绳

图 2.7　钢丝绳的接触状态

线接触绳分为 X 型[西尔型或外粗式，图 2.8(b)]、W 型[瓦林型或粗细式，图 2.8(c)]、T 型[充电型，图 2.8(d)]。X 型绳股中同层钢丝直径相同，外层钢丝最粗，绳的标记为 6X(19)，绳股结构(1+9+9)。W 型绳股的外层钢丝粗细不同，粗钢丝是位于内层钢丝的内层细钢丝的沟槽中，断面呈圆形，充填系数高，绳的标记为 6W(19)，绳股结构为(1+6+6/6)。T 型绳股在内层 6 根钢丝槽中以极细的钢丝形成 12 个沟槽，再包上外层 12 层钢丝，使其充填系数大，绕性高，绳的标记为 6T(25)，绳股结构为(1+6，6+12)。

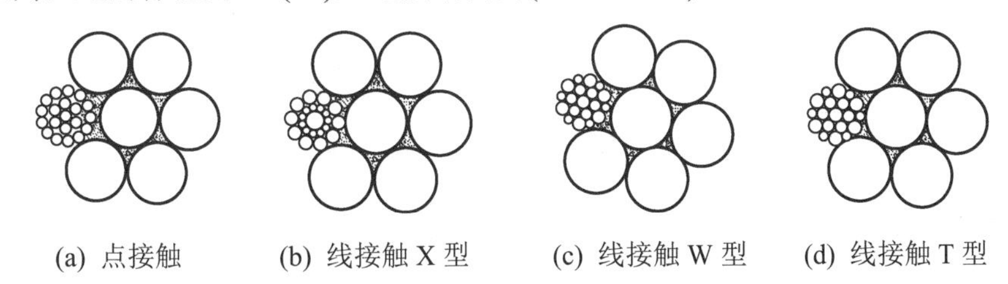

(a) 点接触　　(b) 线接触 X 型　　(c) 线接触 W 型　　(d) 线接触 T 型

图 2.8　钢丝绳的截面形式

为了使起升高度大时钢丝绳不旋转，现已生产出不旋转钢丝绳：有的是使内层绳股与外层绳股绕向相同；有的是使内层绳股与外层绳股绕向相反，使扭转趋势相反，相互抵消；也有的是在捻制工艺上采用预变形加工同向绕方法，即在成绳前，使绳股获得应有的弯曲形状，以完全消除旋转、松散的现象。

根据国家标准，钢丝绳的标记组成内容包括公称直径、钢丝的表面状态、钢丝绳的结构形式、钢丝绳的公称抗拉强度、捻向、最小破断拉力、单位长度的质量、产品标准编号等。

特别提示

18NAT6×19S+NF1700ZZ190117GB8706

表示钢丝绳的公称直径为18mm，表面状态为光面钢丝，结构形式为6股，每股19丝西鲁式天然纤维芯，钢丝绳的公称抗拉强度为1700MPa，捻向为右同向捻，钢丝绳的最小破断拉力为190kN，单位长度的质量为117kg/100m，产品标准编号为GB 8706—2006。

18ZAA6×19W+SF1700ZS190

表示钢丝绳的公称直径为18mm，表面状态为A级镀锌钢丝，结构形式为6股，每股19丝瓦林吞型合成纤维芯，钢丝绳公称抗拉强度为1700MPa，捻向为右交互捻，钢丝绳的最小破断拉力为190kN。

2. 钢丝绳的寿命和报废

钢丝的断裂主要是由于钢丝绳绕过滑轮和卷筒时，在很大拉力作用下，反复弯曲和挤压引起金属疲劳，再加上磨损而引起的，具体地说，影响钢丝绳寿命的因素主要有以下几个方面。

(1) 钢丝绳绕过滑轮和卷筒，反复弯绕，使绳寿命降低，因此应尽可能减少反复正反相向弯绕。

(2) 滑轮和卷筒直径较小时，绳的弯曲应力和挤压应力增大，降低绳的寿命，因此滑轮和卷筒直径 D 与钢丝绳直径 d 之间必须要有合适的比率，即 $D/d \geqslant e$(e 值见表2-1)。

表 2-1　钢丝绳的安全系数

起重机类型	工作类型		K	e
塔式、自行式、桅杆式起重机	手动		4.5	16
	机械驱动	轻级	5.0	16
		中级	5.5	18
		重级	6.0	20
载人起升机构	—		9.0	30

(3) 滑轮和卷筒的材料过硬，会使钢丝绳的寿命降低。

(4) 滑轮不良，将钢丝绳锈蚀，并加快磨损。

钢丝绳中断丝数达到和超过规定的报废标准时，必须调换新绳。断丝数指在一个编捻的节距内(即绳股绕一周在螺旋线上又到起始位置)的钢丝断裂数。对于交叉绕绳报废标准为断丝数达到总丝数的10%；对于同向绕绳为总丝绳数的5%；对于W型绳，细钢丝作1、粗钢丝作1.7计算。对于运送人或危险钢丝绳报废断丝数标准减半。

此外，当钢丝绳有一股折断或外层表面钢丝磨损大钢丝直径的40%时，不论钢丝多少，应立即报废。尚未达40%时，断丝数的报废标准见表2-2。

【参考图文】

表 2-2　钢丝绳报废断丝数标准

钢丝绳 / 断丝数量 / 安全系数	钢丝绳结构			
	绳 6×19		绳 6×37	
	一个捻节距中的断丝数			
	交　互　捻	同　向　捻	交　互　捻	同　向　捻
小于 6	12	6	22	11
6～7	14	7	26	13
大于 7	16	8	30	15

3．钢丝绳端头固接方法

钢丝绳使用时经常要与其他零件连接，其端头固接方法如图 2.9 所示。

1) 绳卡固定法[图 2.9(a)]

绳卡由 U 形螺栓、鞍形件和螺母组成，钢丝绳绕过环套以后，用绳卡将绳尾固定，绳卡个数与绳的直径有关。当 $d \leqslant 16$mm 时，用 3 个；当 $16 < d \leqslant 20$ 时，用 4 个；当 $20 < d \leqslant 26$ 时，用 5 个；当 $d > 26$ 时，用 6 个。

2) 编结法[图 2.9(b)]

钢丝绳绕过套环，将尾段各股分别插入绳各股之间，然后用钢丝绑紧，绑扎长度 $l=(20\sim25)d$，d 为绳的直径，l 不应小于 300mm。

3) 楔套固定法[图 2.9(c)]

用斜楔自动揳紧固定，此法不宜用于承受振动荷载的情况，以免有拉脱危险。

4) 灌铅法[图 2.9(d)]

将绳尾钢丝拆散擦净，穿入锥形套筒中，并把钢丝末端弯成钩状，然后灌满熔铅。

5) 压套法[图 2.9(e)]

将绳尾折成股，弯转 180° 后用钎子分别插入绳的各股之间，切去绳芯，装入铝合金套管中，然后用压力机压住。此法工艺好，质量轻。

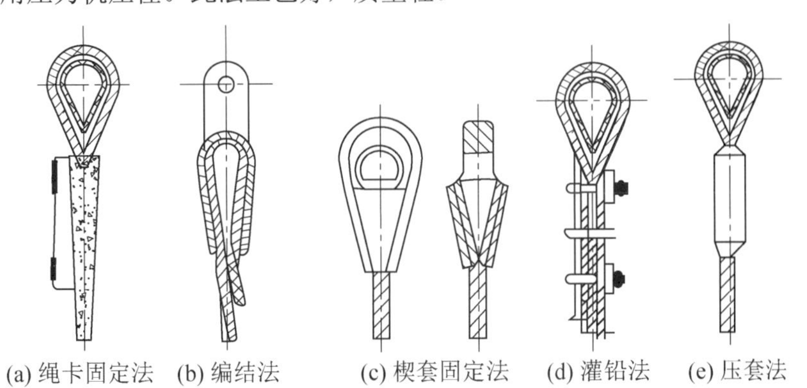
(a) 绳卡固定法　(b) 编结法　(c) 楔套固定法　(d) 灌铅法　(e) 压套法

图 2.9　钢丝绳端头固接方法

特别提示

在钢丝绳的使用和选用中，必须注意钢丝绳的报废标准，主要涉及钢丝绳的断丝的性质和数量、绳端断丝、断丝的局部聚集、断丝的增加率、绳股断裂、绳径减小、弹性减小、外部及内部磨损、外部及内部腐蚀、变形等方面的内容。

2.2.2 滑轮与滑轮组

1. 滑轮

滑轮用于引导钢丝绳，改变绳的运动方向，平衡绳的拉力，并组成滑轮组。滑轮通常通过滑动或滚动轴承支撑在心轴上做旋转运动。

滑轮(图 2.10)一般用灰铸铁或球墨铸铁制成，重载滑轮用铸钢铸造或板件焊成。尼龙和铝合金制成的滑轮，质量轻，并能提高钢丝绳寿命，但成本高，也有采用在普通滑轮槽底镶装尼龙垫的办法提高钢丝绳寿命的。

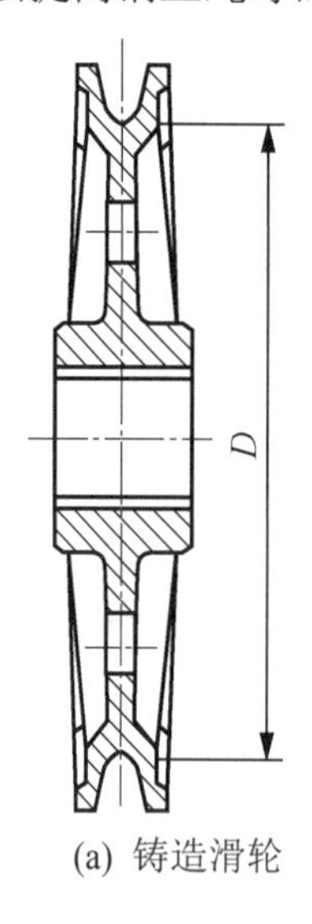

(a) 铸造滑轮

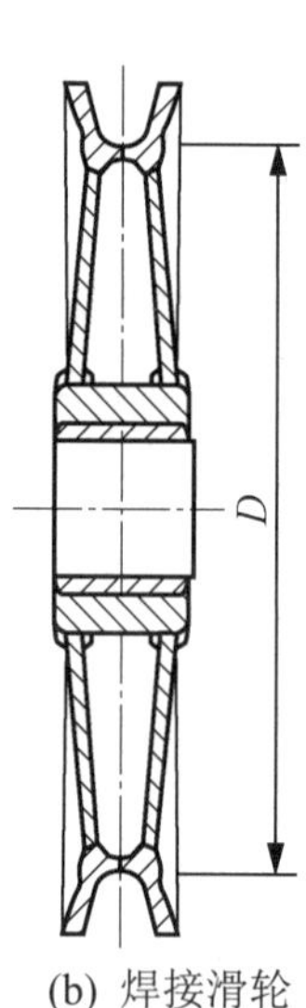

(b) 焊接滑轮

图 2.10　滑轮

滑轮的计算直径 D 是指滑轮槽底处的直径。滑轮直径的选用必须遵照表 2-1 规定的钢丝绳直径 d 的比率(e)。绳槽尺寸可查阅有关手册。

2. 滑轮组

滑轮组全称钢丝绳滑轮组，由钢丝绳依次绕过若干个定滑轮和动滑轮组成，按其功能可分为省力滑轮组和增速滑轮组两种。

(1) 省力滑轮组可以用较小的拉力起升或牵引较大的重物，是起重机和建筑机械上常用的形式。根据绳绕方法不同省力滑轮组又分为单联滑轮组[图 2.11(a)]和双联滑轮组[图 2.11(b)]。

(2) 增速滑轮组[图 2.11(c)]可用于气缸或液压缸较小的行程，使重物做成倍的位移，用于气力或液压驱动的起升机构中。

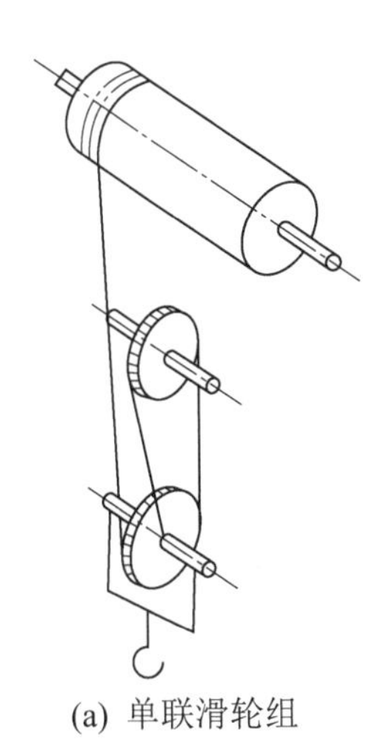

(a) 单联滑轮组

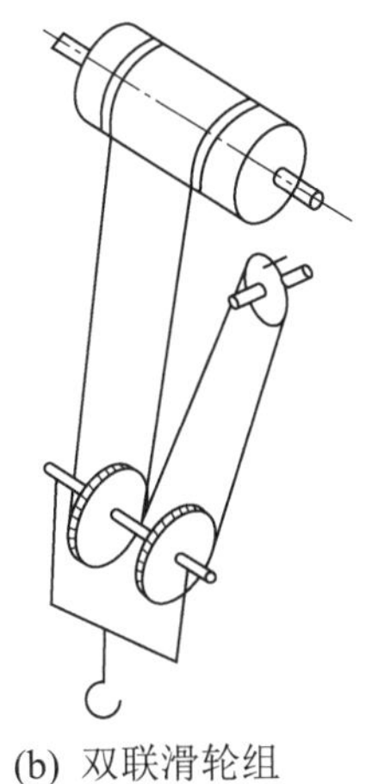

(b) 双联滑轮组

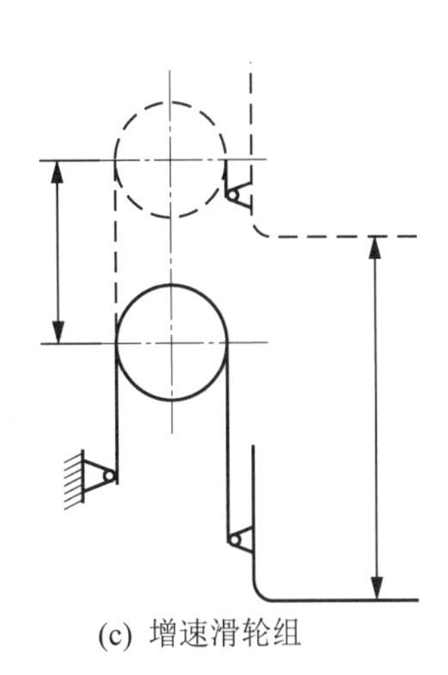

(c) 增速滑轮组

图 2.11 滑轮组

2.2.3 卷筒

卷筒是起重机械用来卷绕钢丝绳的部件，同时是运动转换的简单可靠部件，即能将自身的回转运动转换为钢丝绳的直线运动。卷筒通常为卷筒型，特殊要求的卷筒也有圆锥形和曲面形。

卷筒分为光面卷筒[图 2.12(a)]和带槽(螺旋槽)卷筒[图 2.12(b)]两种，光面卷筒用于多层钢丝绳缠绕，其侧面高度较大，带槽卷筒用于单层钢丝绳缠绕。螺旋槽的作用是可以避免钢丝绳缠绕时互相摩擦和挤压，增大绳与筒的接触面积以降低接触应力，从而提高绳的寿命，但容绳量较小。光面卷筒中钢丝绳的磨损大、易于损坏，但由于起重机所卷绕的钢丝绳一般都很长，故采用光面卷筒。

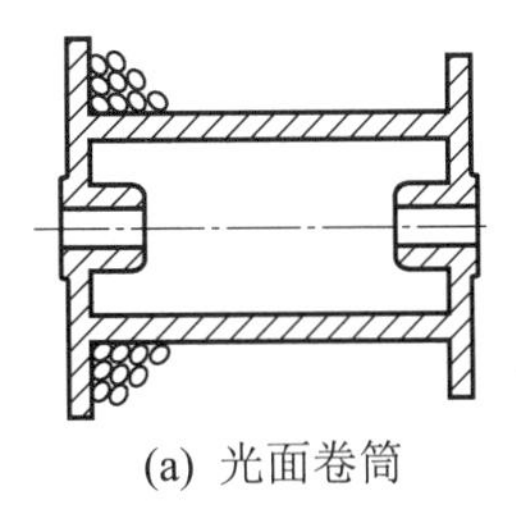

(a) 光面卷筒

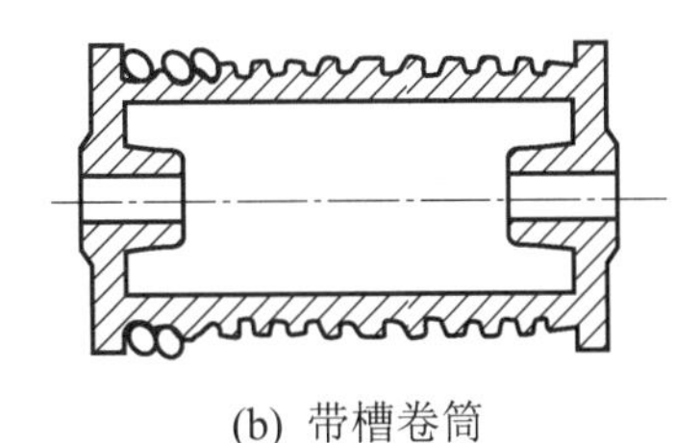

(b) 带槽卷筒

图 2.12 卷筒

卷筒可以用灰铸铁、球墨铸铁或铸钢制成，大尺寸卷筒多用钢板焊成。

卷筒的直径一般用名义直径来表示。名义直径 D 是从绕在卷筒上的钢丝绳中心算起的直径，它与钢丝绳直径 d 之间也应保持表 2-1 所列 e 值的关系。

$$D \geqslant ed$$

卷筒长度 L 由所卷绕的钢丝绳长度 l 来决定，对于带槽卷筒

$$L=\left(\frac{l}{\pi D}+z_0\right)t$$

式中　D——卷筒的名义直径，等于卷筒几何直径 D_0 与钢丝绳直径 d 之和，即 $D=D_0+d$；

z_0——绕在卷筒上不放出的圈数，可取 $z_0=2\sim3$；

t——卷筒螺旋槽的螺距。

对于多层绕光面卷筒

$$L=\frac{\varphi ld}{\pi(D_0m+dm^2)}$$

式中　m——卷筒上绕绳层数；

φ——钢丝绳卷绕不均匀系数。

钢丝绳在卷筒上固定，有楔形孔和压板两种固定方式。

1) 楔形孔固定法[图 2.13(a)]

钢丝绳绕在楔子上，并与楔子一起装入卷筒的楔孔内，在钢丝绳的拉力作用下被揳紧。楔子的斜度一般为(1∶4)～(1∶5)，以满足自锁条件。这种方法卷筒构造复杂，更换钢丝绳较费事，但可以用于多层绕。由于较粗的钢丝绳末端不易弯曲，不能采用本法。

2) 压板固定法[图 2.13(b)]

采用带半圆形或梯形槽的压板将绳端压紧在卷筒表面。此法简单可靠、检查与更换钢丝绳方便，应用比较广泛。

钢丝绳在卷筒上的固定端应保留 2～3 圈不能放出，以保证工作时钢丝绳不会从卷筒上拉脱。

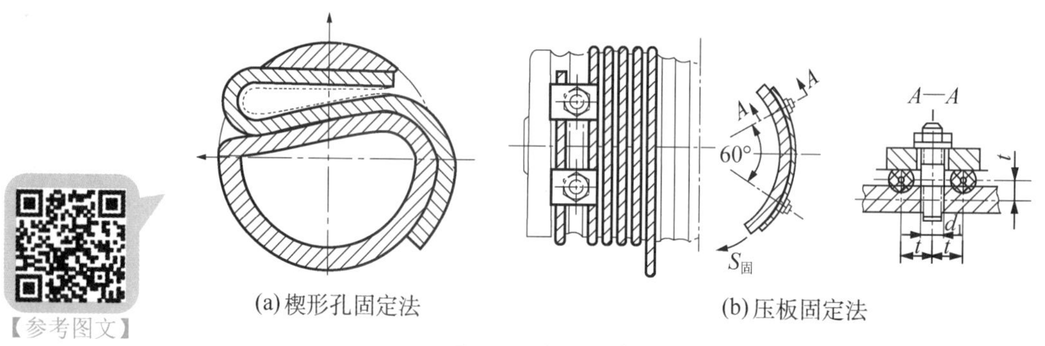

(a) 楔形孔固定法　　(b) 压板固定法

图 2.13　钢丝绳在卷筒上的固定

2.3 卷　扬　机

卷扬机(绞车)是建筑施工机械中最常用的构造最简单的起重设备之一。一般来说，卷扬机由卷筒、动力部分、操纵系统和机架组成。卷扬机既可以单独作用，也可以作为其他起重机械上的主要工作机构。如塔式起重机上的起升机构和变幅机构、施工现场用于装修工程的高车架(吊篮)的动力装置、一些简易起重设备的动力装置等，都是单独使用卷扬机将材料、机具或重物垂直运送到一定高度或水平运送到指定的地点。

2.3.1 卷扬机的分类

卷扬机的种类很多，一般分为以下几种。

(1) 按钢丝绳牵引速度分，有快速卷扬机、慢速卷扬机和调速卷扬机三种。

(2) 按卷筒数量分，有单筒卷扬机、双筒卷扬机和多筒卷扬机三种。

(3) 按传动方式分，有手动卷扬机、电动卷扬机、液压卷扬机和气动卷扬机等多种。

(4) 按使用行业分，有建筑卷扬机、林业卷扬机、矿山卷扬机和船舶卷扬机等多种。

2.3.2 卷扬机的代号

我国卷扬机的型号用 5 个符号来表示，如 JJK、JD、JJ2K、JJM、JS 等，见表 2-3。

表 2-3 卷扬机的型号

卷 扬 机	传 动 形 式	卷 筒 数	牵 引 速 度	牵引能力/t
J	J(圆柱齿轮传动) D(行星齿轮传动) B(行星摆线齿轮传动) S(手柄驱动动)	2(双筒)	K(快) M(慢)	牵引力

2JK5 型卷扬机即钢丝绳的额定拉力为 50kN 的双筒快速卷扬机。

JM5 型卷扬机即钢丝绳的额定拉力为 50kN 的单筒快速卷扬机。

JT2 型卷扬机即钢丝绳的额定拉力为 20kN 的单筒快速卷扬机。

2.3.3 卷扬机的构造

图 2.14 和图 2.15 所示为 JK 型卷扬机外形图及传动机构示意图。电动机 1 与减速器 5(高速轴端)以弹性柱销联轴器 7 连接，联轴器上带有制动轮 6。卷筒 3 固定在卷筒心轴 2 上，通过十字滑块联轴器 4 与减速器 5(低速轴端)连接，卷筒心轴的另一端支承在双列向心球面球轴承的剖分式轴承架上。钢丝绳穿过卷筒上的绳孔，用压板固定在卷筒的一端。制动器采用短行程常闭式块式制动器，当制动电磁与电动机同时通电时，磁铁吸合，制动块张开，电动机通过减速器带动卷筒旋转，卷进或放出钢丝绳；断电时，制动块将制动轮抱住，卷筒停止运转。常用的 JK 型卷扬机的基本参数见表 2-4。

图 2.14　JK 型卷扬机外形图

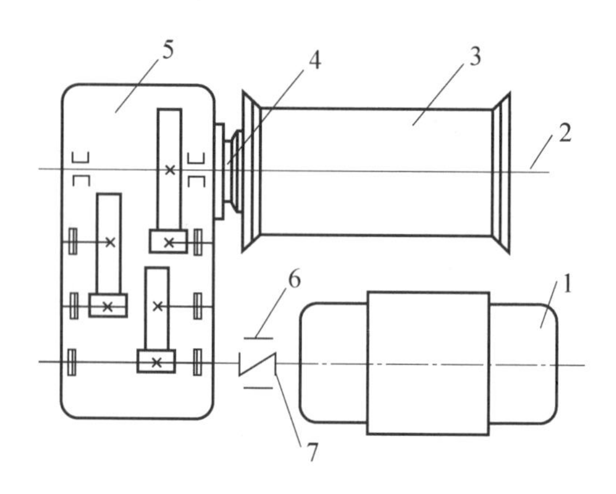

图 2.15　JK 型卷扬机传动机构示意图

1—电动机；2—卷筒心轴；3—卷筒；4—十字滑块联轴器；5—减速器；6—制动轮；7—弹性柱销联轴器

表 2-4　JK 型单筒快速卷扬机技术参数

项　　目		型　　号					
		JK0.5	JK1	JK2	JK3	JK5	JK8
额定静拉力/kN		5	10	20	30	50	80
卷筒	直径/mm	150	245	250	330	330	
	宽度/mm	465	465	630	560	800	
	容绳量/m	130	150	200	250	250	
	直径/mm	150	245	250	330	330	
钢丝绳直径/mm		7.7	9.3	13～14	17	20	28
绳速/(m/min)		35	40	34	31	40	37

JM 型卷扬机的基本构造与 JK 型基本相同，其系列和基本参数见表 2-5。

表 2-5　JM 型单筒慢速卷扬机技术参数

项　　目		型　　号					
		JK0.5	JK1	JK2	JK3	JK5	JK8
额定静拉力/kN		5	10	20	30	50	80
卷筒	直径/mm	236	260	320	320	320	
	宽度/mm	417	485	710	710	800	
	容绳量/m	150	250	230	150	250	
	直径/mm	236	260	320	320	320	
钢丝绳直径/mm		9.3	11	14	17	23.5	28
绳速/(m/min)		15	22	22	20	18	10.5

2.3.4 卷扬机的主要技术性能参数计算

1. 卷筒转速($n_{筒}$)

$$n_{筒}=\frac{n_{电}}{i_{总}}$$

$$i_{总}=\frac{传动系统中所有从动轮直径\times齿数的边乘积}{传动系统中所有主动轮直径\times齿数的边乘积}$$

式中 $n_{电}$——电动机的转速，r/min；

$i_{总}$——卷扬机传动系统总传动。

其中，蜗杆件的齿数是指蜗杆的头数或线数。

2. 卷扬速度(v)

$$v=\frac{\pi D n_{筒}}{60}$$

式中 v——卷筒上钢丝绳的运行速度，m/s；

D——卷筒直径，m；

$n_{筒}$——卷筒转速，r/m。

3. 卷扬力(F)

$$F=\frac{P\times60\times102\times\eta_0}{v}\times10$$

式中 F——钢丝绳所受拉力，N；

P——电动机功率，kW；

η_0——卷扬机的机械效率(当卷扬机为齿轮传动时，η_0=0.80；当卷扬机为蜗轮蜗杆传动时，η_0=0.52)。

4. 卷筒的容绳量(L)

$$L=\frac{c\pi n}{100}(D+dn)+\frac{3\pi D}{100}$$

式中 L——卷筒上所绕钢丝绳的总长度，m；

c——卷筒的有效长度内钢丝绳所绕圈数，$c=\frac{l}{b}$(其中，l为卷筒的有效长度，cm；b为钢丝绳缠绕的节距，cm，一般光面卷筒b=1.1d)；

d——钢丝绳直径，cm；

n——钢丝绳在卷筒上缠绕的层数；

$3\pi D$——3 圈安全圈钢丝绳的长度。

特别提示

卷扬机必须有足够的容绳量。每台卷扬机的铭牌上都标有对某种直径钢丝绳的容绳量，选择时必须注意，如果实际使用的钢丝绳的直径与铭牌上标明的直径不同，还必须进行容绳量的校核。

2.3.5 卷扬机的选择、安装、使用

1. 卷扬机的选择

卷扬机的合理选择主要是让所选择的卷扬机能达到技术可行、经济上合理的目的，主要考虑以下几个方面的因素。

(1) 速度选择。对于建筑安装工程，由于提升距离较短，而准确性要求较高，一般应选用慢速卷扬机；对于长距离的提升(如高层建筑施工)或牵引物体的工程，为了提高生产率，减少电能消耗，最好选用快速卷扬机。

(2) 动力选择。可参考电动机的有关内容进行选择。由于电动机械工作安全可靠，运行费用低，可以进行远距离控制，因此凡是有电源的地方，应尽量选用电动卷扬机；如果没有电源则可根据情况选用手摇卷扬机或内燃卷扬机。

(3) 筒数选择。一般建筑施工多采用单筒卷扬机，其结构简单，操作和移动方便；如果在双线轨道上来回牵引斗车，宜选用双筒卷扬机，以节省投资(在同规格能力的情况下，一台双筒卷扬机比两台单筒卷扬机便宜)，简化安装工作，减少操作人员，提高生产率。

(4) 传动形式选择。行星式和行星摆线针轮减速器传动的卷扬机，由于机体较小，结构紧凑、重量轻、运转灵活、操作简便，很适合建筑施工时使用。

(5) 考虑防爆问题。调度绞车有防爆型和非防爆型两种，当工作环境有瓦斯爆炸危险时，应采用防爆的调度绞车，以保证安全；如果工作环境较好，则可采用一般的非防爆型绞车，非防爆型绞车的价格比较便宜，电动机冷却条件较好，输出功率较大，使用起来比较合算。

2. 卷扬机的安装要求

(1) 临时安装卷扬机，可利用机座上的预留孔或用钢丝绳盘绕机座固定在地锚上，在机架的后部应加放压铁，并应选择地势稍高、机手视野良好、地基坚实的地方。临时安装的机座下面还需垫上枕木；若需永久性安装，则以地脚螺栓紧固在混凝土的基础上，确保卷扬机在作业时不发生滑动、位移、倾覆现象。固定卷扬机的方法有螺栓锚固法、水平锚固法、立桩锚固法和压重锚固法4种，如图2.16所示。

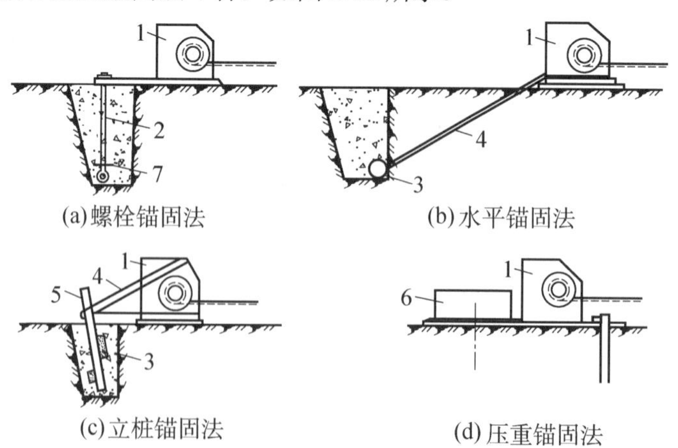

图2.16 固定卷扬机的方法

1—卷扬机；2—地脚螺栓；3—横木；4—拉索；5—木桩；6—压重；7—压板

(2) 钢丝绳出头应从卷筒下方引出，出绳的方向应接近于水平；卷筒中心应与前面的第一个导向滑轮中心线垂直，两者之间的距离至少保持 8～12m，超过 3t 的卷扬机应大于 15m。钢丝绳绕到卷筒两端，其倾角不准超过 1.5°～2°，以减少其与导向轮或卷筒槽边的磨损，延长钢丝绳和机具的使用寿命。

(3) 钢丝绳经过的第一个导向滑轮，不准使用开口滑轮，室外安装的卷扬机要有防雨、防潮和防尘措施，一般要搭设简易工棚。工棚搭好后，应保证机手能看到被吊物体的起落情况及地点。

(4) 为确保安全，当重物处于最低位置时，钢丝绳不应从卷筒上全部放出，除压板固定的圈数外，至少还应留有 2～3 个安全圈。

(5) 卷扬机的电器控制系统，要设在操作人员身边，电气设备接地良好，所有电器开关及转动部分必须设有保护罩保护，以防触电。

3. 卷扬机的使用要求

(1) 作业前先空载进行 5min 的试运转，检查钢丝绳、离合器、制动器、传动滑轮及电控装置工作的可靠性，确认无误后方可作业。

(2) 卷扬机的额定起重量，不准超过外层钢丝绳(卷筒上的外层钢丝绳)所允许承受的最大静拉力，因为此层钢丝绳的绳速最大，即不准超荷使用。

(3) 卷扬机在作业时，钢丝绳不准拖地运行，每隔 3～5m 设一个托辊，以减少钢丝绳的磨损。钢丝绳经过过道时，应加保护装置，不准人踩、车压；严禁人员跨越正在运行的受力钢丝绳，或在卷扬机前穿过，更不准用卷扬机运送施工人员。

(4) 卷扬机在作业中若发现机械失常、音响不正常、制动机构不灵、轴承温度有剧烈上升等现象时，应立即停机检修，排除故障后，方可继续使用。

(5) 卷筒上的钢丝绳应保持顺序排列，不准出现乱层和超过卷筒侧边缠绕的现象，以防跳绳而损坏联轴节、拉断钢丝绳或挤出卷筒等事故。钢丝绳的绳芯应贮有润滑油，表面润滑要好。外层钢丝绳距卷筒边缘的高度不得小于钢丝绳直径的 1.5～2.5 倍。

(6) 操作人员在作业中，要精神集中，严格执行操作规程，在紧急、危险的情况下，对任何人发出的危险信号包括呼叫声等均应听从，立即停车，弄清情况后，方可继续作业。

(7) 工作结束后，必须将提升中的重物或升降台车的提篮停放在地面上，不准悬在半空。下班前要对卷扬机进行清洁、保养、切断电源、锁好闸箱。

知识链接

【参考图文】

《建筑卷扬机》(GB/T 1955—2008)的主要内容如下。

1　范围

本标准规定了建筑卷扬机(以下简称卷扬机)的分类、要求、试验方法、检验规则以及标志、包装贮存等。

本标准适用于建筑和安装工程使用的由电动机驱动的卷扬机。

本标准不适用于作为起重机、施工升降机和基础施工设备等机种的一个机构来使用的卷扬机。

2　规范性引用文件

下列文件中的条款通过本标准的引用而成为本标准的条款。凡是注日期的引用文件，其随后所有的修改单(不包括勘误的内容)或修订版均不适用于本标准，然而，鼓励根据本标准达成协议的各方研究是否可使用这些文件的最新版本。凡是不注日期的引用文件，其最新版本适用于本标准。

3　术语和定义

下列术语和定义适用于本标准。

4　分类

4.1　形式

卷扬机按速度和是否有溜放功能分为高速、快速、快速溜放、慢速、慢速溜放和调速六类。

4.2　主参数

5　技术要求

5.1　工作级别

5.2　通用机械零件和卷筒容绳尺寸的设计计算

5.3　基本性能

5.4　制动器

5.5　操作机构

5.6　传动系统

5.7　钢丝绳

5.8　卷筒和卷筒轴

5.9　停止器、离合器、排绳器

5.10　电动机和电气系统

5.11　外观

5.12　使用说明书

5.13　可靠性

5.14　使用与维护

6　试验方法

6.1　试验条件

6.2　整机质量、外形尺寸测量和外观质量检查

6.3　防护和电气装置检查和测量

6.4　操作力和行程测量

6.5　载荷试验

6.6　可靠性试验

6.7　试验结果

7　检验规则

7.1　检验分类

7.2 出厂检验

7.3 型式检验

8 标志和贮存

8.1 产品标牌应符合 GB/T 13306 的规定，并应可靠地固定在卷扬机的显著位置。

8.2 必须有严禁载人的明显标志。

8.3 随机至少应提供装箱单、使用说明书、产品合格证等技术文件。

8.4 卷扬机应贮存在干燥、通风、防雨和无腐蚀性气体的场所。

2.4 塔式起重机

【参考图文】

2.4.1 塔式起重机的特点、类型及表示方法

塔式起重机是一种具有竖立塔身、吊臂装在塔身顶部的转臂起重机。由于吊臂装于塔身顶部，形成 T 形工作空间，因而有较大的工作范围和起升高度，其利用幅度比其他起重机高，一般可达全幅度的 80%，而普通轮式和履带式起重机则不超过 50%，塔式起重机在房屋建筑施工中，尤其是高层建筑中得到广泛应用，用于物料的垂直和水平运输及建筑构件的安装。

1．塔式起重机的特点

(1) 工作时一般的起重高度为 40～60m，有时可达到 100～160m。

(2) 工作半径大，塔式起重机要进行旋转作业，活动范围大，一般要在 20～80m 的旋转半径范围内吊动重物。

(3) 应用范围广，塔式起重机能吊装框架和围护结构的结构件还能吊装和运输其他建筑材料等。

(4) 塔式起重机多为电力操纵，具有多种工作速度，不仅能使繁重的吊、运、装卸工作实现机械化，而且动作平稳，较为安全可靠。

(5) 具有多种作业性能，特别有利于采用多层分段安装作业施工方法。起重构件时，一般不会与已安装好的构件或砌筑物相碰，能充分利用现场，构件堆放容易有条理，且比较灵活，还可兼卸进场运送的货物。

(6) 塔式起重机在一个施工地点使用时间一般较长，在某一工程结束后需要拆除、转移、搬运，再在新的施工点安装，比一般施工机械麻烦，因而要求也严格，并需敷设行走轨道。

2．塔式起重机的分类、特点及适用范围

塔式起重机的分类、特点和适用范围见表 2-6。

表 2-6　塔式起重机的分类、特点及适应范围

类　型		主要特点	适用范围
按行走机构分类	固定式(自升式)	没有行走装置，起重机固定在基础上，塔身随着建筑物的升高而自行升高	高层建筑施工，高度可达 50m 以上
	移动式(轨道式)	起重机安装在轨道基础上，在轨道上行走，可靠近建筑物，灵活机动，使用方便	起升高度在 50m 以内的小型工业与民用建筑施工
按爬升部位分类	内部爬升式	起重机安装在建筑物内部(如电梯井、楼梯间)，依靠一套托架和提升系统随建筑物升高而升高	框架结构的高层建筑施工，适用于施工现场狭窄的环境
	外部附着式	起重机安装在建筑物一侧，底座固定在基础上，塔身用几道附着装置与建筑物固定	高层建筑施工，高度可达 100m 以上
按起重臂变幅方法分类	俯仰变幅起重臂	起重臂与塔身铰接，变幅时可调整起重臂的仰角，负荷随起重臂一起升降	吊高、吊重大，适用于重构件吊装，这类变幅结构我国已较少采用
	小车变幅起重臂	起重臂固定在水平位置，下弦装有起重小车，依靠调整起重小车的距离来改变起重机的幅度，这种变幅装置操作方便，速度快，并能接近机身，还能带负荷变幅	自升式塔式起重机都采用这种结构，工作覆盖面大，适用于高层大型建筑工程
按回转方式分类	上回转塔式起重机	塔身固定，塔顶上安装起重臂及平衡臂，能做 360° 回转，可简化塔身与门架的连接，结构简单，安装方便，但重心高，须增加中心压重	大、中型塔式起重机都采用上回转结构，能适应多种形式建筑物的需要
	下回转塔式起重机	塔身与起重臂同时回转，回转机构在塔身下部，所有传动机构都装在下部，重心低，稳定性好，但回转机构较复杂	适用于整体架设，整体拖运的小型塔式起重机，适用于分散施工
按起重量分类	轻型塔式起重机	起重量为 0.5～3t	5 层以下民用建筑施工
	中型塔式起重机	起重量为 3～15t	高层建筑施工
	重型塔式起重机	起重量为 20～40t	重型工业厂房及设备吊装

3. 塔式起重机的型号分类及表示方法

塔式起重机的型号分类及表示方法见表 2-7。

表 2-7 塔式起重机的型号分类及表示方法

<table>
<tr><th rowspan="2">类</th><th rowspan="2">组</th><th rowspan="2">型</th><th rowspan="2">特性</th><th rowspan="2">代号</th><th rowspan="2">代 号 含 义</th><th colspan="2">主 参 数</th></tr>
<tr><th>名称</th><th>单位表示法</th></tr>
<tr><td rowspan="9">建筑起重机</td><td rowspan="9">塔式起重机
Q、T
(起、塔)</td><td rowspan="4">轨道式</td><td>—</td><td>QT</td><td>上回转式塔式起重机</td><td rowspan="9">额定起重力矩</td><td rowspan="9">$kN \cdot m \times 10^{-1}$</td></tr>
<tr><td>Z(自)</td><td>QTZ</td><td>上回转自升塔式起重机</td></tr>
<tr><td>A(下)</td><td>QTA</td><td>下回转式塔式起重机</td></tr>
<tr><td>K(快)</td><td>QTK</td><td>快速安装式塔式起重机</td></tr>
<tr><td>固定式 G</td><td>—</td><td>QTG</td><td>固定式塔式起重机</td></tr>
<tr><td>内爬式 P</td><td>—</td><td>QTP</td><td>内爬升式塔式起重机</td></tr>
<tr><td>轮胎式 L</td><td>—</td><td>QTL</td><td>轮胎式塔式起重机</td></tr>
<tr><td>汽车式 Q</td><td>—</td><td>QTQ</td><td>汽车式塔式起重机</td></tr>
<tr><td>履带式 U</td><td>—</td><td>QTU</td><td>履带式塔式起重机</td></tr>
</table>

特别提示

QTK400 代表起重力矩为 400kN · m 的快速安装式塔式起重机。

QTZ800 代表起重力矩为 800kN · m 的上回转自升塔式起重机。

2.4.2 QTZ80 型塔式起重机

1. QTZ80 型塔式起重机的主要工作机构

1) 变幅机构

变幅机构和起升机构一样，也是由电动机、减速器、卷筒和制动器等组成的，但其功率和外形尺寸较小，其作用是使用起重臂俯仰以改变工作幅度。为了防止起重臂变幅时失控，在减速器中装有螺杆限速摩擦停止器，或采用蜗轮蜗杆减速器和双制动器。水平式起重臂的变幅是由小车牵引机构来实现的，即电动机通过减速器转动卷筒，使卷筒上的钢丝绳收或放，牵引小车在起臂上往返运行。

2) 回转机构

回转机构一般由电动机、减速器、回转支撑装置等组成。一般塔式起重机只装一台回转机构，重型塔式起重机装有 2 台甚至 3 台回转机构。电动机采用变极电动机，以获得较好的调速性能。回转支承装置由齿圈、座圈、滚动体(滚球或滚柱)、保持隔离体及连接螺栓组成，由于滚球(柱)排列方式不同可以分为单排式和双排式，由于回转小齿轮和大齿圈啮合方式不同，又可以分为内啮合式和外啮合式。塔式起重机大多采用外啮合双排球式回转支承。

3) 起升机构

起升机构是由电动机、减速器、卷筒、制动器、离合器、钢丝绳和吊装装置等组成的。电动机通电后通过联轴器带动减速器进而带动卷筒转动。电动机正转进，卷筒放出钢丝绳，

反转时卷筒回收钢丝绳，通过滑轮组及吊钩把重物提升或下降。起升机构有多种速度，在起吊重物和安装就位时适当放慢，而在空钩时能快速下降。大部分起重机都具有多种起降速度，如采用功率不同的双电动机，主电动机用于荷载作业，副电动机用于空钩高速下降。另一种双电动机驱动是以高速多极电动机和低速多极电动机经过行星传动机构的差动组合获得多种起升速度。

4) 大车行进机构

大车行进机构是起重机在轨道上行进的装置，其构造按行进轮的多少而有所不同。一般轻型塔式起重机有 4 个行进轮，中型的装置有 8 个行进轮，而重型的则装有 12 个甚至 16 个行进轮。4 个行进轮的传动机构设在底架一侧或前方，由电动机带动减速器通过中间传动轴和开式齿轮传动，从而带动行进轮使起重机沿轨道运行。8 个行进轮的需要两套行进机构(2 个主动台车)，而 12 个行进轮的则需要 4 套行进机构(4 个主动台车)。大车行进机构一般采用蜗轮蜗杆减速器，也有采用圆柱齿轮减速器或摆线针轮行星减速器的。大车行进机构中一般不设制动器，也有的则在电动机另一端装设摩擦式电磁制动器。

5) 液压顶升系统

它主要是靠安装在顶升架内侧的液压油缸和液压系统来完成接高工作。

6) 起升绳索组

它由起重卷筒、导轮、起重小车及滑轮组、倍率变换滑轮等组成。

2. QTZ80 型塔式起重机的主要构造

QTZ80 型塔式起重机为上回转、上加节、外套架侧置顶升、水平臂架、一机多用的自升式塔式起重机；其标准臂长 25m，出厂臂长 30m，也可根据施工需要接成 35m、40m、45m、50m 等。QTZ80 型塔式起重机通过更换或增加一些辅助装置，可分别用作轨道式、附着式、内爬式及独立固定式起重机，额定起重力矩为 800kN · m，如图 2.17 所示。

1) 底架(图 2.18)

它由基础节 1、纵梁 2、横梁 3、夹轨器 4 以及撑杆 5 组成。

2) 塔身标准节(图 2.19)

塔身标准节为 1.8m×1.8m，每节长 2.5m。标准节要求具有互换性，通过顶升机构可将其增加或减少，使塔身达到所需的高度。各标准节均设有垂直扶梯 3 和休息平台 4。

3) 顶升套架(图 2.20)

它主要由套架 1、平台 2 及液压顶升装置 3 组成，套架套在塔身标准节顶端，上部用螺栓与上支承座相连。

4) 旋转塔架(图 2.21)

它由塔帽 1、司机室 2 及平台 3 等组成，上端通过拉索 4 与起重臂、平衡臂相连。

5) 臂架

起重臂架是由无缝钢管与槽钢组成的三角形截面。第一节 5.4m，其余 5m，共有 6 节、总长 30.4m。超重臂架的下弦杆由槽钢加钢板封焊成矩形结构，作为牵引小车的轨道，其上有钢板网走道板，便于安装、检查及维修。臂根部一节与塔身铰接，在该节上放置有小车牵引机构。

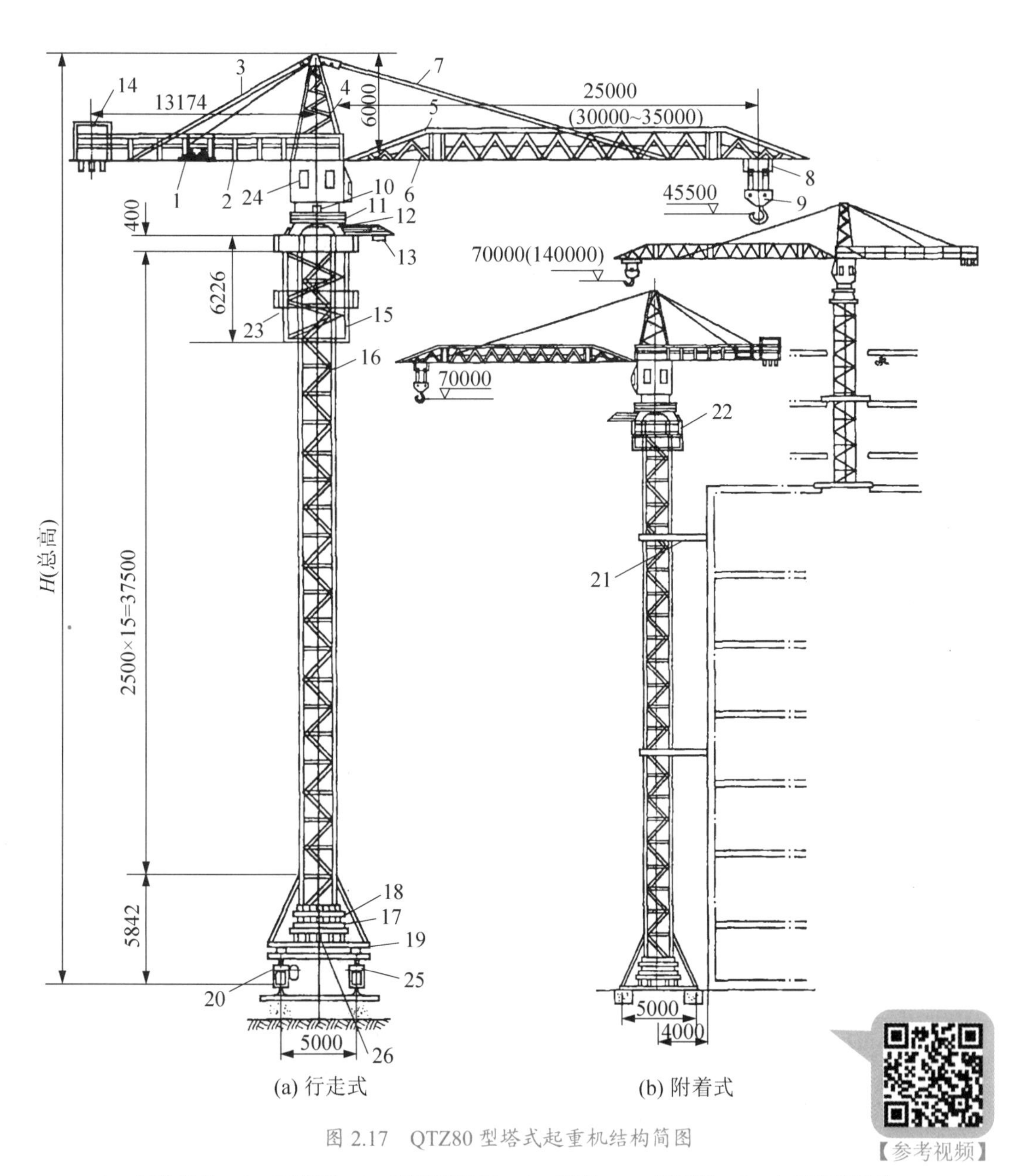

图 2.17 QTZ80 型塔式起重机结构简图

【参考视频】

1—起升机构；2—平衡臂；3—平衡臂拉索；4—塔帽；5—起重臂；6—小车牵引机构；7—起重臂拉索；8—起重小车；9—吊钩滑轮；10—回转机构；11—回转支承；12—下支座；13—引进小车；14—平衡重；15—顶升架；16—塔身；17—压重；18—压重；19—底架；20—主动台车；21—附着装置；22—平台；23—液压顶升机构；24—操纵室；25—被动台车；26—电缆卷筒

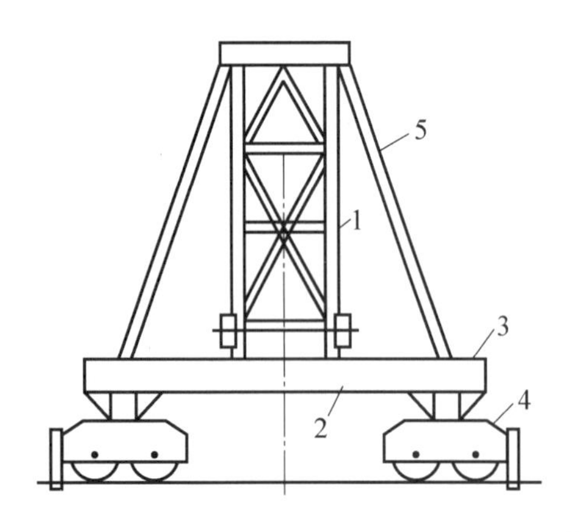

图 2.18　底架

1—基础节；2—纵梁；3—横梁；4—夹轨器；5—撑杆

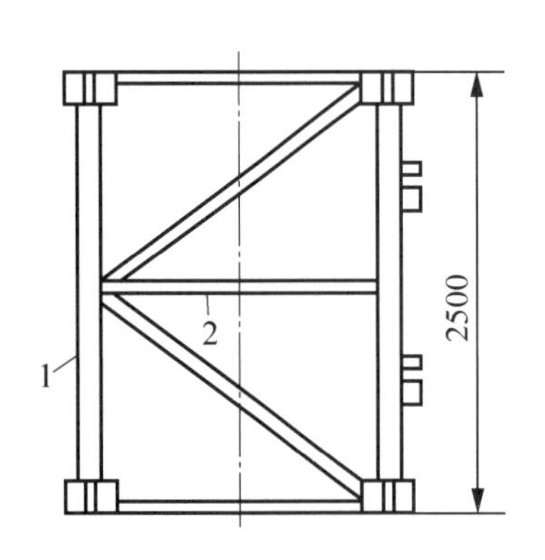

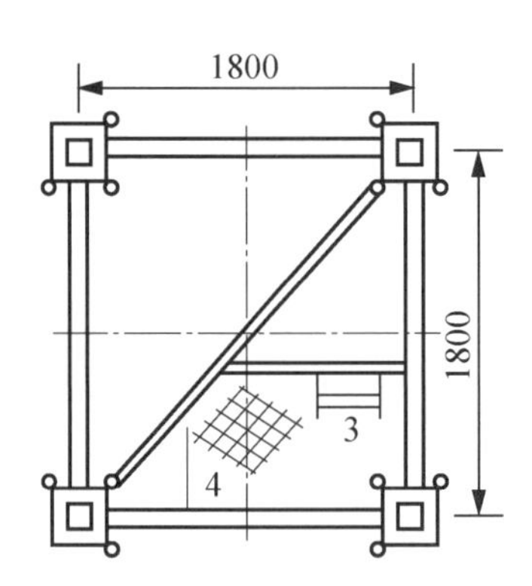

图 2.19　塔身标准节

1—立柱；2—横梁；3—垂直扶梯；4—休息平台

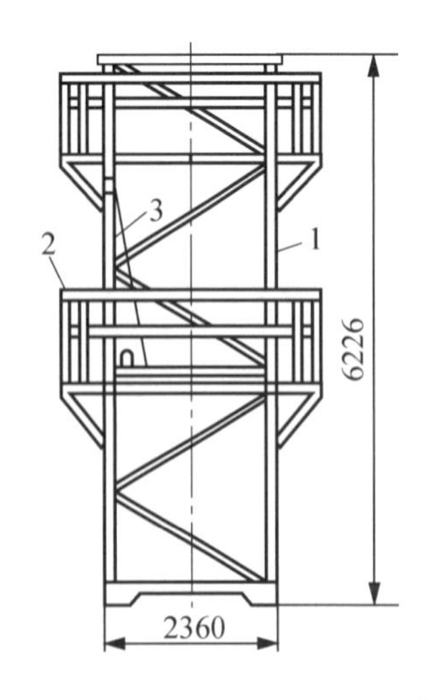

图 2.20　顶升套架

1—套架；2—平台；3—液压顶升装置

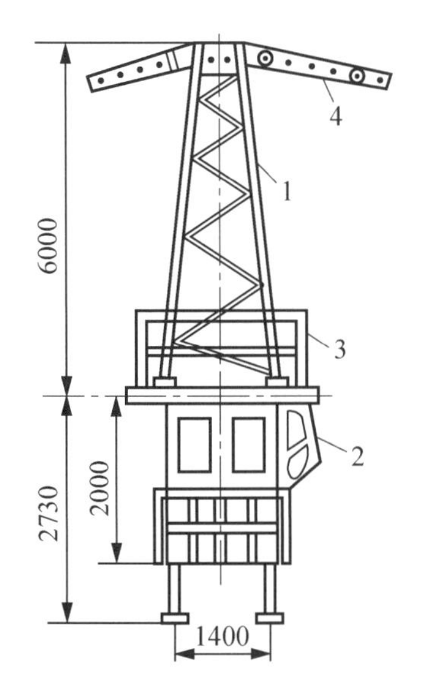

【参考图文】

图 2.21 旋转塔架

1—塔帽；2—司机室；3—平台；4—拉索

6) 平衡臂

平衡臂与塔身铰链，上有扶栏和走道板。平衡重根据起重臂长度而定。

7) 附着装置

附着装置由 4 个撑杆和 1 套环梁等组成。它主要是把塔机与建筑物固定，起依附作用。使用时环梁套在标准节上，四角用 8 个调节螺栓通过顶块将标准节顶着，如图 2.22 所示。

8) 上支承座

上部①处用高强螺栓与旋转塔架相连，下部与回转支承的内圈连接，在支座两侧②处，对称地安装两套回转机构。回转机构下部的小齿轮与回转支承处齿圈啮合，如图 2.23 所示。

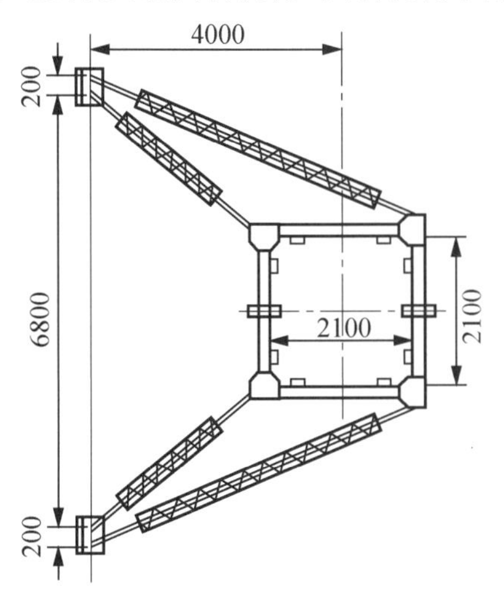

图 2.22 附着装置

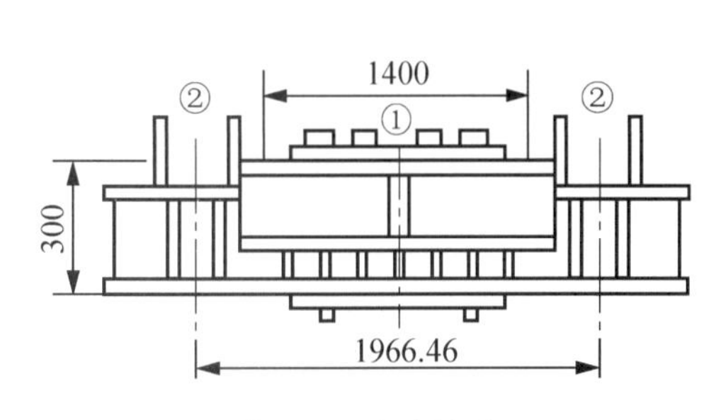

图 2.23 上支承座

9) 下支承座

它的上部连接旋转塔架，下部连接顶升套架的过渡节。上部平面用螺栓与回转支承装

置的外齿圈连接，支承上部结构。下部四角平面用高强度螺栓与顶升套架、塔身标准节相连，如图 2.24 所示。

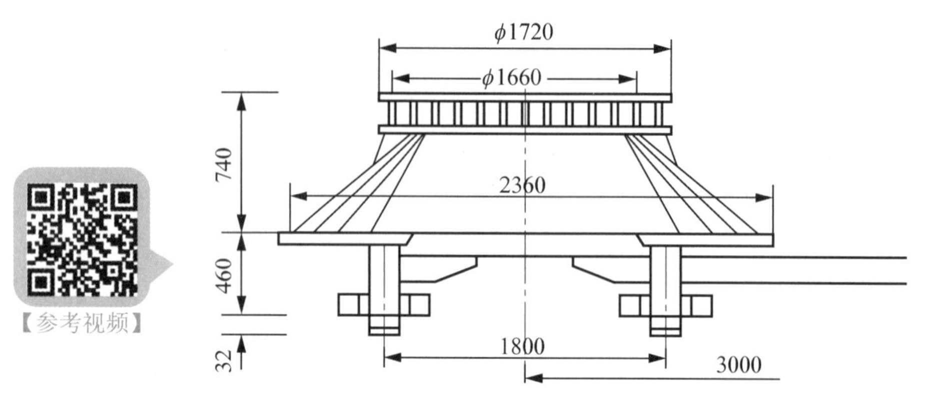

图 2.24　下支承座

3．顶升程序

如图 2.25 所示，QTZ80 型塔式起重机的顶升程序如下。

(1) 将臂架旋转至引入塔身标准节的方向。

(2) 调整好顶升套架 1 与塔身标准节 2 之间的间隙，一般以 3～5mm 为宜。

(3) 吊起一节标准节放入引进轨道上，然后再吊起一节，并将载重小车运行至离塔中心 17～18m 处，使塔身两边平衡，即塔身所承受的不平衡力矩接近最小值。

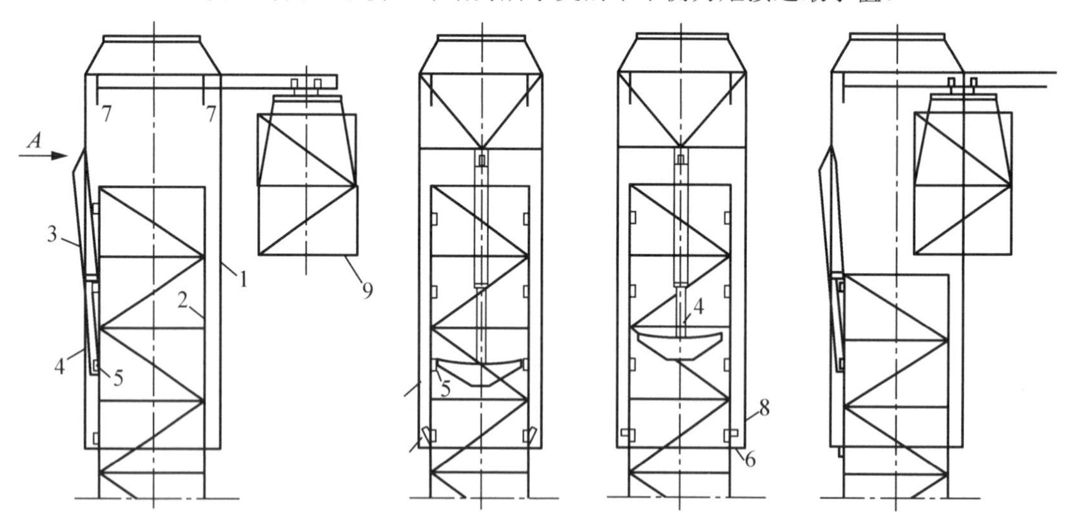

图 2.25　顶升过程示意图

1—顶升套架；2—标准节；3—油缸；4—活塞杆；5—横梁销子；
6—标准节踏步；7—连接螺栓；8—爬爪；9—标准节

(4) 开动油泵操纵手柄，油缸 3 的活塞杆 4 伸出并将横梁销子 5 插入标准节踏步 6 的销孔中。检查无误后，再拆下下支承座与塔身标准节之间的连接螺栓 7，然后开始顶升。如图 2.25 所示，当顶升套架被顶升 1.25m 后，用爬爪 8 支撑在标准节 2 的踏步 6 上，代替油缸横梁支撑顶升套架，并缩回活塞杆 4。当活塞杆缩回到上一步踏步时，将油缸横梁的销子重新插入销孔中，再次顶升。待活塞杆 4 再次全部伸出后，用油缸支撑着起重机上部，将标准节 9 引入。

(5) 将标准节对正塔身，操纵油缸将标准节徐徐放下，装上和拧紧与塔身连接的螺栓。这样就完成了接一节(2.5m)的全部过程。

(6) 按以上顺序直至所需高度，再将下支承座与塔身用螺栓连接好，并收回活塞杆。

特别提示

塔式起重机的主要安全装置：起升高度极限位置限制器、起重力矩限制器、最大起重量限制器、幅度限位装置、夹轨器和行走限位装置、风速仪、避雷与防电磁波感应装置、极限力矩联轴器等。

塔式起重机的工作过程的危险性非常高，工作时一定要注意安全。塔式起重机的常见事故：整机倒塌事故、倾覆事故、上部结构坠落事故、钢丝绳断裂塔臂坠落事故、误听指挥信号落钩事故、吊件坠落伤人事故、违章操作事故等。

案例分析

2002 年 11 月，北京某建筑工地，一台 160t · m 塔机在顶升作业时，突然发生塔机上部结构下落，砸在上部标准节上，造成平衡臂弯折使配平用标准节坠落的事故。

原因分析：据事故现场调查，该塔机顶升套架上两侧的爬爪支座与套架横梁焊接的底板均已撕裂，造成爬爪上翻，顶升套架失去支撑，而此时顶部标准节已经拆除，回转下支座与塔身之间有 2.6mm 左右的距离，造成套架连同上部结构一起下落。

2.4.3 塔式起重机的选用

1. 建筑物主体结构工程施工选用塔式起重机应考虑的几个主要问题

使用轨行式塔式起重机，就应考虑到轨道中心至建筑外墙之间的距离，一般控制在 4.5～6.5m；使用外附自升塔式起重机时，应考虑被附着的框架节点的承载能力；若使用内爬式塔式起重机，则应考虑建筑结构支承塔式起重机后的强度和稳定性。

塔式起重机的吊高，应是施工过程的最大吊装高度；作业回转半径，应是施工过程中要求的最远的安装距离。

在同一施工现场使用多台塔式起重机同时作业时，应考虑有没有障碍物，塔式起重机的起重臂是否会出现碰撞，平衡臂是否有可靠的安全措施。

2. 塔式起重机的选择

选择原则：根据所需最大起升高度选择塔式起重机的类型；根据所需吊运的不同距离和不同起重量来确定起重机的型号。简而言之，塔式起重机要满足起重力矩、幅度、起重量和起升高度的要求。

1) 幅度

选择幅度应考虑起重机的最大幅度，即塔式起重机旋转中心到吊钩中心最远的水平距

离，如图 2.26 所示。常用下式计算

$$R_{max}=A+B+\Delta L$$

式中　A——安全操作距离；

B——建筑物的全宽；

ΔL——为便于安装就位所需裕量，常取 1.5～2m。

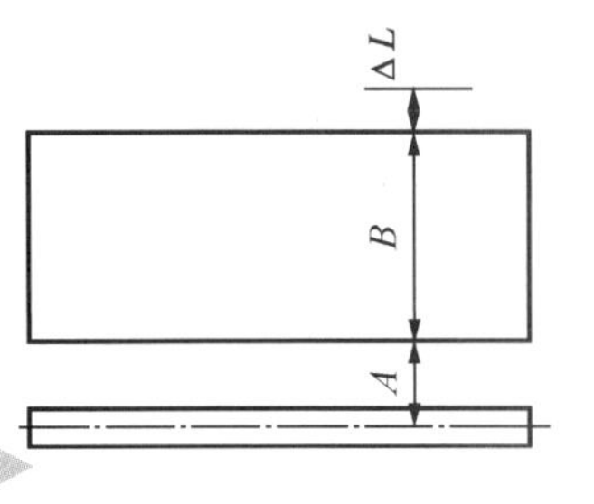

(a) 轨道式塔式起重机

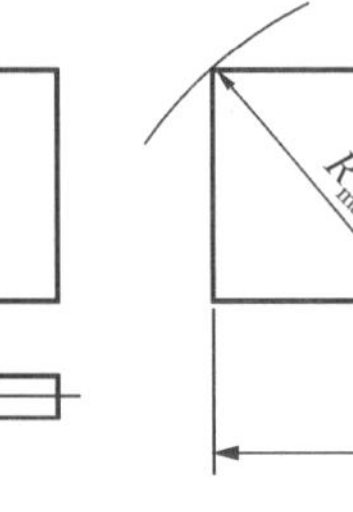

(b) 附着式塔式起重机

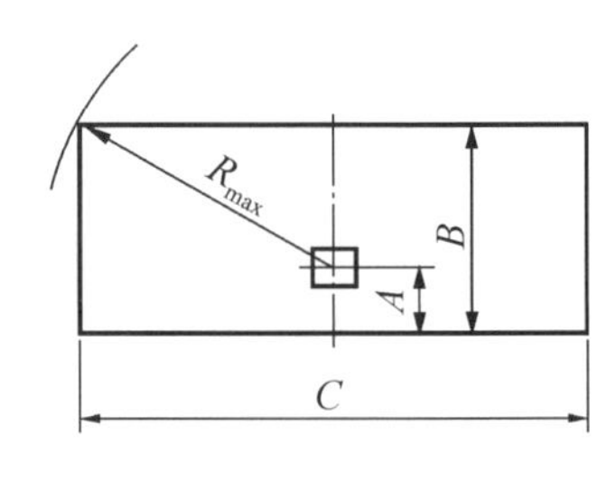

(c) 内爬式塔式起重机

【参考图文】

图 2.26　塔式起重机的幅度确定

轨道式塔式机起重安全操作距离 A，取自轨道中心至建筑凸出部分外墙之间的距离。若施工中要搭设外脚手架，应取轨道中心至外脚手架边线的距离，并另加 0.7～1m 的安全裕量。

采用附着式塔式超重机进行高层建筑施工时，塔机的最大幅度应满足

$$R_{max} \geqslant \sqrt{\left(\frac{c}{2}\right)^2+(A+B)^2}$$

当采用内爬式塔式起重机进行高层建筑施工时，塔机的最大幅度应满足

$$R_{max} \geqslant \sqrt{\left(\frac{c}{2}\right)^2+(B-A)^2}$$

2) 起重量及起重力矩

选用塔机进行吊装施工时，首先应检查最大幅度起重量是否满足要求，即最大幅度起重量应大于构件重量及吊具重量的总和并留有一定的裕量。

3) 起升高度

在吊装大板建筑时，安装最高一层墙板或大模板所必需的起升高度可按下式计算

$$H=H_1+H_2+H_3+H_4$$

式中　H——塔机所需要的最大起吊高度；

H_1——建筑物总高度；

H_2——建筑物顶层人员安全生产所需高度，一般取 2m；

H_3——构件高度(对预制壁板，可取 3m；对大模板，可取 3.5m 或实长)；

H_4——吊索高度，一般取 2m。

【参考视频】

2.4.4 塔式起重机的使用

塔式起重机使用前，必须严格按照《建筑机械试验规程》的规定进行试验。具体操作要求如下。

(1) 塔式起重机的操作者和指挥者必须身体健康，经专业培训、考试合格后，持证上岗，严禁无证开机。

(2) 作业前应检查塔式起重机的安全附件、各种安全装置是否齐全有效，并进行试运转，确认安全后，方可投入使用。

(3) 操作人员工作时精力要集中，不做与本职无关的事，严禁闲人上机。

(4) 行走塔式起重机上机前应清除轨道上的障碍物，收直起夹轨钳，塔式起重机在走进端部时应提前减速。

(5) 重物时，要先试吊，做到慢慢起钩，重物离地面 50cm 时稍停，待重物稳定后再继续起升，中途停电或人员离岗，各控制器应转到零位、拉闸、锁箱。

(6) 起重臂改变仰角时，必须空载进行变幅或做其他动作，严禁快速回转。

(7) 塔式起重机在遇有 6 级以上大风或暴雨时应暂停使用，大风雨过后应全面检查(轨道和塔机)，确认安全后方可作业；两台塔式起重机靠近作业时，应保持安全距离，吊臂不能安装在同一高度。

【参考视频】

(8) 运行中发现异常，应停机检修，检修时应拉闸、锁箱并挂设“有人工作，禁止合闸”警示标志或设监护人，行走塔式起重机应锁好夹轨钳。

(9) 塔式起重机的操作者和指挥者必须熟悉《起重吊运指挥信号》(GB 5082—1985)，操作者必须服从指挥，并坚持“十不吊”原则，上、下吊物时均应鸣铃示警。

(10) 夜间作业，工作场所应有足够的照明，视线清楚。

(11) 作业完毕，吊钩升到距离起重臂 2～3m 的位置，塔式起重机停放在轨道中部，起重臂平行于轨道方向，锁紧夹轨钳，所有控制器转到零位，切断电源，锁好开锁箱。

(12) 严格执行交接班制度，并做好本机的使用、停用、维修和保养的记录。

知识链接

【参考图文】

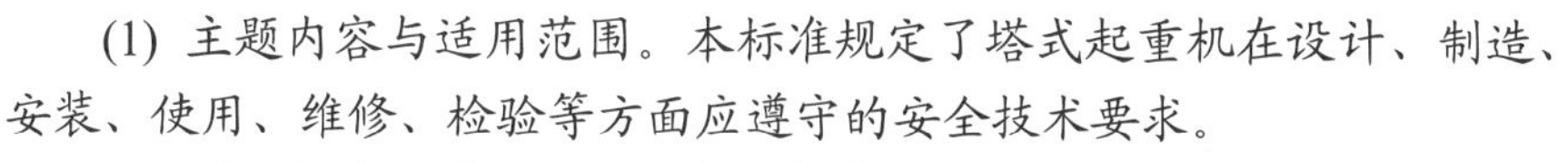

《塔式起重机安全规程》(GB 5144—2006)的主要内容如下。

(1) 主题内容与适用范围。本标准规定了塔式起重机在设计、制造、安装、使用、维修、检验等方面应遵守的安全技术要求。

(2) 引用标准。引用了塔式起重机在设计、制造、安装、使用、维修、检验等相关方面的各种标准。

(3) 整机。该部分要求塔机的工作条件应符合 GB/T 9462—1999 中的规定。

(4) 结构。该部分对塔式起重机的材料、连接、附属设施等做了相关规定。

(5) 机构与零部件。该部分对塔式起重机的机构及零部件(钢丝绳、吊钩、卷筒、滑轮、制动器、车轮)的相关要求做了规定。

(6) 安全装置。该部分对塔式起重机的安全装置(起重量限制器、起重力矩限制器、行程限位装置、幅度限位装置、小车断绳保护装置、小车断轴保护装置、钢丝绳防脱装置滑轮、起升卷筒、钢丝绳防脱装置、风速仪、夹轨器、缓冲器等)做了相关规定。

(7) 操纵系统。该部分对塔式起重机的操作系统做了相关规定。

(8) 电气系统。该部分对塔式起重机的电气系统做了相关规定(接地问题、防震等)。

(9) 液压系统。该部分对塔式起重机的液压系统做了相关规定，包括液压系统应有防止过载和液压冲击的安全装置、顶升液压缸应具有可靠的平衡阀或液压锁。

(10) 安装与试验。该部分规定塔式起重机在安装、拆缸及塔身加节或降节作业时，应按使用说明书中有关规定及注意事项进行。

(11) 操作使用。该部分规定了塔式起重机操作司机及信号员必须满足的相关条件。

2.5 自行式起重机

2.5.1 自行式起重机的分类及特点

自行式起重机按底盘形式不同可分为履带式起重机、汽车起重机、轮胎起重机和特殊底盘起重机。自行式起重机机动性好，转移工地方便，所以在建筑工地、仓库、码头等被广泛使用。

1. 履带式起重机

履带式起重机是一种具有履带行走装置的转臂起重机，一般可以与履带式挖掘机换装工作装置，也有专用的。其起重量和起升高度较大，常用的为 10～50t，目前最大起重量达 350t，最大起升高度达 135m，吊臂通常是桁架结构的接长臂。由于履带接地面积大，机械能在较差的地面上行驶和作业，作业时不需支腿，可带载移动，并可原地转弯，故在建筑工地得到广泛的应用，但其自重大，行走速度慢(＜5km/h)，专长是需要其他车辆搬运。

履带式起重机按传动方式不同可分为机械式(QU)、液压式(QUY)和电动式(QUD)三种，目前常用液压式。

图 2.27 为履带式起重机结构的外形图。它由履带行走装置、回转机构、起重臂、起重滑轮组、变幅滑轮组和机棚等组成。

特别提示

QU32Q——最大额定起重量为 32t 的机械式履带起重机，生产序号为 A。

QUY100——最大额定起重量为 100t 的液压履带起重机。QUY 表示液压履带起重机，100 表示最大额定起重量为 100t。

2. 汽车起重机

汽车起重机按其使用的起重臂形式分为旋架式臂架和箱形伸缩式臂架两种，其中旋架式只用于少量大型起重机，而绝大多数汽车起重机使用箱形伸缩式臂架。

按其传动装置的不同，汽车起重机分为机械传动、电力传动和液压传动三种。其中机械传动式汽车起重机早已被淘汰，当前，汽车起重机主要采用液压传动。

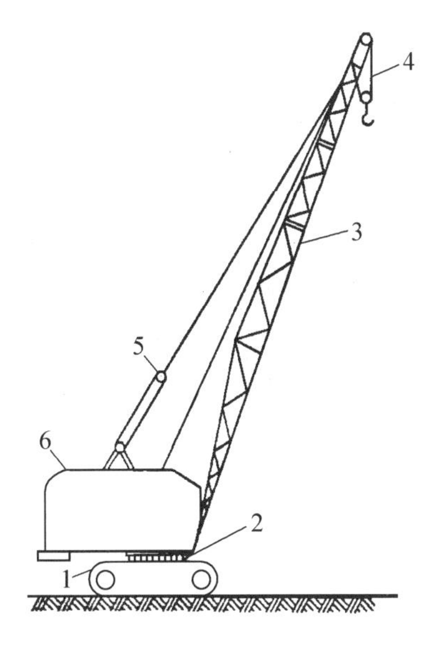

图 2.27　履带式起重机

1—履带行走装置；2—回转机构；3—起重臂；4—起重滑轮组；5—变幅滑轮组；6—机棚

按汽车起重机额定起重量的不同分为小型、中型、大型和特大型。额定起重量在 12t 以下的为小型；额定起重量为 16～50t 的为中型；额定起重量 65～125t 的为大型；额定起重量 125t 以上的为特大型。

汽车起重机的特点是动作灵活、操作轻便平稳、使用安全、省时、省力、起重范围大，特别适用于流动性大、场所不固定的作业。其不足之处是车身较长，转弯半径较大，工作时需打支腿，工作时只能在车的左右和后方吊装作业，限制了工作范围。

汽车起重机根据吊臂结构分为定长臂、接长臂和伸缩臂 3 种。图 2.28 为伸缩臂式汽车起重机的外形式结构。回转平台上装有回转机构，通过回转支承安装在汽车专用底盘上。起重臂和变幅油缸铰接在回转平台上。4 个伸缩的液压支腿安装在车架前后的两侧，以保证吊装作业时车身的稳定。

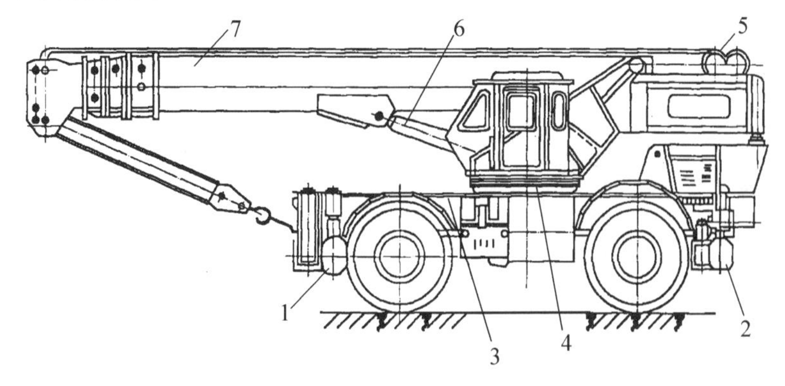

图 2.28　伸缩臂式汽车起重机

【参考视频】

图 2.28　伸缩臂式汽车起重机(续)

1—伸缩支腿；2—伸缩支腿；3—底盘；4—回转机构；5—起升机构；6—变幅油缸；7—伸缩臂

汽车起重机的型号由以下几个部分组成，第一部分为“Q”，即“起”汉语拼音的第一个字母；第二部分为“Y”，即“液”汉语拼音的第一个字母。

特别提示

QY8——最大额定起重量为 8t 的液压汽车起重机。

QAY160——最大额定起重量为 160t 的徐重集团全路面液压汽车起重机(又称 AT 起重机)。

3. 轮胎式起重机

轮胎式起重机不采用汽车底盘，而另行设计轴距较小的专门底盘，行驶驾驶和起重机作业操纵集中在一个司机室内，由于轴距小，转弯半径也小，行驶方便，起重量大，并且在一定吊重范围内可以带载行驶，广泛用于建筑工地等处进行起重、安装和卸载工作。轮胎式起重机分为机械传动和液压传动两种。液压式轮胎式起重机主要有 QLY16 和 QLY25 型两种。

图 2.29 为轮胎式起重机的外形结构。它由伸缩支腿、底盘、回转机构、起升机构、变幅油缸和伸缩臂等组成。为了增大起重机工作时的稳定性和起重能力，轮胎式起重机都设有支腿伸缩机构。

图 2.29　轮胎式起重机

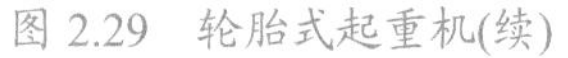
图 2.29　轮胎式起重机(续)

【参考视频】

1—底盘；2—伸缩支腿；3—回转机构；4—司机室；5—变幅油缸；6—伸缩臂

特别提示

QLD16——最大额定起重量为 16t 的电动轮起重机。

QLY25——最大额顶起重量为 25t 的液压轮胎起重机。

2.5.2 自行式起重机的性能指标

(1) 履带式起重机的性能指标见表 2-8。

表 2-8　履带式起重机的性能指标

项　　目		起重机型号								
		W501			W1001			W2001		
操纵形式		液压			液压			气压		
行走速度/(km/h)		1.5～3			1.5			1.43		
最大爬坡能力/度		25			20			20		
回转角度/度		360			360			360		
起重机总重/t		21.32			39.4			79.14		
吊杆长度/m		10	18	18+2	13	23	30	15	30	40
回转半径	最大/m	10	17	10	12.5	17	14	15.5	22.5	30
	最小/m	3.7	4.3	6	4.5	6.5	8.5	4.5	8	10
起重量	最大回转半径时/t	2.6	1	1	3.5	1.7	1.5	8.2	4.3	1.5
	最小回转半径时/t	10	7.5	2	15	8	4	50	20	8
起重高度	最大回转半径时/t	3.7	7.6	14	5.8	16	24	3	19	25
	最小回转半径时/t	9.2	17	17.2	11	19	26	12	26.5	36

(2) 汽车式起重机的性能指标见表 2-9。

表 2-9　汽车式起重机的性能指标

臂长 9.8m			臂长 16.65m			臂长 23.5m			臂长 23.7m+7m		
幅度/m	起重量/t	起升高度/m	幅度/m	起重量/t	起升高度/m	幅度/m	起重量/t	起升高度/m	幅度/m	起重量/t	起升高度/m
3.75	16	9.6	5	9.5	16.6	7	5	23	9	2	29.7
4	14.5	9.5	5.5	8.5	16.4	8	4.3	22.5	10	1.9	29.4
4.5	12.75	9.2	6	7.8	16	9	3.8	22.2	12	1.55	28.5
5	11.6	8.8	7	6.75	15.5	10	3.4	21.6	14	1.3	27.4
5.5	10.45	8.4	8	5.35	14.9	12	2.5	20.4	16	1.06	26.1
6	9.3	7.8	9	4.5	14.2	14	1.9	19	18	0.83	24.8
7	7	6.6	10	3.6	13.3	16	1.35	17	20	0.6	22.8
8	5.6	4.8	12	2.5	11.2	18	0.95	14.5	22	0.37	20.9
—	—	—	—	—	—	20	0.63	11	24	0.17	18.3

注：表中，主臂端部若装副臂时，主吊钩起重量应将表中相应数值减少 400kg。

(3) 轮胎式起重机的性能指标见表 2-10。

表 2-10　轮胎式起重机的性能指标

项　目	机 械 传 动			液 压 传 动	
	$QL_3 16$	$QL_3 25$	$QL_3 40$	QLY8	QLY8
额定起重量/t	16	25	40	8	16
最大起升高度/m	18.4	29.6	37.5	7.2	20.1
最小回转半径/m	3.4	4	4.5	3.2	3
工作速度/(m/min)	70	7(倍率 9)	5(倍率 10)	9	11.3
空钩速度/(m/min)	126	—	9(倍率 10)	—	—
回转速度/(r/min)	2	1.5	1.5	2	2
变幅速度/s	24	4.5	90	12	30
最大行驶速度(km/min)	18	9～18	7.5～15	30	25
回转半径/m	7.5	9	—	6.2	9
爬坡能力/度	7	10	13	12	14
液压系统工作压力/MPa	—	—	—	21	—

2.5.3 自行式起重机的合理选择

1. 起重机的机型选择

选择起重机要考虑如下问题：机械的机动性、稳定性和对地面低比压的要求，采用机械传动起重机还是采用液压传动起重机合适，是否采用专用起重机等。

(1) 物料装卸、零星吊装以及需要快速进场和转场的施工作业，选择汽车式起重机比较合适，其中液压式汽车起重机是最理想的吊装机械。

(2) 当吊装工程要求起重量大、安装高度高、幅度变化较大的起重作业时，则可以根据现有机械情况，选用履带式或轮胎式起重机。若地面松软，行驶条件差，则履带式起重机最合适；若作业范围内的地面不允许破坏，则采用轮胎式起重机最好。

(3) 当施工条件限制，要求起重机吊重行驶时，可以选择履带式起重机或轮胎式起重机。轮胎式起重的机动性较好，而履带式起重机吊重行驶的稳定性较高。

(4) 尽量选择多用、高效、节能的起重机产品，若建筑工地既需要自行吊装，又需要用塔式起重机时，应该选用有提供起重的自行塔式起重机，以节省投入机械台数。

2．起重机的型号选择

(1) 根据起重量和起升高度，考虑现场条件，即可从移动式起重机的产品样本或技术性能表中找到合适的规格。由于起重机的最大起重量越大，在吊装项目中充分发挥它的各种性能就越困难，利用率越低。因此，只要能满足吊装技术要求，不必选择过大的型号。

(2) 当轮胎式起重机不能使用支腿时，起重量应按规定性能进行计算或按使用说明书规定(一般为支腿起重量的 25%以下)。如果在平坦、坚硬的路面上吊重行驶，则起重量应为不打支腿时的额定容量的 75%，以保证安全作业。

(3) 若单台起重机的起重量不能满足要求，可选择两台进行抬吊施工。为保证施工安全，吊装构件的重量不得超过两台起重机总起重量的 80%。

3．起重机经济性能的选择

选择自行式起重机的综合经济性能指标的原则是使用物料或构件在运输、吊装及装卸中单价最低。因此可用台班定额的起重量和台班费用计算物料运输单价，然后选择最低的一种。

此外，还应综合考虑能耗少、功能多的产品，以减轻人工劳动强度；若选购，还应考虑制造质量、价格以及维修服务和信贷条件等。

总之，从技术上可行的自行式起重机中，选择在当前和今后能提供最有效的使用和获得最大效益的型号规格。

2.5.4 自行式起重机的使用注意事项

1．轮胎式起重机的使用要点

1) 新车使用注意事项

(1) 最大起重量不应超过额定起重量的 15%，并且不允许用最高速度工作。

(2) 新车使用 50h 后，应清洗液压系统滤清器，并更换滤芯。

(3) 新车行驶 1500km 后，应清洗油箱。不得在无负荷时高速空转发动机。不得急剧起步、加速及紧急制动。行驶中车速不得超过新车走合中对各挡的限速值。

2) 起重机行驶中的注意事项

(1) 起重机在行驶前必须按照汽车有关操作规程及交通规则，将起重臂放在支架上，吊钩用专用钢丝绳挂住。将车架尾部的两撑杆分别撑在尾部下方的两支座内，使撑杆稍微受力即可，并用锁架螺母锁定，以改善转台行驶时的受力情况。将销式制动器插入销孔，以防旋转。

(2) 锁住起重操纵室门，收回支腿。

(3) 取力器操纵手柄应在脱开位置，发动机启动时，把变速杆手柄放在空挡位置，并踩下离合器踏板和加速踏板。一次按下启动按钮的时间不超过 10s，在 10s 内不能启动时，立即松开按钮，约停 30s 以后再做第二次启动。如果连续按过 4～5 次仍无法启动，则应检查故障原因，设法排除。

(4) 行驶前(尤其是在起重机长时间停置内)，应检查各支腿的收存是否松动，松动时应按有关步骤再次收腿。轮胎气压低于 0.45MPa 时，不应起步行驶。

(5) 起重机行驶时水温应在 80～90℃范围内，水温未达到 90℃不得高速行驶。

(6) 起重机在下坡行驶时，不得用空挡滑行、熄灭发动机，以免发生事故。

(7) 当起重机陷入泥坑内或处于坏路上不易起步时，不许用猛然放松离合器踏板的方法来冲击起步。在上车操纵作业时，不允许操纵下车，行驶时严禁驱动液压泵。

3) 起重机在起重作业中的注意事项

(1) 作业前的准备。

① 作业前应将载荷、半径内障碍物、地基等情况尽可能地调查清楚，以保证安全作业。

② 检查作业场地。作业地面应坚实平整，如遇松软地基，或起伏不平的地面，一定要垫上适当的木块，在确认安全以后，才开始工作。

③ 按润滑保养规定给各润滑点加油。检查液压油箱中的油是否在规定的刻线范围内。

④ 检查吊臂伸缩用钢丝绳的张力和磨损情况。

⑤ 检查起升制动器是否可靠及各部分零件的紧固情况。检查吊具、吊扣的牢固程度。

⑥ 液压泵启动时，应以低速运转，并空载运转数分钟，观察有无漏油或异常现象。

(2) 作业时注意事项。

① 起重作业时，起重臂下严禁站人。下部车驾驶室不得坐人，重物不得超越驾驶室上方，也不得在车前方起吊；一般整机倾斜度不得大于 1.50，底盘车的手制动器必须锁死。

② 风力大于 6 级应停止工作；起重作业时，不要扳动支腿操纵阀手柄。如需要调整支腿，必须将重物放至地面，吊臂位于正前方或正后方，再进行调整。

③ 重物在空中需要较长时间停留时，应将卷筒制动，司机不允许离开操纵室。

④ 操作应平稳、和缓，严禁猛拉、猛推、猛操作，不用起重机吊拔埋在地下的物体。

⑤ 起升卷扬筒上的钢丝绳圈数，在任何吊重情况下不得少于 3 圈。

(3) 重物的上升和下降操作。起重机的额定起重量是根据机件的承受能力及整机的稳定性来确定的，因此任何时候不得超载作业，以免发生事故；过载起重、横向拖拉、前吊以及急剧的转换操作等，都是非常危险的，应严格禁止；操作重力下降时要使重物有控制地下降，当将重物停止时，应逐渐减速，最后停止。

(4) 吊臂的伸缩操作。在吊臂伸缩时，其吊钩会随之上升。因此，在伸长吊臂之前，必须先使吊钩下降到适当的位置；当吊臂伸出后，出现前节臂杆的长度大于后节伸出长度时，必须经过调整，消除不正常情况后，方可作业；吊臂作业接近满负荷时，应注意检查臂杆的挠度；伸缩式臂杆伸缩时，应按规定顺序进行。在伸臂的同时要相应下降吊钩，当限制器发出警报时，应立即停止伸臂。臂杆缩回时，角度不得太小。

(5) 回转操作。作业中应平稳操作，避免急剧地回转、停止或换向；从后方向侧方回转时，要注意支腿情况，以免发生翻车事故；对起重机的关键部件，如起重臂等要定期检查是否有裂缝、变形以及连接螺栓的紧固情况。有任何不良情况都不能继续使用；作业中发现起重机倾斜、支腿变形等不正常现象时，应立即放下重物，空载进行调整，等正常后，方能继续作业；起重机的各项安全装置，必须经常检查其可靠性和准确性。

2. 履带式起重机的使用要点

(1) 履带式起重机的操作人员和负责起重作业的指挥人员，都必须经过专业培训，熟悉所操作或指挥的起重机技术与起重性能。

(2) 发动机启动前，应检查起重机各操纵杆是否处于空挡，发动机燃油、冷却水、润滑油是否加足。发动机启动后，要检查各仪表指示值并听视发动机运转是否正常。

(3) 作业前，应先试运转检查各机构工作是否正常可靠，特别在雨雪后作业，应做起重试吊，在确认可靠后方能工作。

(4) 起重机作业范围内不得有影响作业的障碍物。工作时起重臂下方不得有人停留或通过。严禁用起重机载运人员。起重机的变幅指示器、力矩限制器以及行程开关等安全保护装置，不得随意调整和拆除。严禁用限位装置代替操纵。对无起重臂提升限位装置的起重机，起重臂最大仰角不得超过 78°。

(5) 起重机必须按规定的起重性能作业，不得超载和吊不明重量的物体。严禁用起重钩抖拉、斜吊。液压和气压驱动的起重机，应严格遵照本起重机所规定的压力、转速运行。严禁用提高压力、加快转速等手段来满足施工的需要。

(6) 使用蜗杆蜗轮传动减速的变幅卷扬机构，严禁在起重臂未停移前将牙嵌离合器拨入空挡。装有保险棘轮的变幅卷扬机构，不论是起升或降落起重臂，都应将棘爪拨离棘轮，待起重臂停稳后，再将棘爪拨入止动棘轮。

(7) 起重机带载行走时，起重臂应与履带平行，重物应拴拉绳。行走转弯时不应过急，路面崎岖或凹凸不平的地方，不得转弯。

(8) 起重机在坡道上无载行驶，上坡时应将起重臂的仰角放小一些，而下坡行驶则应将起重臂的仰角放大一些，以此平衡起重机的重心。严禁下坡时空挡滑行。

(9) 如遇大风、大雪、大雨或大雾时，应停止作业，并将起重臂转至顺风方向。

(10) 如遇重大物件必须使用两台起重机同时起吊时，重物重量则不得超过两台起重机所允许起重量总和的 15%。绑扎时应注意到载荷的分配情况，使每台起重机分别担负的载荷不得超过该机允许载荷的 80%，以免因其中任何一台负荷过大而造成事故。

(11) 起重机工作完毕后，应将起重机柴油机电门关闭，操纵手柄置于空挡位置，制动手柄推到制动位置。冬季将排水阀打开，放尽冷却水，将司机室门窗锁住后，驾驶员方可离开。

知识链接

【参考图文】

进口汽车起重机的型号识别方法如下。

国外移动式工程起重机型号都是由生产厂家自行规定的，所以比较繁杂。但基本上是以英文大写字母表示生产厂家名称第一字母与机型，用数字表示起重量。

知识链接

【参考视频】

汽车起重机与轮胎起重机的区别是什么？

汽车起重机、轮胎起重机都属于轮式起重机，它们之间的区分，尚没有严格的规定，习惯上将装在通用或专用汽车底盘上的起重机称为汽车式起重机(包括全路面起重机)；由一个专用的自行车轮胎底盘组成的起重机成为轮胎式起重机。它们在构造、性能、用途等方面有很多相同之处，特别是随着液压轮胎起重机不断向高速越野型发展，已经很难再从行驶速度、司机室数量、使用特性等各项严格区分了。

习　题

1. 起重机有哪些主要类型？其特点和应用场合如何？
2. 起重机的主要性能参数有哪些？
3. 影响钢丝绳寿命的主要因素有哪些？
4. 钢丝绳的端头固接方法有哪几种？
5. 塔式起重机的主要工作机构包括哪些？各起到什么作用？
6. 简述塔式起重机的顶升过程。
7. 塔式起重机的选择原则包括哪些？
8. 自行式起重机包括哪些类型？各自特点如何？

【参考答案】

专题3 土方机械

教学目标

掌握推土机、铲运机、挖掘机、装载机及压路机的类型、特点和工作过程；了解推土机、铲运机、挖掘机、装载机、压路机、蛙式打夯机及内燃式打夯机的构造、工作原理和使用场合，安全使用注意事项。

能力要求

能够在土方工程施工过程中选择采用推土机、铲运机、挖掘机、装载机、压路机、蛙式打夯机和内燃式打夯机；能够组织土方机械施工；能够计算机械生产率。

引言

土方工程所使用的机械设备，一般具有功率大、机动性强、生产效率高和配套机型复杂等特点。土方机械设备主要分为挖掘机械、推土机械、装载机械、铲运机械、压实机械、运输机械等。它们是工程机械中用途最广泛的一大类机械，也是公路建设特别是高等级公路建设土石方工程中的主要机械。同时，土石方机械还广泛应用于铁路、水利、矿山、港口、机场、农田及国防等工程建设中，在国民经济建设中起着重要的作用。

土石方机械的作用对象是各种土、砂、石等物料，主要担负上述物料的铲装、填挖、运输、整平等作业。在进行施工作业时，机械承受负荷重，外载变化波动大，工作场地条件差，环境比较恶劣。它具有施工速度快、作业质量高、生产效率高等优点，是现代工程建设中不可缺少的机械。

3.1 推　土　机

推土机是处理土石方工程的主要机械之一，主要用于推运土方、石渣，开挖基坑，平整场地，清理树根、石块，填沟压实和堆集石料等作业，是一种效率高，既能独立工作，又能多台集体作业，或配合其他机械联合施工的土方机械。推土机的经济运距一般小于100m。目前，在我国广泛使用的推土机中，机械操纵的履带式直铲推土机基本停止使用；液压操纵的履带式直铲推土机有T60型、T120型和T180型；液压操纵的履带式角铲推土机有T120A-6型、T120型与T150B-2型等；液压操纵的轮胎式角铲推土机有TL160型、TL180型和TL220型等。

3.1.1 推土机的种类、特点及型号标注

【参考图文】

推土机的种类繁多，可以按行走方式、传运方式、工作装置、功率等级等进行分类。

1. 按行走方式分类

(1) 履带式。履带式推土机附着牵引大，接地比压低，爬坡能力强，但行驶速度低，适用于条件比较差的地带作业。

(2) 轮胎式。轮胎式推土机行驶速度高，机动灵活，作业循环时间短，运输转移方便，但牵引力小，适用于经常变换工地或野战的情况下使用。

2. 按传动方式分类

(1) 机械传动。传动效率高，制造简单，维修方便，但牵引力不能随外阻力自动变化，换挡频繁，操作笨重，动载荷大，发动机容易熄火，作业效率较低。

(2) 液压机械传动。在其他条件不变的情况下，将主离合器变为液力变矩器、机械变速器变为动力换挡变速器而成。车速和牵引力可随外阻力的变化而变化，改善了牵引性能，操纵轻便，可不停车换挡，作业效率高，但传动效率低，制造成本高，维修较困难。

(3) 全液压传动。除工作装置采用液压操纵外，行走机构驱动也采用液压马达，具有燃油消耗低、作业效率高、操纵灵活、可原地转向、机动性强、结构紧凑、动荷载小的优点。

(4) 电气传动。采用电动机驱动，其结构简单，工作可靠，不污染环境，作业效率高。此类推土机一般用于露天矿山开采或井下作业。因受电力和电缆的限制，电气传动式推土机的使用范围受到很大的限制。

3. 按工作装置分类

(1) 直铲式。铲刀与底盘的纵向轴线构成直角，铲刀的切削角可调，因坚固性和制造的经济性，在大型和小型的推土机上采用较多。

(2) 角铲式。铲刀除了能调节切削角度外，还可在水平方向上回转一定角度(一般为±25°)，可实现侧向卸土，应用范围广。

4. 按功率等级分类

(1) 超轻型推土机。功率在 30kW 以下。

(2) 轻型推土机。功率在 30～74kW 范围内。

(3) 中型推土机。功率在 74～220kW 范围内。

(4) 大型推土机。功率在 220～520kW 范围内。

(5) 特大型推土机。功率在 520kW 以上。

推土机型号标注见表 3-1。

表 3-1 推土机型号标注

组	型	代号含义	主参数	
			名称	代号表示
推土机 T(推)	履带式推土机 Y(液压) S(湿地)	机械操纵履带式推土机(T) 液压操纵履带式推土机(TY) 湿地履带式推土机(TS)	功率	马力
	轮胎式推土机 L	液压操纵轮胎式推土机(TL)	功率	马力

特别提示

TY100 即为 100 马力的液压操纵履带式推土机；
TL180 即为 180 马力的液压操纵轮胎式推土机。

3.1.2 推土机的基本构造及工作装置

任何形式的推土机都是由发动机、底盘、液压系统、电气系统、工作装置(推土装置)和辅助设备组成的，如图 3.1 所示。

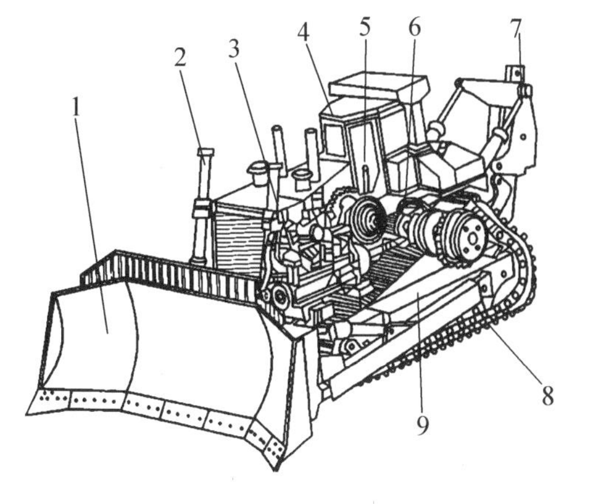

图 3.1 推土机的总体构造图

1—铲刀；2—液压系统；3—发动机；4—驾驶室；5—操纵系统；
6—传动系统；7—松土器；8—行进装置；9—机架

推土机的工作装置主要由推土刀和支持架两个部分组成。推土刀分固定式(直铲)和回转式(角铲)两种。前者的推土铲与主机纵轴经线固定为直角，如图 3.2 所示。后者如图 3.3 所示，推土铲可以水平面内左右回转约 25° 角，在垂直面内可倾斜 8° ～12° 角，且能视不同的土质条件改变其切削角，故回转式因能适应较多的工况而获得广泛使用。

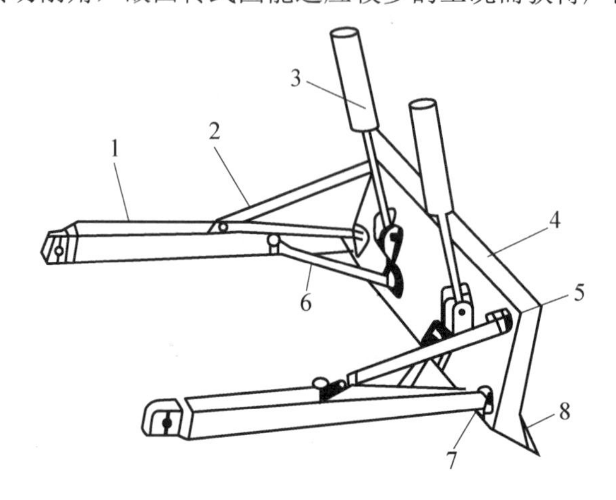

图 3.2　固定式推土机工作机构

1—顶推架；2—斜撑杆；3—铲刀升降油缸；4—推土板；5—球形铰；6—水平撑杆；7—销连接；8—刀片

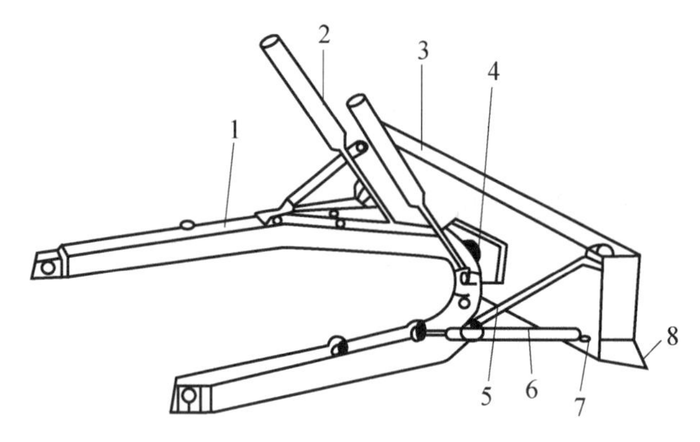

图 3.3　回转式推土机工作机构

1—顶推架；2—铲刀升降油缸；3—推土板；4—中间球铰；5、6—上下撑杆；7—铰接；8—刀片

【参考视频】

3.1.3 推土机作业

1. 作业过程

推土机工作时，将铲刀切入土中，依靠主机的前进动力，铲起一层土壤，并逐渐堆满在推土板前，土壤堆满后，将铲刀稍稍提升到适合于运行的位置后，将土推送到卸土处，提升铲刀进行卸土，然后回程，即推土机可以独立完成铲土、运土、卸土三种作业过程，其工作过程如图 3.4 所示。

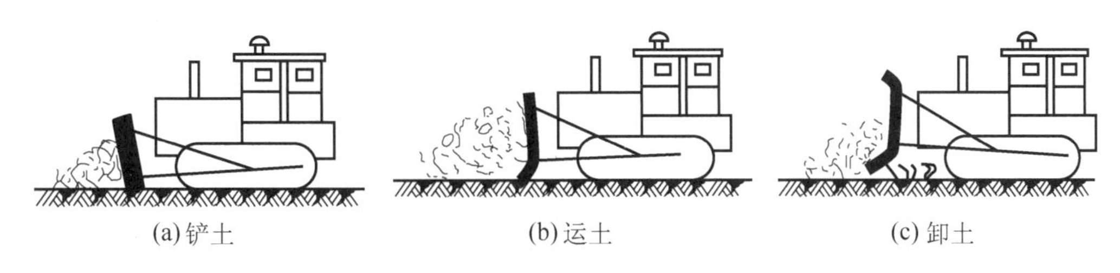

图 3.4　推土机的工作过程

2. 作业方式

(1) 直铲作业。直铲作业是推土机最常用的作业方法，用于推送土壤和石渣，平整场地作业。其经济作业距离：小型履带推土机一般为 50m 以内；中型履带推土机为 50～100m，最远不宜超过 120m；大型履带推土机为 50～100m，最远不宜超过 150m；轮胎式推土机为 50～80m，最远不宜超过 150m。

(2) 侧铲作业。侧铲作业用于傍山铲土、单侧弃土。此时，推土板的水平回转角一般为左右各 25°。作业时能一边切削土壤，一边将土壤移至另一侧。侧铲作业的经济运距一般较直铲作业时短，生产率也低。

(3) 斜铲作业。斜铲作业主要应用在坡度不大的斜坡上铲运硬土及挖沟等作业中，推土板可在垂直面内上下各倾斜 9°。工作时，场地的纵向坡度应不大于 20°，横向坡度应不大于 25°。

3. 松土器作业

松土器是推土机一个相当重要的辅助设备，如图 3.5 所示。松土器有多齿和单齿两种，主要用于疏松较薄的硬土、冻土层，还可以劈裂风化岩和有裂缝的岩石，并可拔除树根等。

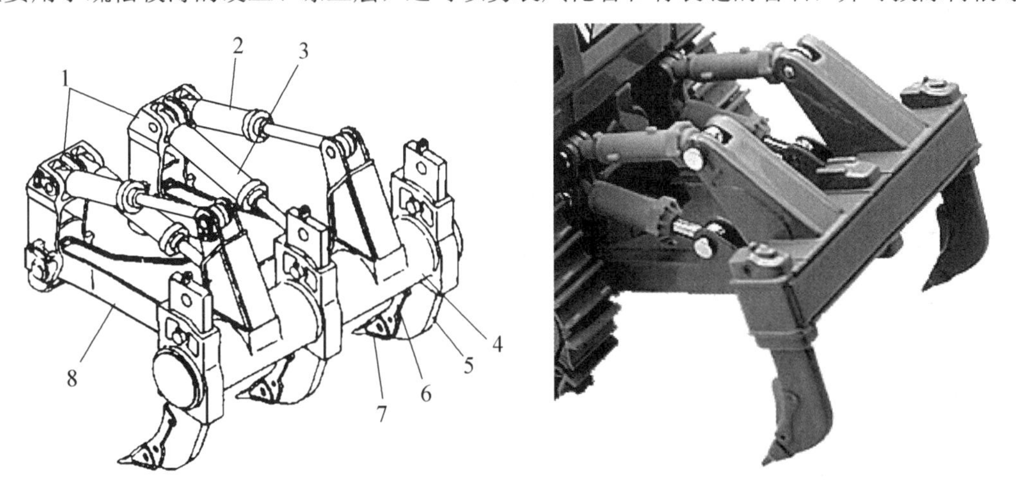

图 3.5　松土器构造示意图

1—安装架；2—倾斜油缸；3—提升油缸；4—横架；
5—齿杆；6—保护盖；7—齿尖；8—后支架

3.1.4 推土机生产率的计算

推土机的生产率指单位时间内所完成的土方量或平整场地面积。推土机作业生产率的计算，要考虑的因素很多，也很复杂，它主要与推土机的总体性、地面条件、司机操纵熟练程度、施工组织等有关。铲刀前的积土，按下式计算

$$Q=\frac{3600H^2LK_{时}K_{失}}{2\tan\varphi_0K_{松}T}$$

式中　H——推土板高度，m；

L——推土板长度，m；

$K_{时}$——推土机作业时间利用系数，一般取 0.85～0.90；

$K_{松}$——土壤松散系数，一般取 1.08～1.35；

φ_0——土壤自然堆积角度(对于砂φ_0=35°，黏土φ_0=35°～45°，种植土φ_0=25°～40°)；

T——每一工作循环所延续的时间，s；

$K_{失}$——土壤在途中的损失系数，取决于运土距离 L_1，$K_{失}=1-0.005L_1$。

平地作业生产率

$$Q=\frac{3600(B\cos\alpha-m)LK_t}{n\left(\frac{L}{v}+t_s\right)}$$

式中　B——铲刀的宽度；

α——铲刀水平回转角；

m——相邻两次平整时重叠部分宽度；

L——平整地段长度；

K_t——时间利用系数；

n——每段地的平整次数；

v——推土机平地速度，取 0.8～1.0m/s；

t_s——推土机调头时间，一般取 t_s=10s。

决定推土机生产率高低的因素较多，但人是其中最重要的因素。此外，机械的技术性能状况、司机的操作技能、施工组织和管理水平面的高低也直接影响到推土机的生产率。因此，具体计算时，一定要从实际出发，综合考虑各种影响因素，并要进行客观的分析，以使计算结果具有现实意义。

3.1.5 提高生产率的措施

要想提高推土机的生产率，一方面要考虑如何使每次推土能达到机械的设计能力，即达到或者超过铲刀的几何容积；另一方面则要根据施工对象采用正确的施工组织，以缩短每一工作循环所用的时间，从而增加每小时的循环次数，具体措施如下。

(1) 加强机械的维护保养，使推土机经常保持良好状态。

(2) 要提高生产率首先应缩短推土机作业的循环时间，提高时间利用系数，减少辅助时间，加快作业循环。为了缩短一个循环作业的时间，推土机在铲土时应充分利用发动机的功率以缩短铲土距离，合理选择运距，使送土和回程距离最短，并尽量创造下坡铲土的条件；此外还应提前为下道工序做好准备，尽量做到有机配合。

(3) 正确地进行施工组织，合理选择机型，以免使用不当而不能发挥机械效能。此外，在施工中对各种施工条件采用正确合理的操作方法，遇到硬土时，用松土机预先松土，或在铲土刀后面加装钢齿，在倒退时进行松土。

(4) 为了减少土壤漏损，推送时应采用土槽、土埂或并列推送方式，这样不但可以提高送土效率，也可增大铲刀前土堆的体积。土质松软时，可将铲刀两侧的挡土板加长，提高铲刀前的堆土量。

(5) 正确选择运行路线，尽量利用下坡推土，或分批集中，一次推送。

特别提示

推土机的推土作业方法

推土机常用的推土方法有拉槽推土法、多刀推土法、并列推土法及下坡推土法等。

(1) 拉槽推土法是连续多次在同一处切土推运，借助槽沟的两侧壁作为运土时的挡壁，以防止推土过程中土壤散失，一般只适用于Ⅰ、Ⅱ级土壤地区。

(2) 多刀推土法在较宽的取土场内，推土机按分段切土，自近而远将各段所切土壤推运至各段的切土终点处，等作业线上积聚起若干个土堆后，由远而近采用以土拥土的办法叠送至填方处。多刀推土法和下坡推土法结合使用，能显著地提高生产率。

(3) 并列推土法是指采用 2～3 台推土机并列作业，这样推土量可增加 15%～30%。并列推土时，各机的速度要一致，两推土刀之间要保持 30～50cm 的间隔，这就要求司机有较熟练的操作技术。

(4) 下坡推土法是指在斜坡上，推土机顺下坡方向切土与堆运，借机械向下的重力作用切土，增加切土深度和运土数量，可提高生产率 30%～40%，但坡度不宜超过 15°，避免后退时爬坡困难。

3.1.6 推土机的合理选择

在土石方的施工过程中，如何根据推土机的技术性能和土方工程条件，选择合理的机型，充分发挥推土机的功能；工程条件比较复杂时，如何创造条件，采取有效措施或先进的施工方法，使现有的推土机发挥出应有的功能。对于这些问题，现场施工技术人员和管理人员必须认真考虑。推土机的类型选择，主要考虑以下几方面情况。

(1) 土方量大小。当土方量大而且集中时，应选用大型推土机；土方量小而且分散时，应选用中、小型推土机，土质条件允许的可选用轮胎式推土机。

(2) 土壤性质。一般推土机均适合Ⅰ、Ⅱ级土壤施工或Ⅲ、Ⅳ级土壤预松后施工。如果土壤比较密实、坚硬，或为冬季冻土，应选用液压式重型推土机或带松土齿推土机；如果土壤属潮湿软泥，则最好选用宽履带式推土机。

(3) 施工现场。在危险地带作业，如有条件可采用自动化推土机。在修筑半挖半填的傍山坡道时，最好选用回转式推土机；在严禁噪声的地方施工时，应选用低噪声推土机；在水下作业时，可选用水下推土机；在高原地区，则应选择高原型推土机等。

【参考图文】

(4) 作业要求。根据施工作业的各种要求，为减少投入现场机械的台数和提高机械化作业的范围，最好选用具有多种功能的推土机施工作业。

此外，还应考虑其整个的经济性。施工单位必须对土方成本进行计算，才能确定施工机械的使用费和机械生产率。选择推土机型号时，应初选两种或两种以上的机械，经过计算比较，选择土方成本最低的推土机。对于租用的推土机，土方成本可按合同规定的定额标准计算。

知识链接

推土机的十大名牌

1. 东方红(1955 年创立，中国名牌，东方红拖拉机工程机械集团公司)
2. 山推(中国名牌产品，山推工程机械股份有限公司)
3. 宣工(中国名牌，河北宣化工程机械有限公司)
4. 移山(我国最早从事履带式推土机生产的企业，天津移山工程机械有限公司)
5. 卡特(1904 年创立，美国 Caterpillar 卡特彼勒重工集团)
6. 小松 Komatsu[1921 年创立，世界知名品牌，小松(中国)投资有限公司]
7. 徐工(中国 500 强企业，中国驰名商标，徐工集团)
8. 彭浦(1959 年创立，全国名牌产品，上海彭浦机器有限公司)
9. 大地(1954 年创立，内蒙古一机集团大地工程机械有限公司)
10. 厦虎(推土机十大品牌，厦门市三家乐工程机械有限公司)

3.2 铲 运 机

铲运机是一种利用铲斗铲削土壤，并将碎土装入铲斗进行运送的铲土运输机械，能够完成铲土、装土、运土、卸土和分层填土、局部碾实的综合作业，适于中等距离运土。在铁路、道路、水利、电力和大型建筑工程中，它被用于开挖土方、填筑路堤、开挖河道、修筑堤坝、挖掘基坑、平整场地等工作中，具有较高的工作效率和经济性，其应用范围与地形条件、场地大小、运土距离等有关。铲削III级以上土壤时，需要预先松土。

铲运机的运距比推土机大，拖式铲运机适宜的运距为 800～1000m，自行式铲运机适宜的运距为 800～5000m。自行式铲运机的工作速度可以达到 40km/h 以上，充分显示了铲运机在中长距离作业中具有很高的生产效率和良好的经济效益的优越性。建筑工程施工铲运机主要用于大型的基坑的开挖，以及大面积、自然地坪的场地平整。

3.2.1 铲运机的类型及其特点

铲运机种类繁多，可按斗容量、卸土方式、运行方式、传动方式等分类。

(1) 按斗容量可以分为小型(5m^3 以下)、中型(5～15m^3)、大型(15～30m^3)、特大型(30m^3 以上)。

(2) 按卸土方式分为强制式、半强制式和自由式。

① 强制式。用可移的铲斗后壁将斗内土壤强制推出，卸土干净彻底，使用最广泛。

② 半强制性。铲斗后壁与斗底为一个整体，卸载时绕前边铰点向前旋转，将土倒出。

③ 自由式。卸载时，将铲斗倾斜，土壤靠自重倒出，适用于小型铲运机。

(3) 按运行方式可分为拖式和自行式铲运机。

① 拖式铲运机。铲运斗由单独的牵引车拖挂进行工作。牵引车可以是履带式或轮胎式拖拉机。常用履带式拖拉机牵引，其运距在 70～800m 范围内。

② 自行式铲运机。牵引车与铲运斗组成统一的机体，二者不可分离。绝大多数为轮式，行驶速度高，机动灵活，生产率高，运距适应于 1500～5000m。

(4) 按传动方式可以分为液压式和机械式。

国家标准规定，铲运机代号为 C。拖式铲运机代号：机械操纵式为 CT，液压操纵式为 CTY。自行式铲运机代号：履带机械操纵为 C，履带液压操纵为 CY，轮胎液压操纵为 CL。主参数代号表示铲斗几何容积(m^3)。

特别提示

CL6 表示几何容量为 6m^3 的自行式轮胎铲运机。

3.2.2 铲运机的基本构造

拖式铲运机本身不带动力，工作时由履带式或轮式拖拉机牵引。这种铲运机的特点是牵引力的利用率高、接地比压小、附着能力大、爬坡能力强等，在短距离和松软潮湿地带工程中普遍使用，工作效率低于自行式铲运机。

拖式铲运机结构如图 3.6 所示，由拖把、辕架、工作油缸、机架、前轮、后轮和铲斗等组成。铲斗由斗体、斗门和卸土板组成。

自行式铲运机多为轮胎式，一般由单轴牵引车和单轴铲斗两部分组成，有的在单轴铲斗后还装有一台发动机，铲土工作时可采用两台发动机同时驱动，其特点是本身具有动力、结构紧凑、附着力大、行驶速度快、机动性好、通过性好，在中长距离土方转移施工中应用较多，效率比拖式铲动机高。如图 3.7 所示为 CL7 型自行式铲运机的结构示意图。

图 3.6　拖式铲运机的构造

1—拖把；2—前轮；3—油管；4—镶架；5—工作油缸；6—斗门；7—铲斗；8—机架；9—后轮

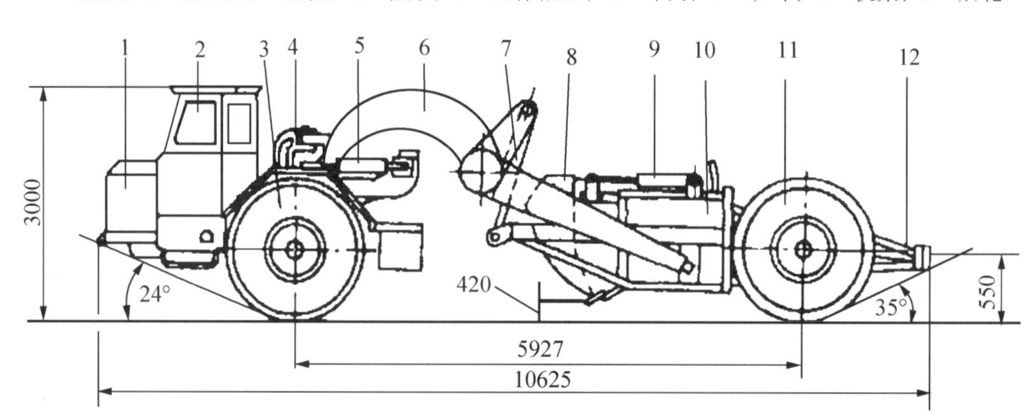

【参考视频】

图 3.7　自行式铲运机的结构示意图

1—发动机；2—单轴牵引车；3—前轮；4—转向支架；5—转向液压缸；6—镶架；7—提升油缸；8—斗门；9—斗门油缸；10—铲斗；11—后轮；12—尾架

3.2.3 铲运机的作业过程与卸土方式

1. 作业过程

如图 3.8 所示，铲运机的作业过程中包括铲装、运土、卸土和回程四个环节。

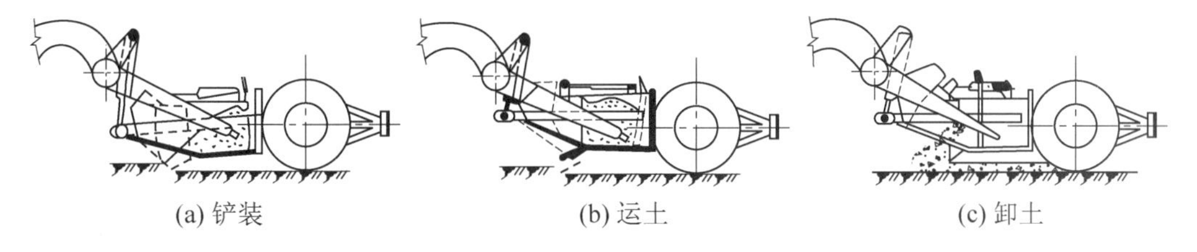

(a) 铲装　　(b) 运土　　(c) 卸土

图 3.8　铲运机的工作过程

(1) 铲装过程。如图 3.8(a)所示，升起前斗门，放下铲土斗，铲运机向前行驶，斗口靠斗的自重(或液压力)切入土中，将铲削下来的一层土挤装入铲土斗内。

(2) 运土过程。如图 3.8(b)所示，铲土斗装满后，关闭斗门，升起铲土斗，铲运机行进至卸土地段。

(3) 卸土过程。如图 3.8(c)所示，放下铲土斗，使斗口与地面保持一定距离，打开斗门，随着机械的前进将斗内的土壤全部卸出，卸出的一层土壤同时被铲运机后部的轮胎压实。

(4) 回程。卸土完毕，关闭斗门，升起铲土斗，铲运机空载行驶到原铲土地段，进行下一个作业循环。

2. 卸土方式

铲运机的卸土方式有强制式、半强制式和自由倾翻式三种，如图 3.9 所示，可根据不同工况进行选用。

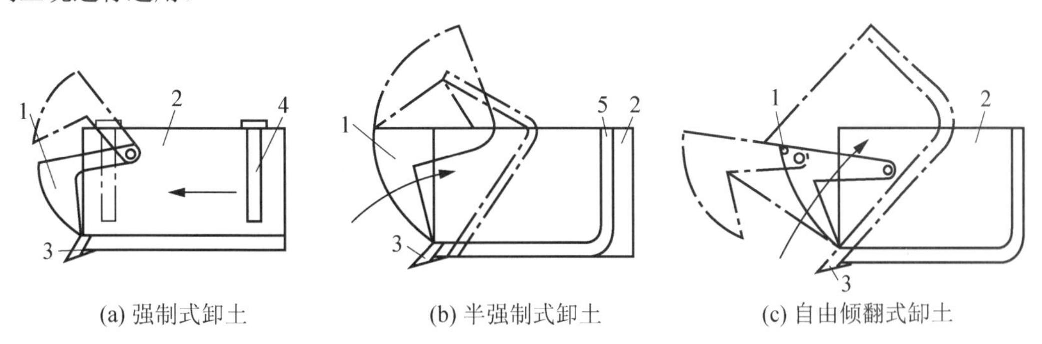

(a) 强制式卸土　　(b) 半强制式卸土　　(c) 自由倾翻式卸土

图 3.9　铲斗卸土示意图

1—斗门；2—铲斗；3—刀片；4—后斗壁；5—斗底

(1) 强制式卸土，如图 3.9(a)所示。卸土原理是靠安装在铲土斗后壁内的可移动卸土板将斗内的土壤向前强制推出。这种卸土方式能彻底清除铲土斗内壁黏附的土壤。

(2) 半强制式卸土，如图 3.9(b)所示。其原理是利用制成一体的斗底与后壁一起翻转，先以强制式方式卸出一部分土壤，然后再借土的自重卸完。

(3) 自由倾翻式卸土，如图 3.9(c)所示。卸土时将铲土斗整体翻转倾倒，土壤完全靠自重卸出。这种卸土方式消耗能量小，但不易将斗内的土壤全部卸出，比较适合铲运砂性土或含水率较低的土壤。

3.2.4 铲运机生产率的计算

铲运机的生产率可按下式计算

$$Q=\frac{3600VK_2K_3}{TK_1}$$

式中 V——铲斗的几何容量；

K_1——土的松散系数，取 K_1=1.1～1.4；

K_2——铲斗的充盈系数，取 K_2=0.6～1.25；

K_3——时间利用系数，取 K_3=0.85～0.9；

T——每一工作循环所延续的总时间。

3.2.5 提高铲运机生产率的措施

(1) 提高铲土斗充满系数。

① 根据施工条件，选用合理的运行路线和施工方法。

② 在铲运机上加装松土齿，利用回程进行松土。

③ 选择填方土源时，应考虑土壤对铲运机生产率的影响。

④ 对于自行式铲运机，采用顶推助铲。

(2) 提高时间利用系数。做好机械维护，减少故障停机，合理组织施工，避免工序之间或机械之间发生干扰，以减少非生产时间；少占用或不占用作业时间来做好机械准备工作等。

(3) 缩短作业循环时间。

① 缩短铲土时间。

② 提高行驶速度，铲土时用低速挡，运土和卸土用中速挡，加速时用高速挡。

③ 缩短卸土时间，填筑施工时，应以最佳土层厚度铺卸。

④ 缩短运土时间，根据现场施工条件，选择合理的运行路线。

(4) 避免运土途中土的漏失。铲运机在运土途中如将土漏失，对运输道路的平整和铲运效率的影响很大，除要求铲土斗关闭严密外，还应注意平稳操作，避免机身摇晃和紧急制动。

铲运机的常用作业方法包括下坡铲土法、沟槽铲土法和助铲法。

(1) 下坡铲土法。铲运机顺势下坡铲土，借机械下行自重产生的附加牵引力来增加切土深度和充盈数量，最大坡度不应超过 20°，铲土厚度以 20cm 为宜。

(2) 沟槽铲土法。在较坚硬的地段挖土时，采取预留土埂间隔铲土。土埂两边沟槽深度以不大于 0.3m、宽度略大于 10～20cm 为宜。作业时土埂与槽交替下挖。

(3) 助铲法。在坚硬的土体中，使用自行式铲运机，另配一台推土机松土或在铲运机的后拖杆上进行顶推，协助铲土，可缩短铲土时间。

3.2.6 铲运机的合理选择

根据使用经验，影响铲运机生产效能的工程因素主要有土壤性质、运距长短、施工期限、现场情况、当地条件、土方量大小及气候等，因此可按这些因素合理选择机型。

1. 按土壤性质选择

(1) 当土方工程为Ⅰ、Ⅱ类的土壤时，选择各类铲运机均可以；如果是Ⅲ类土壤，则可选择重型的履带式铲运机；若为Ⅳ类土壤，则首先进行翻松，然后选择一般的铲运机铲运。

(2) 当土壤的含水量在 25%以下时，采用一般的铲运机都可以；如施工现场多软泥或沙地，则必须选择履带式铲运机；如土壤湿度较大或在雨季施工，应选择强制式或半强制式的履带式铲运机。由于土壤的性质和状况可因气候等自然条件而变化，也可因人为的措施而改善，因此选择铲运机时应综合考虑其施工条件及施工方法。

2. 按运土距离选择

(1) 当运距小于 70m 时，铲运机的性能不能充分发挥，可选择推土机运土。

(2) 当运距为 70～300m 时，可选择小型(斗容在 $6m^3$ 以下)铲运机，其经济运距为 100m 左右。

(3) 当运距为 300～800m 时，可选择中型(斗容为 6～$10m^3$)铲运机，其经济运距为 500m 左右。

(4) 当运距为 800～3000m 时，可选择轮胎式的大型(斗容为 10～$25m^3$)自行式铲运机，其经济运距为 1500～2500m。

(5) 当运距为 3000～5000m 时，可选择特大型(斗容为 $25m^3$ 以上)自行轮胎式铲运机，其经济运距为 3500～4000m。同时，也可以选择挖装机械和自卸汽车运输配合施工，但是均应进行比较和经济分析，最后选择机械施工成本最低的施工设备。

3. 按土方数量选择

在正常情况下，土方量较大的工程，一般选择大、中型铲运机，因为大、中型铲运机的生产能力大，施工速度较快，能充分发挥机械化施工的特长，保质保量，缩短工期，降低工程成本。对于小量或零散的土方工程，可选择小型的铲运机施工。

4. 按施工地形选择

利用下坡铲装和运输可提高铲运机的生产率，适合铲运机作业的最佳坡度为 7°～8°，坡度过大不利于装斗。因此，铲运机适用于从路旁两侧取土坑的土来填筑路堤(高 3～8m)或两侧弃土挖深 3～8m 路堑的作业。纵向运土路面应平整，纵坡度不应小于 5°。铲运机适用于大面积场地平整作业，铲平大土堆，以及填挖大型管道沟槽和装运河道土方等工程。

5. 按铲运机的种类选择

双发动机铲运机可提高功率近一倍，并具有加速性能好、牵引力大、运输速度快、爬

【参考图文】

坡能力强、可在较恶劣地面条件下施工等优点，但其投资大，且铲运机的质量要增加 10%～43%，折旧和运转费用增加 27%～33%。所以，只有在单发动机式铲运机难以胜任的工程条件下，双发动机的铲运机才具有较好的经济效果。

知识链接

铲运机的国内外发展史

国外

铲运机的发展已经有上百年的历史。18 世纪就出现了马拉式铲运机，其铲运斗置于地面，用马拖拉，运距为 15～50m。

1883 年出现了轮式全金属铲运机。

1910 年，美国制造了拖拉机牵引的专用铲运机。苏联在 20 世纪 20 年代以后开始成批制造轮胎拖式铲运机。

1938 年美国制造出自行式铲运机。

1949 年出现了双发动机铲运机。

20 世纪 60 年代出现了链板装载式铲运机和世界上最大的铲运机。

国内

中国在 20 世纪 60 年代开始铲运机的研发。1962 年 12 月 22 日，中国第一台自行式铲运机样机 C-6106 在郑州工程机械制造厂诞生。

1963 年 8 月，根据国家科委“1964 年新产品重点控制项目”计划，郑州工程机械制造厂与一机部工程机械研究所成立联合设计组，开发设计 CL7 自行式铲运机。1972 年试制出 CL7 自行式铲运机。

1978 年 10 月，根据一机部要求，两台 CL7 自行式铲运机在拟建青藏铁路的格尔木至西大滩一段进行了我国工程机械在高原筑路的首次工业性试验。

3.3 单斗挖掘机

挖掘机是用斗状工作装置挖取土壤的土方工程施工机械，由于它的挖土效率高，产量大，能在坚实的土壤和爆破后的岩石中进行挖掘作业，如开挖路堑、基坑、沟槽和取土等；还可在更换各种工作装置后，进行修筑道路、疏通河道、清理废墟、挖掘水库、剥离表土、开挖矿石等工作。挖掘机也被广泛应用于建筑施工、交通运输、水利电力、矿山采掘及军事工程等工作中。

【参考图文】

单斗挖掘机是挖掘机中使用最普遍的机械，有专用型和通用型之分，专用型供矿山采掘用，通用型主要用于各种建设的施工中，其特点是挖掘力大，可以挖Ⅵ级以下的土壤和爆破后的岩石。它可以将挖出的土石就近卸掉或配备一定数量的自卸车进行远距离的运送。此外，单斗挖掘机的工作装置根据建设工程的需要可以换抓斗、装载、起重、碎石和钻孔等多种工作装置，扩大了挖掘机的使用范围。

3.3.1 单斗挖掘机的分类

单斗挖掘机的种类很多，若按传动方式不同可分为机械式和液压式两类，在中、小型单斗挖掘机中主要发展液压式。目前国产 WY200、SW200、XW200、HW200 等挖掘机均代表目前先进的设计制造水平。

按工作装置的不同，液压单斗挖掘机有正铲、反铲、拉铲、抓铲多种主要形式。正铲主要用于挖掘停机面以上的土壤，大面积开挖时可采用此形式。反铲用于挖掘停机面以下的土壤，工作灵活，使用较多，是液压挖掘机的一种主要工作装置形式。抓铲则主要用于小面积深挖，如挖井、深坑等，如图 3.10 所示。

按行走机构的不同，液压挖掘机可分为履带式、轮胎式、汽车式、悬挂式和拖式等形式。

按动力装置的不同，挖掘机可分为电驱动、内燃机驱动和复合驱动。单斗液压挖掘机采用内燃机驱动。

按作业方式的不同，挖掘机可分为循环作业式(单斗挖掘机)和连续作业式(多斗挖掘机)两大类。

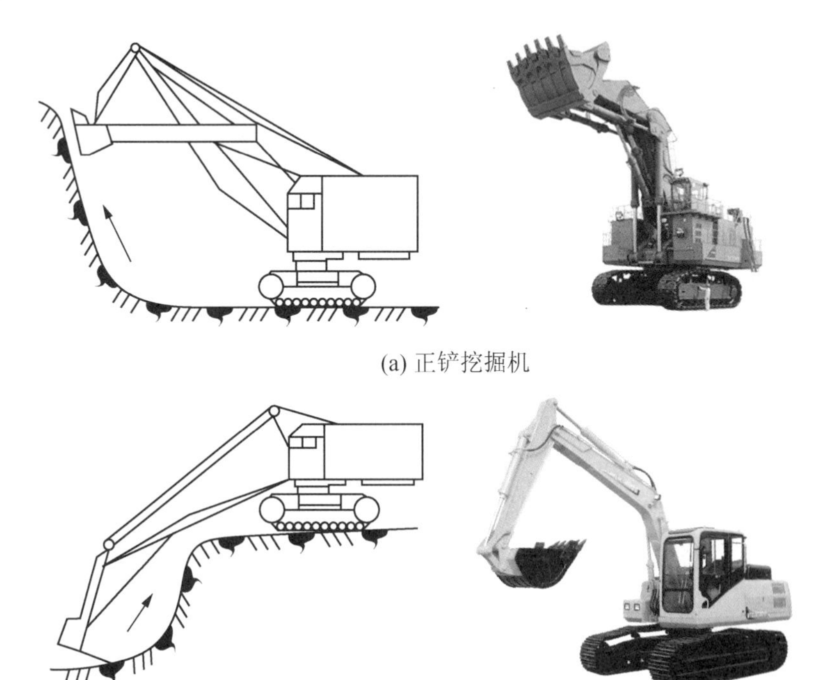

(a) 正铲挖掘机

(b) 反铲挖掘机

图 3.10　液压单斗挖掘机的主要形式

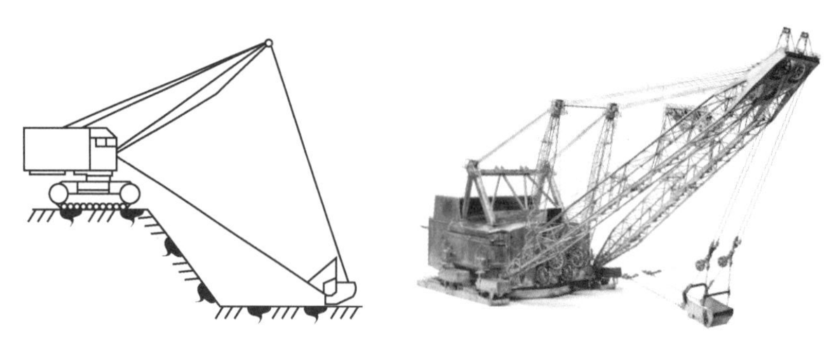

(c) 拉铲挖掘机

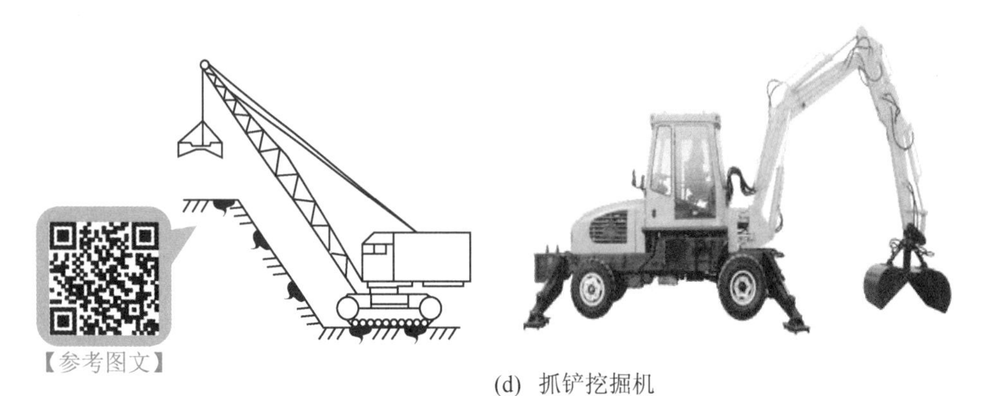

(d) 抓铲挖掘机

图 3.10 液压单斗挖掘机的主要形式(续)

3.3.2 单斗挖掘机的型号

单斗挖掘机型号编制见表 3-2。

表 3-2 单斗挖掘机的型号

型	特性	代号	代号含义	主要参数	
				名称	单位
履带式		W	机械单斗挖掘机	标准斗容量	$m^3 \times 100$
	D	WD	电动单斗挖掘机		
	Y	WY	液压单斗挖掘机		
	B	WB	长臂单斗挖掘机		
	S	WS	隧道单斗挖掘机		
轮胎式(L)		WL	轮胎式机械单斗挖掘机	标准斗容量	$m^3 \times 100$
	D	WLD	轮胎式电动单斗挖掘机		
	Y	WLY	轮胎式液压单斗挖掘机		

特别提示

例如，型号为 WY100 的挖掘机表示斗容量为 $1m^3$ 的履带式液压单斗挖掘机。

3.3.3 单斗液压挖掘机的构造组成

【参考图文】

单斗液压挖掘机主要由工作装置、回转机构、回转平台、行走装置、动力装置、液压传动系统、电气系统和辅助系统等组成。工作装置是可更换的，可以根据作业对象和施工的要求进行选用。如图 3.11 所示为 EX200V 型单斗液压挖掘机构造图。

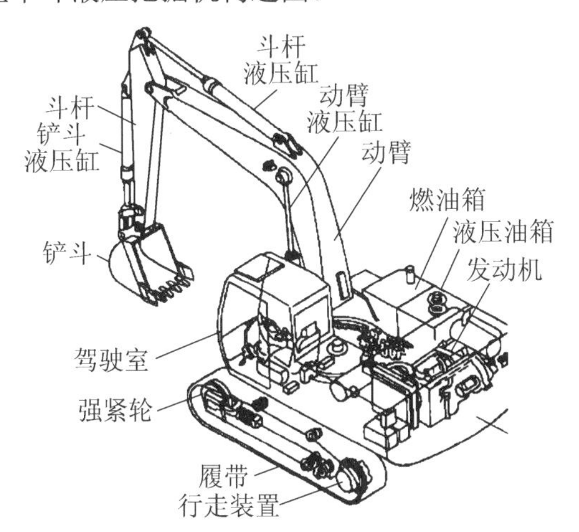

【参考视频】

图 3.11 单斗液压挖掘机构造图

3.3.4 单斗液压挖掘机的作业过程

单斗液压挖掘机的作业过程：操纵斗杆与铲斗液压缸使铲斗切削土壤并装土；铲斗装满时，操纵动臂液压缸，使动臂连同铲斗升到卸土高度，并同时操纵上部转台回转至卸土位置，操纵斗杆与铲斗液压缸使铲斗反转卸土；操纵上部转台回转到挖掘位置，并同时操纵动臂液压缸使动臂铲斗下降至挖掘面进行下一作业循环。每一作业循环均由以上所述的“挖掘装斗—提升回转—转斗卸土—空斗返回” 4 个工序组成。

特别提示

【参考图文】

反铲挖掘机的基本作业方式主要有沟端挖掘、沟侧挖掘、直线挖掘、曲线挖掘、保持一定角度挖掘、超深沟挖掘和沟坡挖掘等。

沟端挖掘法即挖掘机从沟槽的一端开始挖掘，然后沿沟槽的中心线倒退挖掘，自卸车停在沟槽一侧，挖掘机动臂及铲斗回转 40° ～45° 即可卸料。

沟侧挖掘法与沟端挖掘法基本相同，其不同之处是，自卸车停在沟槽端部，挖掘机停在沟槽一侧，动臂及铲斗回转小于 90° ，可卸料。

直线挖掘法即当沟槽宽度与铲斗宽度相同时，可将挖掘机置于沟槽的中心线，从正面进行直线挖掘。挖掘到所要求的深度后再后退挖掘机，直至挖完全部长度。

曲线挖掘法即挖掘曲线沟槽时可用短的直线挖掘相继连接而成。

3.3.5 单斗挖掘机的特点及生产率

单斗挖掘机的主要特点：①挖掘力大；②一机多用，使用范围大，更换相应的工作装置后，可进行挖、装、填、夯、抓、刨、吊、钻等多种作业；③生产率高。

1. 挖掘机生产率的计算

可按下式计算

$$Q=\frac{3600qK_2K_3}{TK_1}$$

式中 q——铲斗的几何容量；

T——每一工作循环持续时间；

K_1——土的松散系数，取 1.1～1.4；

K_2——铲斗的充盈系数，取 0.8～1.1；

K_3——时间利用系数，取 0.7～0.9。

2. 提高挖掘机生产率的措施

(1) 挖掘机的铲斗容量是根据挖掘坚硬土质设计的。如果土质比较松软而机械技术状况良好，可以适当加大或更换较大容量的铲斗。

【参考图文】

(2) 力求装满铲斗。保持挖土工作面的适当高度，保证在最大切削深度下一次装满铲斗。提高操作人员技术水平，能根据挖掘面高度和切削土层厚度的比例关系操作，力求一次装满铲斗，并减少漏损。

(3) 缩短挖掘循环时间。当挖掘比较松软的土层时，可适当加大切土厚度，以充分发挥机械能力；根据挖土区具体情况，选择最佳的开挖方法和运土路线。采用自卸汽车装土时，运输路线应位于挖掘机侧面，尽量缩小挖掘机卸土回转角，还可以缩短卸土时间，提高挖掘机各工序的速度。

(4) 做好配合工作，根据施工现场情况，用推土机或人工及时将余土推运出挖掘机作业范围内，经常整修场地及道路，为挖装和运输作业创造有利条件。

3.3.6 施工中机械数量的确定

1. 挖掘面数量的确定

根据土方量的大小，工期长短，并考虑合理的经济效果，挖掘机的数量按下式计算

$$N=\frac{V}{8QTCK_3}$$

式中 V——土方量；

Q——挖掘机的生产率；

T——工期；

C——每天工作班数；

K_3——时间利用率，一般取 0.8～0.85。

2．运输车辆数量的确定

运输车辆的装载容量常取挖掘机 3～4 斗的卸土容量，且保持挖掘机连续工作。运输车辆的数量按下式计算

$$N=\frac{T}{t_{装}}$$

式中 T——运送一次循环时间；

$t_{装}$——挖掘机每装一辆所需时间。

$$T=\frac{2L}{V_{平}}+t_{装}+t_{卸}+t_{辅}$$

式中 L——运距；

$V_{平}$——空车和重车时的平均速度，自卸汽车取 20～30km/h；

$t_{卸}$——自卸汽车的卸土时间，取 1～2s；

$t_{辅}$——自卸汽车的辅助时间，取 2～3s；

$t_{装}$——自卸汽车的装土时间，$t_{装}=nt$。

$$n=\frac{m}{q\rho k}$$

式中 n——汽车每车装土斗数；

m——自卸汽车装载质量；

ρ——土的自然容量，取 1.7t/m^3；

q——铲斗容量；

k——铲斗利用系数，取 0.8～0.95。

3.3.7 挖掘机的合理选择

根据土方工程的情况和要求，结合施工现场的具体条件，选择合适的挖掘机，是正确使用挖掘机，高效率、低消耗完成施工任务的前提。

(1) 按施工土方位置选择。当土方在停机面以上时，就可以选择正铲挖掘机；当土方在停机面以下时，一般选择反铲挖掘机；若开挖深沟或基坑，可选择拉铲或抓铲挖掘机。

(2) 按土壤性质选择。当挖取水下或潮湿泥土时，应当选用拉铲、抓铲或反铲挖掘机；当土壤比较坚硬或开挖冻土时，应选用重型挖掘机；而装卸松散物料时，宜采用抓铲挖掘机最有效。

(3) 按土方运距选择。在地形平坦的场地挖取松软土壤或开挖各种沟槽，最好选择生产效率高的多斗挖掘机，其次再考虑其他机型；当运土距离较远，挖掘机必须与运输机械配合施工时，注意挖斗容量与运输车辆的斗容量合理配套。

(4) 按土方量大小选择。当土方工程量不大而必须采用挖掘机施工时，可选用机动能好的轮胎式挖掘机或装载机；而在大型土方工程中，必须选用大型专用的挖掘机，并可以采用多种机械联合施工，可装较大的石块，有利于提高运输车辆的生产率。

(5) 优先选择先进的新型机种。选择施工机械的原则是以本单位现有机械为主；如果另有机械来源，则应根据施工条件和要求优先选择先进的新产品，如液压挖掘机、多功能挖掘机等，以提高挖掘生产率，缩短施工期，降低施工成本。

最后，根据上述各种工程条件，能选择出来的挖掘机可能有好几种，这样还必须进行综合考虑。如大型施工机械受地形条件的限制，与运输工具配合的组织计划工作比较复杂，因此对挖掘机的容量选择十分重要。所以，应根据多方面因素选择出符合“高速、低耗、安全”施工条件的挖掘机。

知识链接

国外挖掘机发展史

(1) 1837 年第一台挖掘机在美国诞生——以蒸汽作为动力的动力铲。

(2) 1900 年第一台以柴油机作为动力的挖掘机问世。

(3) 1954 年第一台全液压挖掘机在德国出现。

(4) 1961 年日本从欧美引进了液压挖掘机技术。

(5) 1985 年第一台全电脑控制的液压挖掘机在日本出现。

国内挖掘机发展史

(1) 1954 年生产出第一台机械式挖掘机。

(2) 1960 年开始研制液压挖掘机。

(3) 1970 年以后测绘国外样机仿制全液压挖掘机取得成功。

(4) 1982 年起挖掘机行业第一次全面引进德国公司的液压挖掘机技术及配套件技术。

3.4 装　载　机

装载机在建筑施工中主要用于装松散土和短距离(1.3km 以内)运土，也可用于进行松软土的表层剥离、地面的平整和松散材料的收集清理工作。在工作中它可以单独完成装土、运土、卸土等各工序。在较长距离的运土工作中，装载机往往和运输车辆配合，用于装土。装载机以轮胎式或履带式拖拉机以及专用底盘为基础车，装备铲斗作为工作装置。

【参考图文】

3.4.1 装载机的分类及主要特点

装载机的分类及主要特点见表 3-3。

表 3-3 装载机的分类及主要特点

分类方法	类型	主要特点
按行走装置分	1. 履带式：采用履带行走装置 2. 轮胎式：采用两轴驱动的轮胎行走装置	1. 接地比压低，牵引力大，但行驶速度低，车移不灵活 2. 行驶速度快，转移方便，可在城市道路上行驶，使用广泛
按回转方式分	1. 全回转：回转台能回转 360° 2. 90° 回转：铲斗的动臂可左右回转 90° 3. 非回转式：铲斗不能回转	1. 可在狭窄的场地作业，卸料时对机械停放位置无严格要求 2. 可在半圆范围内任意位置卸料，在狭窄的地方也能发挥作用 3. 要求作业场地较宽
按传动方式分	1. 机械传动：这是传统的传动方式 2. 液力机械传动：当前普遍采用的传动方式 3. 液压传动：一般用于 110kW 以下的装载机上	1. 牵引力不能随外载荷的变化而自动变化，不能满足装载作业要求 2. 牵引力和车速变化范围大，随着外阻力的增加，车速自动下降而牵引力增大，并能减少冲击，减少动载荷 3. 可充分利用发动机功率，提高生产率，但车速变化范围窄，车速偏低
按卸料方式分	1. 前卸式：铲斗在前端铲装和卸料 2. 回转卸料式：铲斗可相对于车架转动一定角度 3. 后卸式：铲斗随大臂后转 180° 到后端卸料	1. 结构简单，卸料安全可靠，但需要整机转向，费时 2. 铲斗回转卸料，作业效率高，但侧向稳定性不好 3. 装载机不动就可直接向后面的运输车辆卸料，作业效率高，但铲斗要越过驾驶室，不安全，故应用不广
按铲斗额定装载量分	1. 小型＜$1m^3$ 2. 中型 $1\sim5m^3$ 3. 大型 $5\sim10m^3$ 4. 特大型≥$10m^3$	1. 小巧灵活，配上多种工作装置，可用于市政工程的多种作业 2. 机动性能好，配有多种作业装置，能适应多种作业要求，可用于一般工程施工和装载作业 3. 铲斗容量大，主要用于大型土、石方工程 4. 主要用于露天矿山的采矿场，如与挖掘机配合，能完成矿砂、煤等物料的装车作业

【参考图文】

特别提示

装载机代号用“Z”表示。“Z”后边的数字表示额定承载力(单位 kN)。轮胎式装载机用“ZL”表示，例如 ZL50 就表示额定承载力为 50kN 的轮胎式装载机。

3.4.2 装载机的构造组成

轮胎式装载机由工作装置、行走装置、发动机、传动系统、转向制动系统、液压系统、操作系统和辅助系统组成，如图 3.12 所示。

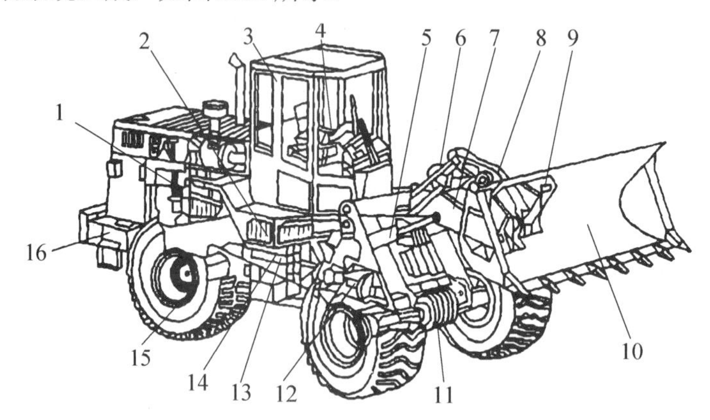

图 3.12　装载机的构造

1—发动机；2—变矩器；3—驾驶室；4—操纵系统；5—动臂油缸；6—转斗油缸；7—动臂；8—摇臂；9—连杆；10—铲斗；11—前驱动桥；12—传动轴；13—转向油缸；14—变速箱；15—后驱动桥；16—车架

3.4.3 装载机的工作装置和工作过程

单斗装载机的工作装置如图 3.13 所示，根据铲斗有无托架，其工作装置可分为有托架式和无托架式两种。

装载机的工作装置由铲斗、连杆、动臂、摇臂等组成。它们相互铰链，形成连杆机构，以实现动作作业，通过转斗液压缸带动摇臂和连杆使铲斗转动，以便铲斗在最好的角度铲土和翻转卸土。动臂的另一端铰链在机架上，通过动臂液压缸推动动臂转动，使动臂带动铲斗下降至铲土位置或升高至卸土位置。

装载机进行装卸作业的过程是：机械驶近料堆，放下动臂；铲斗插入料堆，待插入一定深度后转斗装满，举升动臂至运输高度，倒车调头，驶向卸料地点，提臂至卸料位置，铲斗倾翻卸料，再返回装料处进行下一循环。每一循环均包括铲装、运载、卸料、返回四个工序。

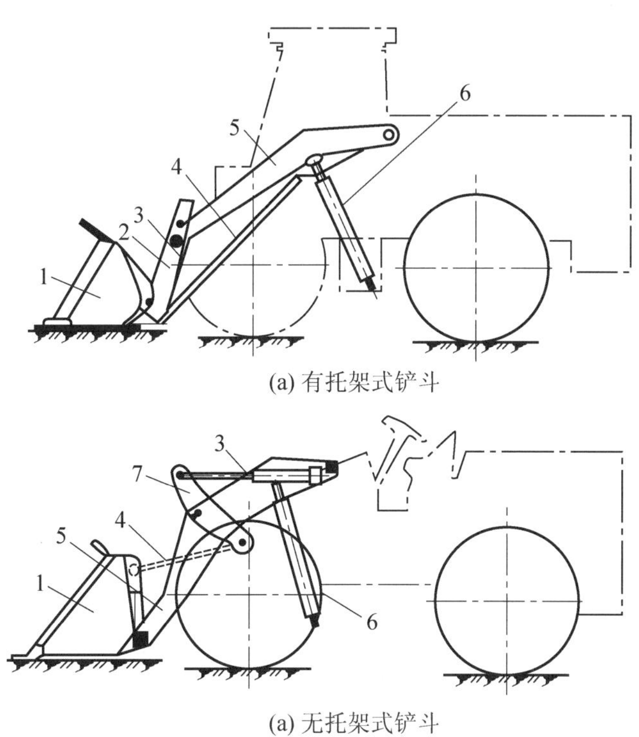

图 3.13 装载机的工作装置

1—铲斗；2—托架；3—铲斗液压缸；4—连杆；5—动臂；6—动臂液压缸；7—摇臂

特别提示

装载机常用的作业方式有 V 型作业法、I 型作业法、L 型作业法、T 型作业法。

(1) V 型作业法即自卸汽车与工作面之间呈 50° ～55° 的角度，而装载机的工作过程则根据本身结构和形式而有所不同，作业时装载机装满铲斗后，在倒车驶离工作面的过程中调头 50° ～55°，使装载机垂直于自卸汽车，然后驶向自卸汽车卸载，卸载后，装载机倒车驶离自卸汽车，再调头驶向料堆，进行下一个作业循环。

(2) I 型作业法即自卸汽车平行于工作面并适时地前进和倒退，而装载机则垂直于工作面穿梭地进行前进和后退作业。

(3) L 型作业法即自卸汽车垂直于工作面，装载机铲装物料后倒退并调转 90°，然后驶向自卸汽车卸载；卸载后倒退并调转 90° 驶向料堆，进行下次铲装作业。

(4) T 型作业法即自卸汽车平行于工作面，但距离工作面较远，装载机在铲装物料后倒退并调转 90°，然后再反方向调转 90° 并驶向自卸汽车卸料。

3.4.4 装载机的生产率

装载机的生产率是指装载机在单位时间内所完成的工作量，它既是衡量装载机生产能力的技术指标，又是装载机的选用依据。

装载机的生产率除取决于装载机本身的技术性质外，还和铲装物料种类、铲运方式、运输距离、路面条件以及操作人员的熟练程度有密切关系。

1. 装载机生产率的计算

$$Q=\frac{3600qK_{H}}{TK_{p}}$$

式中 q——装载机额定承载力，kN；

K_{H}——铲斗装满系数(松散土壤取 K_{H}=1.1～1.3，砂石取 K_{H}=0.9～1.2，经破碎块度小于 40mm 的石灰石、碎石和块度小于 50mm 的砾石取 K_{H}=1.0～1.2，经破碎块度小于 50mm 的坚硬岩石取 K_{H}=0.7～1.0)；

K_{p}——物料松散系数，常取 1.25；

T——一个作业循环的时间。

2. 提高装载机生产率的措施

(1) 尽可能地缩短作业循环时间，减少停车时间。疏松的物料，用推土机协助装填铲斗，可在某些作业中，降低少量循环时间。

(2) 运输车辆不足时，装载机应尽可能进行一些辅助工作，如清理现场、疏松物料等。

(3) 尽量保证运输车辆的停车位置距离装载机在 25m 的合理范围内。

(4) 装载机与运输车辆的容量应尽量选配适当。

(5) 作业循环速度不宜太快，否则不能装满斗。每个作业现场的装载作业应平稳而有节奏。

(6) 行走速度要合理选择。一般来说，装载机行走速度每增加 1km/h，其生产能力就会提高 12%～21%。

3.4.5 装载机的合理选择

对于装载机，必须根据搬运物料的种类、形状、数量，堆料场地的地形、地质、周围环境条件，作业方法及配合运输的车辆等多方面情况来进行正确、合理的选择。

1. 斗容量的选择

(1) 装载机的斗容量选择可根据装卸的数量及要求完成时间来确定。一般情况下，所搬运物料的数量较大时，应选择较大斗容量的装载机，以提高生产率；否则，可选择较小容量的装载机，以减少机械的使用费用。

(2) 如装载机与运输车辆配合施工，运输车辆的斗容量应该是装载机斗容量的 2～3 倍，不得超过 4 倍，过大或过小都会影响车辆的运输效率。

2. 行走机构方式的选择

(1) 当堆料现场地质松软、雨后泥泞或凹凸不平时，应当选择履带式装载机，以充分发挥履带式装载机防滑、动力性能好和作业效能高的作用；若现场地质条件好，天气又好，则宜选用轮胎式装载机。

(2) 对于零散物料的搬运，在气候、地质条件允许的情况下，应优先选择轮胎式装载机，因为轮胎式装载机行走方便、速度快、转移迅速，而履带式装载机不但转移速度慢，而且不允许在公路或街道上行驶。

(3) 当装载的施工场地狭窄时，可选用能进行 90° 转弯铲装和卸载的履带式装载机，如回转式装载机。

(4) 当与运输车辆配合施工时，可根据施工组织的装车方法选用。如果场地较宽，采用 V 型装车方法，应选用轮胎式机械，因其操作灵活，装车效率较高；如果场地较小，可以选择能 90° 转弯的履带式装载机。

3. 现有机型的选用

优先选用现有装载机是选择机械的重要原则。如果现有机械的技术性能与工作环境不相适应，则应采取多种措施，创造良好的工作条件，充分发挥现有装载机的特性。如现有装载机机型容量较小，可以采用 2 台共装一辆。自卸卡车或改选载重量较小的自卸卡车，以提高联合施工作业效率。

4. 其他因素的考虑

【参考图文】

正确、合理地选择装载机必须全面考虑机械的使用性能和技术经济指标，如装载机的最大卸载距离、最大卸载高度、卸料的方便性、工作装置的可换性、操作简便性、工作安全性等，应优先选择燃油消耗率低、工作性能优良的先进产品。

知识链接

【参考视频】

十大装载机品牌

柳工(广西柳工机械股份有限公司是中国制造业 500 强企业)
龙工(中国名牌产品，中国龙工控股有限公司，十佳装载机品牌)
徐工(中国驰名商标，中国 500 强企业，徐工集团成立于 1989 年)
成工(中国名牌，四川成都成工工程机械股份有限公司)
福田(中国名牌，十佳装载机品牌)
常林(中国名牌，常林股份有限公司成立于 1961 年)
临工(民营企业 500 强，中国名牌产品)
小松[小松(中国)投资有限公司成立于 2001 年，十佳装载机品牌]
卡特(卡特彼勒推土机公司在英国成立于 1950 年，十佳装载机品牌)
沃尔沃(世界知名品牌，十佳装载机品牌)

3.5 压实机械

压实机械用来压实由土和各种松散材料所组成的任何建筑工程的基础及其承载面层，使其具有足够的强度和稳定性，能承受一定的载荷和抗侵蚀能力。

压实机按工作原理可分为碾压、振实、夯实和振碾四种基本形式，如图 3.14 所示。

(1) 碾压图 3.14(a)是利用滚轮沿被压表面往返运动，靠碾压机械自重静压力使被压层产生高度为 h 的永久变形。常用的碾压机械有静力式光轮压路机、羊足碾和自行式轮胎压路机。

(2) 振实图 3.14(b)是利用一个高频振动的物体 M 置于被压层表面上或插入混合料内部产生振动，使被压层的颗粒重新组合，间隙变小，达到密实的目的。常用的振实机械有平板振捣器和小型振捣器。

(3) 夯实图 3.14(c)是利用位于高度为 H 的重物下落时产生的冲击能使被压层密实。常用的夯实机械有蛙式打夯机和振动冲击夯。

(4) 振碾图 3.14(d)是利用振动的滚轮沿被压层表面往复滚动，通过静力碾压和振实的综合作用，使被压层密实。常用的振碾机械有拖式、手扶式和自行式振动压路机。

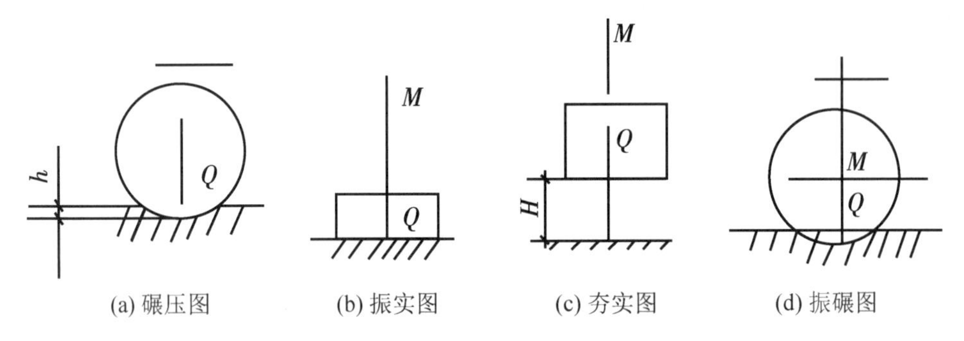

图 3.14 压实原理图

3.5.1 冲击式压实机械

冲击式压实机械的工作原理是：把重物提升到一定高度，然后利用重物自重落下冲击土壤，使土壤在动载荷作用下产生永久形变而被压实。冲击式压实机压实土的厚度大，冲击时间短，对土壤的作用大，适用压实黏性较低的土壤，但是有噪声公害。

特点：压实土的厚度大；冲击时间短；对土壤的作用力大；适用于压(夯)实黏性较低的土壤；但是有噪声公害。

蛙式打夯机(图 3.15)是我国自行研制的一种独特的夯实机械。它主要由夯头、传动系统、拖盘三部分组成。电动机动力经二级传动带减速，带动夯头上的大传动带轮转动，利用偏心块在旋转中产生的周期性变化的离心力，使夯头架的动臂绕轴销摇动，形成夯头架抬起和下落的循环动作，从而使夯头不断夯击，同时由于动臂的摇动，夯头架也有惯性力产生。当偏心块的水平方向离心力和夯头架的水平方向惯性力大于拖盘和地面的摩擦力时，夯实机就自行前进。

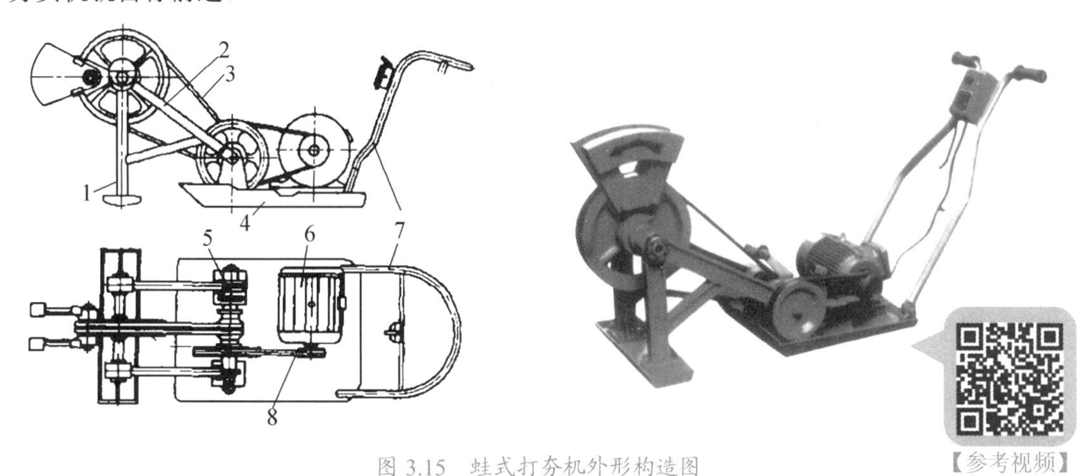

图 3.15 蛙式打夯机外形构造图

1—夯头；2—夯架；3、8—三角带；4—底盘；5—传动轴架；6—电动机；7—扶手

3.5.2 碾压式压实机械

碾压式压实机械是利用机械本身的重力或加重通过碾压轮作用在被压实的土壤上，使被压实土壤产生永久变形。常用的碾压机械有自行式压路机(如光轮式压路机、轮胎式压路机)和拖式压路机(如羊足碾、光轮路滚)。自行式压路机设置有动力、传动和操纵等装置，常用的有二轮或三轮压路机和自行式轮胎压路机。

1. 光轮式压路机

光轮式压路机是一种量大面广的压实机械，其形式主要有二轮二轴式、三轮二轴式和三轮三轴式 3 种，如图 3.16 所示。它利用滚轮光面和机身的自重对新筑的基础土方或表层材料进行压实、压光。其压实过程是沿工作面前进与后退而进行反复滚动。光轮压路机一般采用液压转向，机械传动行走。它广泛适用于砾石、碎石、沥青混凝土、砂石混合料、低黏性土壤和石灰、煤渣等基础压实和路面碾压。

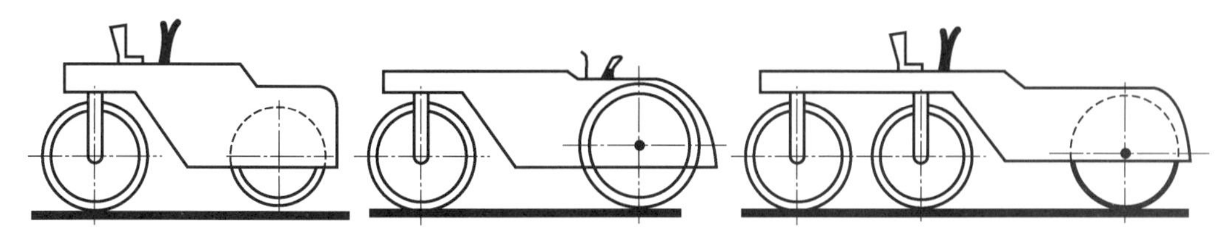

图 3.16 光轮式压路机构造图

图 3.16　光轮式压路机构造图(续)

2. 轮胎式压路机

轮胎式压路机是一种新型压路机，如图 3.17 所示。它利用传给轮胎的机身自重对工作面进行静力压实。轮胎压路机能增减配重和改变轮胎充气压力，在压实砂质土壤、混合土和半黏质土壤时均能得到良好的压实效果，且无假压现象。此外，压实沥青路面时，路面形成快，密实度好。它宜于压实基建基础、路基、碎石、混凝土与沥青路面。

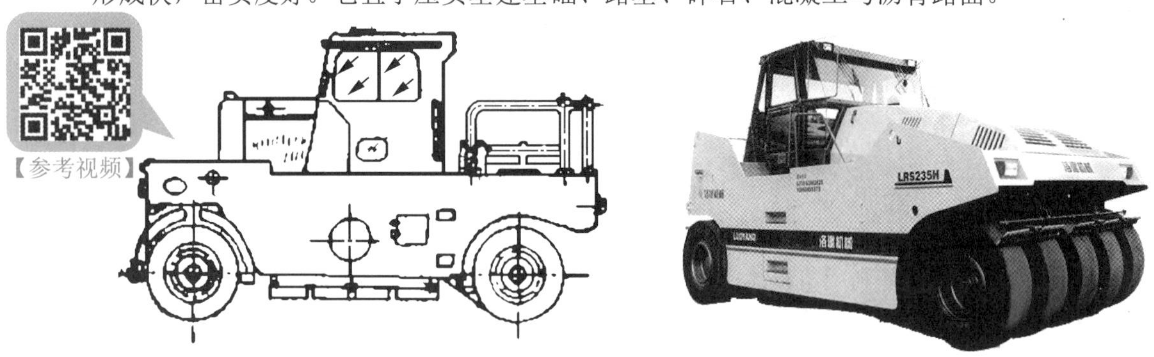

图 3.17　轮胎式压路机构造图

3. 羊足碾

在拖式压路机中，羊足碾较常用。在光面滚轮上装置许多凸爪，由于这此凸爪与羊足相似，故称为羊足碾，如图 3.18 所示。

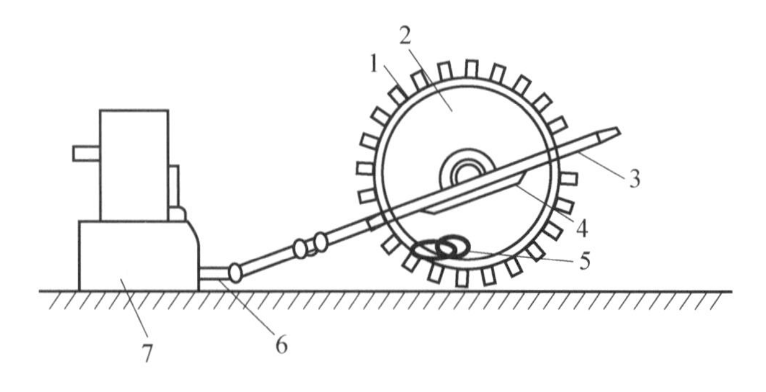

图 3.18　羊足碾构造图

1—羊足式钢棒；2—滚筒；3—刮刀；4—拖架；5—充水口；6—轩辕；7—拖拉机部分

羊足碾是基础土方压实的常用机械，最适用于黏性和半黏性土壤的碾压，羊足碾与土壤的接触面积小，单位压力大。羊足插入土体时，土壤受到挤压和揉搓的综合作用，压实效果好。

3.5.3 振动式压实机械

1. 振动压路机

振动压路机的振动轮内部安装有偏心块的轴、油马达、减振环及连接架等，如图 3.19 所示。当油马达驱动偏心轴高速转动时，振动轮借助偏心块产生的离心力和静力碾压的综合作用，在工作面上一边做圆周振动，一边滚动，将基础土方或表层材料压实。

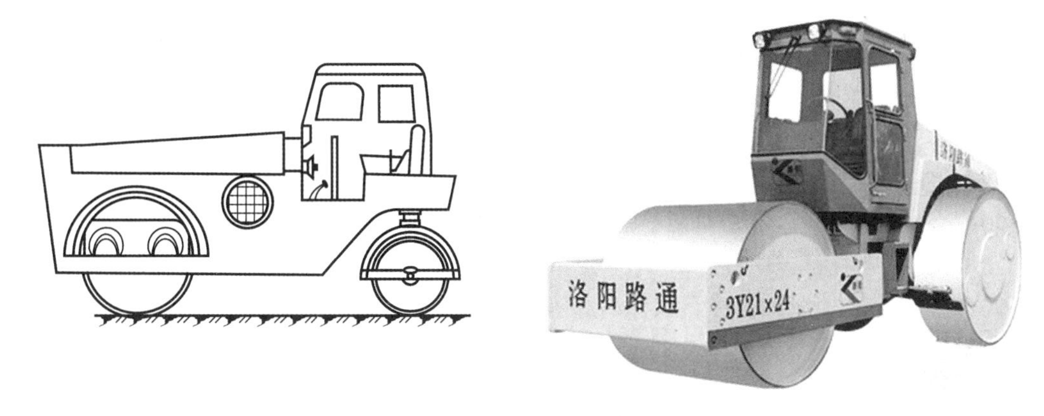

图 3.19 振动压路机

振动压路机压实厚度大，生产率高，机身自重小，宜于振实低黏性土、砾石、碎石、砂石混合料和沥青混凝土，但不适于碾实黏性土壤。

2. 振动平板夯

振动平板夯的原动机通过两级带传动减速，驱动前后偏心转子高速旋转，产生的离心力使整个机身做摆振运动，进行夯实作业，如图 3.20 所示。

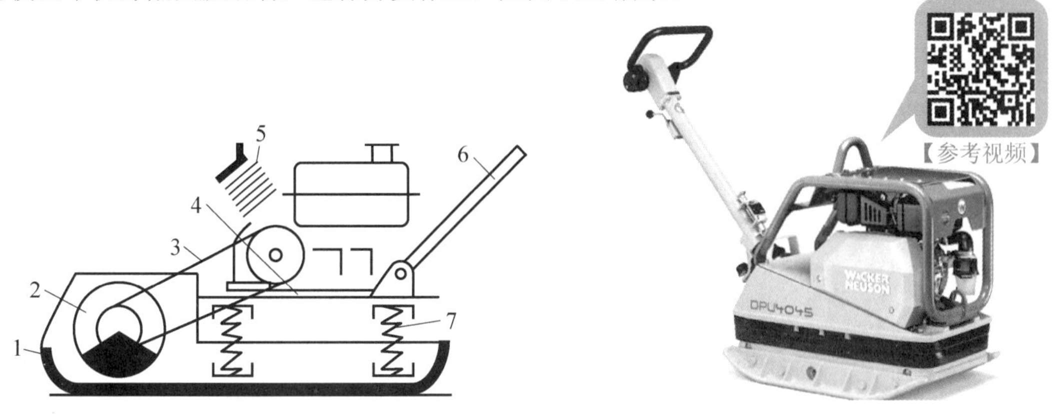

图 3.20 振动平板夯构造图

1—夯板；2—激振器；3—V 型皮带；4—发动机底架；5—操纵手柄；6—扶手；7—弹簧悬挂系统

振动平板夯压实效果好，机动灵活，容易操纵，并可贴边作业，宜用于小型土方工程和城乡道路的修护、建筑工程中的地基及地坪等的夯实。

【参考图文】

特别提示

对于各种不同的压实机械，一定要掌握它们的工作原理，根据土的性质、密实度要求、填土压实遍数及施工现场实际情况合理选择各种压实机械。

知识链接

国内压路机的发展概况

1952 年，上海市厦门路机械厂(洛阳建筑机械厂前身)试制成 6/8t 以内燃机驱动的压路机。

1953 年，天津第五机械厂试制成 10t 蒸汽动力的三轮压路机。

20 世纪 60 年代，出现了振动压路机、轮胎压路机和自行式摆振压路机。

20 世纪 70 年代，各种压路机发展较快，在规格、性能等方面均有较大改革。

20 世纪 80 年代起到 2003 年年末，是我国压路机大发展时期，从仿制、技术引进、消化吸收到自主研制开发，已形成以徐州工程、一拖(洛建)工程、厦门三明、常林股份、江阴柳工等为主的 50 多家压路机制造企业和一批科研院所组成的一个强大科研、设计和制造的完整体系。

习　题

1. 土方工程机械包括哪几类主要机械？
2. 推土机的作用、种类和特点有哪些？
3. 铲运机按卸土方式可分为哪几种？各有什么优缺点？
4. 简述推土机和铲运机的工作过程。
5. 按工作装置不同，液压单斗挖掘机有哪几种主要形式？各适用于什么场合？
6. 试述装载机工作装置的组成、工作过程及使用场合。
7. 压实机械的压实原理有哪几种？
8. 各种土方机械的生产率怎么计算？如何提高各种土方机械的生产率？

【参考答案】

专题 4 桩工机械

教学目标

了解桩工机械的类型和施工方法；熟悉预制桩和灌注桩的施工机械和施工过程；掌握打桩机、柴油锤、气动锤、液压锤、振动沉拔桩机、静力压拔桩机、螺旋钻孔机、钻扩机、桩架的类型和特点；了解打桩机、柴油锤、气动锤、液压锤、振动沉拔桩机、静力压拔桩机、螺旋钻孔机、钻扩机、桩架的构造、工作原理和使用场合，安全使用注意事项及合理选用桩工机械。

能力要求

能够在工程施工过程中正确选择使用打桩机、振动沉拔桩机、静力压拔桩机、螺旋钻孔机、钻扩机等桩工机械。

引言

在工程施工中，为了使地基能具有一定的承载能力，防止建筑物有可能产生的沉陷，采用桩作为建筑物或构筑物的基础是基础工程中应用较广、发展较为迅速的一种形式，其作用是将结构物承受的垂直和水平负荷及挠曲力矩传递到下部和周围的地基上，使基础稳固。

近年来，随着中国经济的快速发展，基础设施与能源开发等工程的投资规模日益加大，特别是“十一五”规划对国家建设的提速，给桩工机械行业带来了前所未有的发展时机。

4.1 概　　述

【参考图文】

桩基可分为预制桩和灌注桩两大类。预制桩以预先制成的钢桩、钢筋混凝土桩为主，在施工现场依靠机械作用力来埋设于地基。灌注桩在桩位先做出孔，然后在孔中灌混凝土，或者在桩孔内放置预先做好的钢筋骨架，再浇筑混凝土。

桩工机械是一种用于完成预制桩的打入、沉入、压入、拔出或灌注桩的成孔等作业的施工机械。由于采用桩基础比采用其他形式的基础具有更大的承载能力及施工方便等优点，所以，桩工机械常用于工业厂房、住宅建筑、桥梁、港口等工业与民用建筑的基础施工。桩工机械一般可分为预制桩打桩机械和灌筑桩成孔机械两大类。

【参考视频】

4.1.1 预制桩施工

预制桩施工方法有打入法、振动法和压入法。

1. 打入法

此法是用桩锤冲击桩头，在冲击桩头的瞬间使桩头受到一个极大的力，使桩贯入土中。属于打入法工作原理的预制桩施工机械有以下几种。

(1) 落锤。这是一种古老的桩工机械，其构造简单、使用方便，但贯入能力低、生产效率低，对桩的损伤较大，此类机械已基本停产。

(2) 柴油锤。其工作原理类似于柴油发动机，是目前最常用的打桩设备，但其公害较严重，在我国的城市中心地区已禁止使用这类机械。

(3) 蒸汽锤。它是以蒸汽或压缩空气为动力的一种打桩机械，在柴油锤发展使用后，被逐渐淘汰，后因柴油锤公害严重使用受到限制，使蒸汽锤又获得重新使用。

(4) 液压锤。它是具有冲击频率高、冲击能量大、公害少等优点的打桩机械，但其构造复杂、造价高、维修技术水平要求高。

2. 振动法

它是使桩身产生高频振动，而桩尖和桩身周围的阻力大大减少，桩在自重或稍加压力的作用下贯入土中，振动法所采用的设备是振动锤。

3. 压入法

这是给桩头施加强大的静压力，把桩压入土中。这种施工方法噪声极小，桩头不受冲击力的损坏，但压入法使用的机械设备本身非常笨重、组装迁移较困难，况且它只适用于软弱地质的施工。

4.1.2 灌注桩施工

【参考视频】

灌注桩成孔方法有挤土成孔法和取土成孔法。

(1) 挤土成孔法。用打入法或振动法将一封闭的钢管沉入土中，至设计深度后将钢管拔出，即可成孔，设备常用既可将钢管打入又可将钢管拔出的振动锤。

(2) 取土成孔法。采用多种成孔机械，主要有螺旋钻孔机、钻孔机、冲击式钻机、旋转式钻机、潜水钻机。

4.2 柴 油 锤

4.2.1 柴油锤的类型及特点

柴油打桩实质上是一个单缸二冲程发动机。它是利用活塞的往复运动或活塞固定而缸体往复运动作为锤子进行锤击打桩。在打桩设备中，柴油打桩机使用最广泛，它不需要外部动力和其他辅助设备。柴油打桩锤打击能量大、施工性能好、机动性强，并可施打 1∶1 的斜桩。

1. 柴油锤的类型

柴油锤按其结构的不同可分为两种。

(1) 导杆式柴油锤。它是以导杆为往复运动的缸体导向，活塞固定而缸体运动的柴油锤。

(2) 筒式柴油锤。它是活塞在筒形气缸内往复运动，气缸固定的柴油锤。其结构和技术性能较为先进，目前国内被广泛采用。

2. 柴油锤的特点

柴油锤的特点主要体现在以下几个方面。

(1) 构造简单，维修使用较方便。

(2) 安装拆卸方便，便于移动，生产效率较高。

(3) 有噪声和废气排出，振动较大。

(4) 使用中易受地层的影响，当地层较硬时，沉桩阻力较大，桩锤的反弹力越大则其跳起的高度越大；当地层较软时，桩下沉量大，燃油不能爆发或爆发无力，桩锤因而不能被提起，导致工作停止，这时只好重新启动。

(5) 柴油锤的有效功率比较小，用来打桩的动能只有 40%～50%，有 50%～60%消耗在燃油压缩的过程中。

4.2.2 导杆式柴油锤

导杆式柴油锤是公路桥梁、民用及工业建筑中常用的小型柴油锤，根据柴油锤冲击部分质量可分为 D1600、D11200、D11800 三种。它的特点是整机质量轻，运输安装方便，可用于打木桩、板桩、钢板桩及小型钢筋混凝土桩，也可用来打砂桩与素混凝土桩的沉管。

1. 导杆式柴油锤的基本构造

导杆式柴油锤由活塞、缸锤、导杆、顶横梁、起落架和燃油系统组成，如图 4.1 所示。

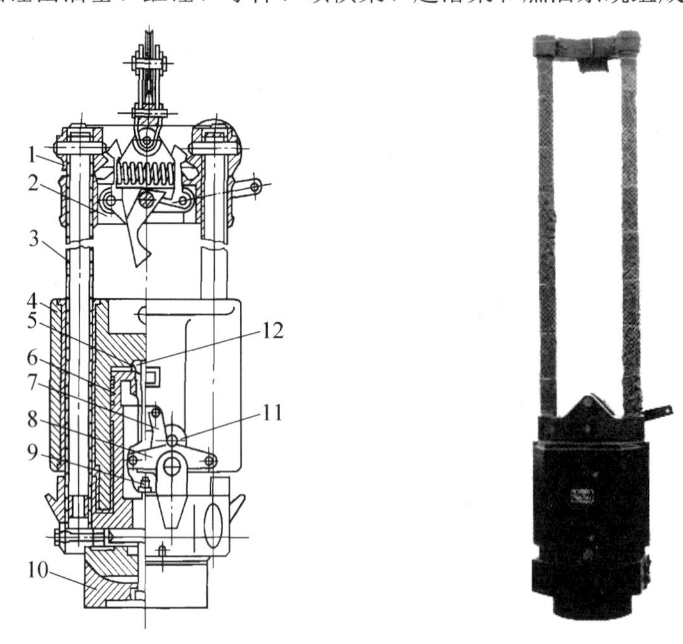

图 4.1　导杆式柴油锤构造图

1—顶横梁；2—起落架；3—导杆；4—缸锤；5—喷油嘴；6—活塞；
7—曲臂；8—油门调整杆；9—液压泵；10—桩帽；11—撞击销；12—燃烧室

2. 导杆式柴油锤的工作原理

导杆式柴油锤的工作原理如图 4.2 所示。其工作原理基本上相似于二冲程柴油发动机。工作时卷扬机将气缸提起挂在顶横梁上。拉动脱钩杠杆的绳子，挂钩自动脱钩，气缸沿导杆下落，套住活塞后，压缩气缸内的气体，气体温度迅速上升。当压缩到一定程度时，固定在缸锤上的撞击销推动曲臂旋转，推动燃油泵柱塞，使燃油喷嘴喷到燃烧室，呈雾状的燃油与燃烧室内的高压气体混合，立刻自燃爆炸，一方面将活塞下压，打击桩下沉，另一方面使气缸跳起，当气缸完全脱离活塞后，废气排除，同时进入新鲜空气。当气缸再次下落时，一个新的工作循环又开始了。

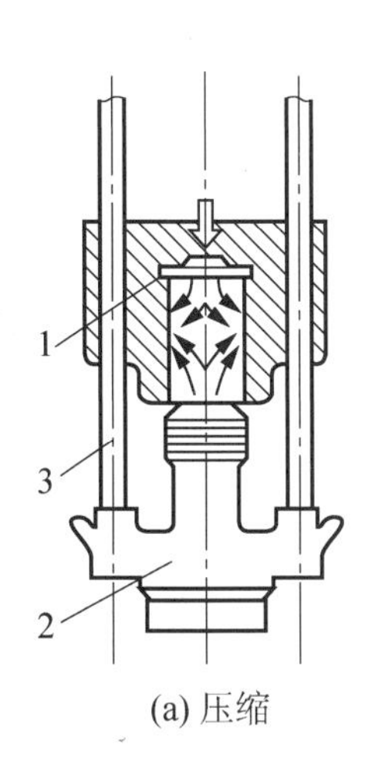

(a) 压缩

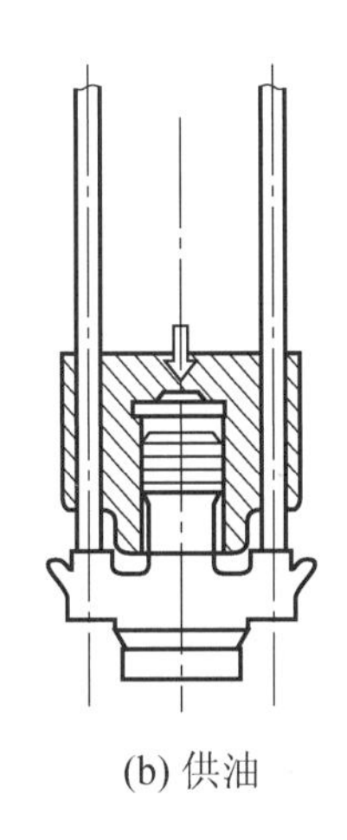

(b) 供油

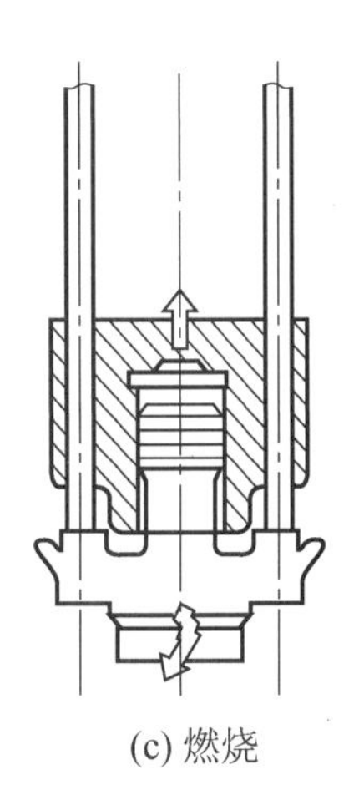

(c) 燃烧

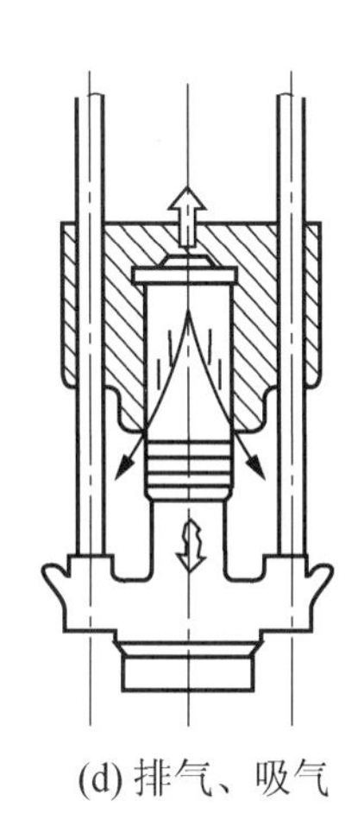

(d) 排气、吸气

图 4.2 导杆式柴油锤的工作原理

1—缸锤；2—活塞；3—导杆

4.2.3 筒式柴油锤

1. 筒式柴油锤的基本构造

筒式柴油锤的构造如图 4.3 所示，它主要由锤体、燃油供给系统、润滑系统、冷却系统及起落架等组成。

(1) 锤体：由上气缸、下气缸、上活塞、下活塞及缓冲、导向装置等组成。导向缸在打斜桩时导引上活塞方向，还可防止上活塞跳出锤体。

(2) 燃油供给系统：由燃油箱、滤油器、输油管及燃油泵等组成。

(3) 润滑系统：作用是润滑上、下活塞与气缸之间的摩擦表面，减少磨损。

(4) 冷却系统：筒式柴油锤在工作时放出大量热量，使气缸与活塞等部件温度升高。因此，将使润滑油黏度降低，加剧零部件的磨损，而且易产生提前点火的情况，使桩锤不能正常工作。常设置的冷却系统分为水冷却和空气冷却两种。

(5) 起落架：筒式柴油锤的起落架有两个方面的作用，一是用来提升上活塞进行启动，二是提升整个桩锤。

2. 筒式柴油锤的工作过程

筒式柴油锤的工作过程分为如下几个阶段，如图 4.4 所示。

1) 扫气、喷油

上活塞在重力的作用下降落，进行缸内的废气的清扫。当上活塞继续下降触碰油泵的曲臂时，燃油泵就将一定量的燃油注入下活塞。

2) 压缩

上活塞继续下降，将吸排气口关闭，气缸内的空气被压缩，空气的压力和温度升高。

3) 冲击

上活塞下降与下活塞相碰撞，产生强大的冲击力，使桩下沉。这是使桩下沉的主要作用力。

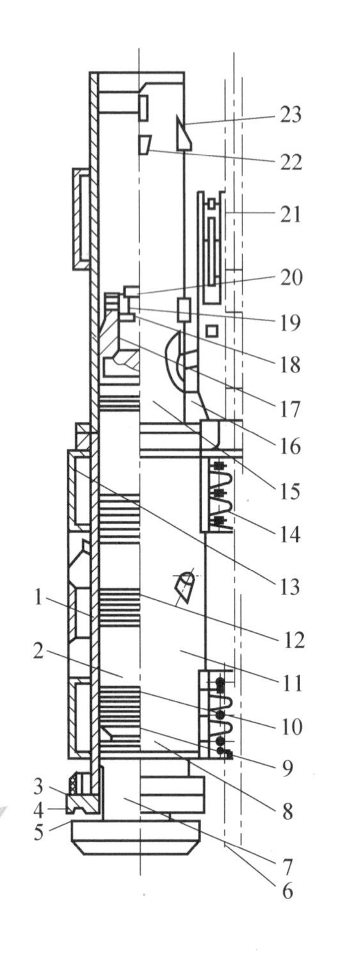

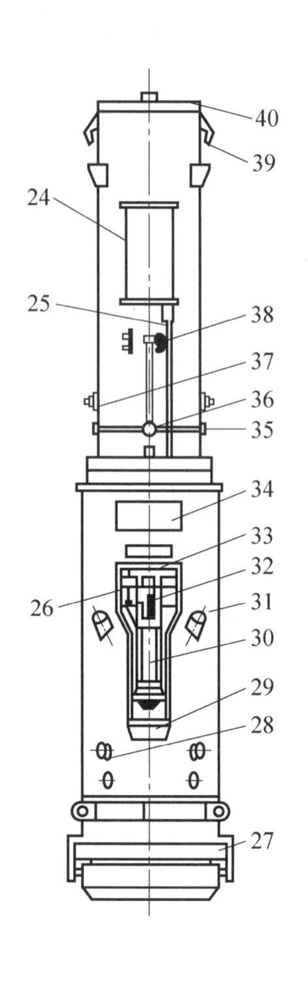

图 4.3　筒式柴油锤构造图

1—气缸套；2—上活塞；3—半圆挡环；4—连接螺栓；5—缓冲垫；6—桩架导杆；7—下活塞；8—冷却水箱；9—活塞环；10—挡环；11—下气缸；12—导向环；13—燃油箱；14—导向板；15—上气缸；16—下碰块；17—油箱；18—出油口；19—油箱盖；20—油塞；21—起落架；22—吊耳护块；23—上碰块；24—滑润油箱；25—接头；26—润滑油泵；27—保险卡；28—清扫孔；29—油泵保护装置；30—燃油泵；31—进排气孔；32—曲柄；33—燃油滤清器；34—铭牌；35—润滑油嘴；36—接头；37—固定螺钉；38—润滑油管；39—吊耳；40—气缸盖

4) 爆发

在上活塞冲击下活塞的同时，下活塞中的燃油被雾化，雾化的燃油与高温气体混合而燃烧，爆发出很大的压力，既能使桩再次下沉，又能使活塞向上跳起。

5) 排气

上活塞因燃油爆发燃烧产生的压力作用而上升至一定高度时，吸气口和排气口都打开。燃烧过的废气在膨胀压力作用下由排气口排出。当上活塞上升越过油泵的曲臂后，曲臂在弹簧作用下恢复原位，此时吸入一定量的燃油，为下一次喷油做好准备。

6) 吸气

上活塞在惯性作用下，继续向上运动，当气缸内产生负压时，气缸内又吸入新鲜的空气。

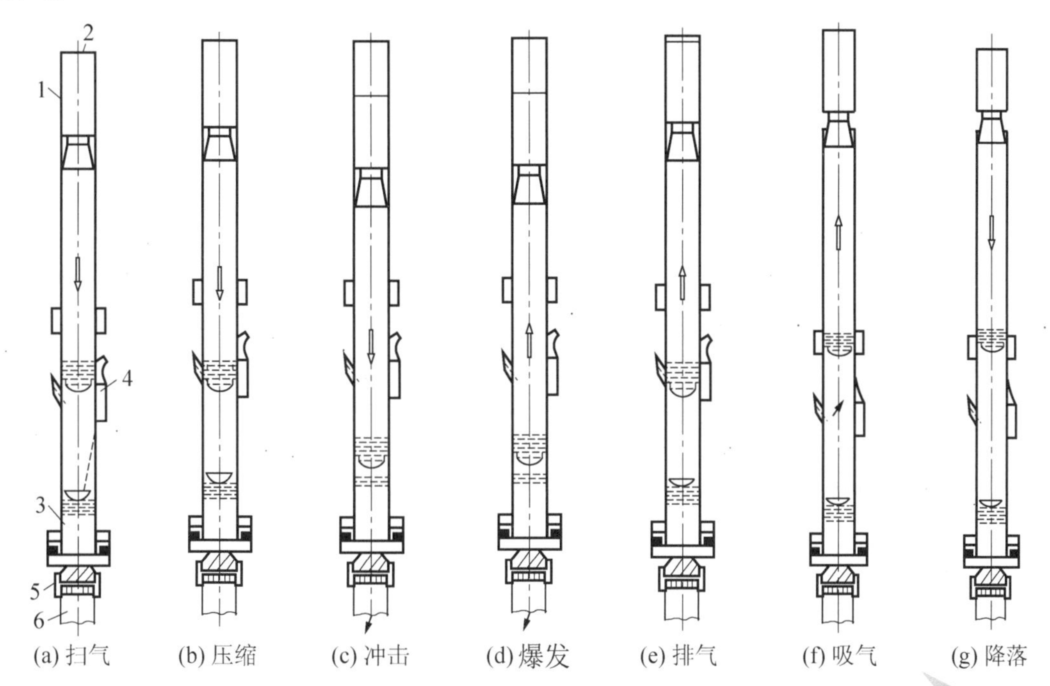

图 4.4 筒式柴油锤的工作过程

1—气缸；2—上活塞；3—下活塞；4—燃油泵；5—桩帽；6—桩

【参考视频】

7) 降落

再次下降，将上活塞的动能全部转化为势能，重复上述过程。

这个过程往复进行，便是筒式柴油锤的工作循环，从中可以看出它是靠活塞的往复运动产生的冲击而进行沉桩的，而喷入的柴油即是活塞往复运动的能量来源。

4.2.4 柴油锤的主要参数

(1) 总质量。它表示包括起落架装置，但除去燃油、润滑油、冷却水后的质量。

(2) 活塞质量。活塞的质量规定是仅装有活塞环的状态，而在装有导向环的情况下，则应包括导向环的质量。在活塞顶部没有润滑油室的场合，应表示除去润滑油质量。打桩锤是以活塞质量进行区别的。通常，以 100kg 为单位的活塞质量表示打桩锤型号，如 D25 型柴油打桩锤，其活塞质量为 2500kg。

(3) 冲击能量。它指一个循环内使冲击体获得的最大能量。冲击能量一般可利用桩停止贯入时的实际质量和活塞冲程来确定。

(4) 活塞冲程。它指活塞相对气缸移动的距离。冲程越高，则获得的能量越大。但冲程过大，容易将桩打坏，并使气缸构造复杂，加工也困难，同时会使冲击频率减少，降低打桩效率。筒式柴油打桩锤的最大冲程都限制在 2.5m 以内。

(5) 冲击频率。它指活塞每分钟冲击的次数。冲击次数随活塞冲程而变化，冲程越高，则冲击次数越少。冲程与冲击次数的关系随机型而异。如果把活塞看成自由下落体，通过计算求出冲击次数的数值，可用下式表示

$$N = 30\sqrt{g / 2H}$$

式中 N——每分钟冲击次数，min；

H——活塞冲程，m；

g——重力加速度。

在实际上，由于摩擦和压缩会引起减速，冲击次数要小于上式求出的数值，但误差极小。

(6) 极限贯入度。它是指活塞一次冲击使桩贯入允许的最小值。极限贯入度的控制是保护活塞避免因冲击而招致损坏的极限值。如果桩的贯入量在极限贯入度以下，则应停止锤击。

(7) 打斜桩时容许最大角度。它是指以铅垂线为基准，桩锤能够连续运转的最大倾斜度。通常，前后倾斜为同一角度。

打斜桩时，桩锤的冲击能量由于上活塞的实际冲程小于名义冲程以及气缸间的磨损增大，因而和打直桩相比时有所下降。打斜桩时的冲击能量和打直桩时的冲击能量相比的效率可用下式表示

$$\eta = \cos\theta - \mu\sin\theta$$

式中 η——和打直桩时相比冲击能量的效率；

θ——斜桩角，以铅垂线为基准的角度；

μ——摩擦系数。

4.2.5 柴油锤的选择

选择柴油锤的主要依据是桩的承载能力，同时还应考虑施工效率和锤击时桩头、桩身的应力。桩的承载能力主要由桩锤的冲击能量 E 来决定。因此，承载能力大的桩必须用冲击能量大的锤来打。用小锤打大桩，桩将很快停止下沉，而桩的承载能力还远没有达到设计要求，所以在选择桩锤时应根据最终贯入度来检验其冲击能量是否满足要求。

为了提高锤击效率，理论上应使锤的质量大于桩的质量，而且大得越多则锤击效率越高。但是，选用过大的桩锤不仅不经济，而且往往会把桩打坏。

柴油锤常见故障及排除方法见表 4-1。

表 4-1　柴油锤常见故障及排除方法

常见故障	故障原因	排除方法
桩锤不能正常工作	1．供油太多，发生回火 2．油管内有空气 3．供油泵柱塞副间隙过大 4．气缸磨损过大	1．调整供油量 2．拆开油管、拉动曲臂以排除空气

续表

常见故障	故障原因	排除方法
桩锤不能停止工作	1. 供油泵内部回路堵塞 2. 供油泵调节阀位置不正确	1. 清洗供油泵 2. 松开调节阀压板，调整调节阀位置
桩锤不能启动	1. 喷油嘴阻塞 2. 土质软，桩的阻力小 3. 供油管堵塞，不给油	1. 清洗并疏通供油管和回油管 2. 清除喷油嘴中积炭 3. 关闭油门，冲击几次，以提高气缸内温度后启动
桩锤突然停止	1. 无燃油 2. 燃油系统内粘有杂物，不能正常供油	1. 加燃油 2. 清除杂物 3. 修复或更换
上活塞跳起过高	1. 燃油过多 2. 土质太硬	1. 调节供油量 2. 贯入度控制在每锤击 10 次为 20mm

4.3 振动锤

振动锤是基础施工中应用广泛的一种沉桩设备。沉桩工作时，利用振动锤产生的周期性激振力，使桩周边的土壤液化，减少土壤对桩的摩阻力，达到使桩下沉的目的。振动锤不但可以沉预制桩，也可作灌注桩施工。它既可用于沉桩，也可用于拔桩。

4.3.1 振动锤的分类及型号

1. 振动锤的分类

振动锤按作用原理可分为振动式和振动冲击式。

按动力装置与振动器连接方式可分为刚性振动锤与柔性振动锤。

按振动频率可分成低频、中频、高频与超高频。

按原动力还可分为电动式、气动式与液压式。

如图 4.5 所示为三种类型的振动桩锤。

(1) 刚性振动锤：其电动机和振动器为刚性连接，其打桩效果好，电动机在工作时参加振动，其振动体系的质量增加，使振动幅度减小，而降低了功效，且因电动机不避振而易损坏，必须应用耐振电动机。

(2) 柔性振动锤：其电动机与振动器用减振弹簧隔开，电动机不参加振动，但电动机的自重仍然通过弹簧作用在桩上，加大了桩的下沉力度。

(3) 冲击式振动锤：其振动器产生的振动通过冲击钻作用在桩体上，使桩受到连续冲击，避免直接的传递。

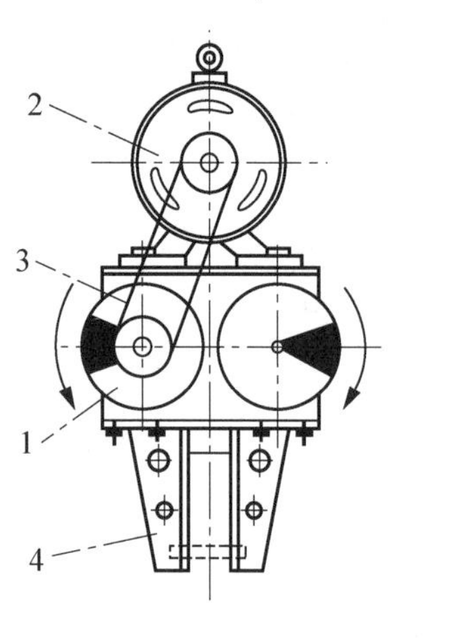

(a) 刚性振动锤

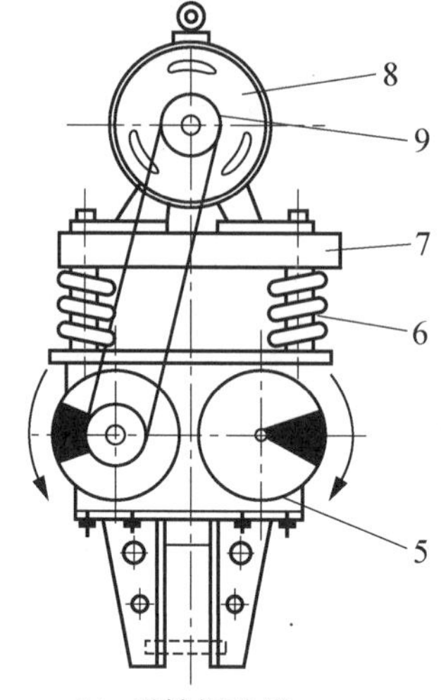

(b) 柔性振动锤

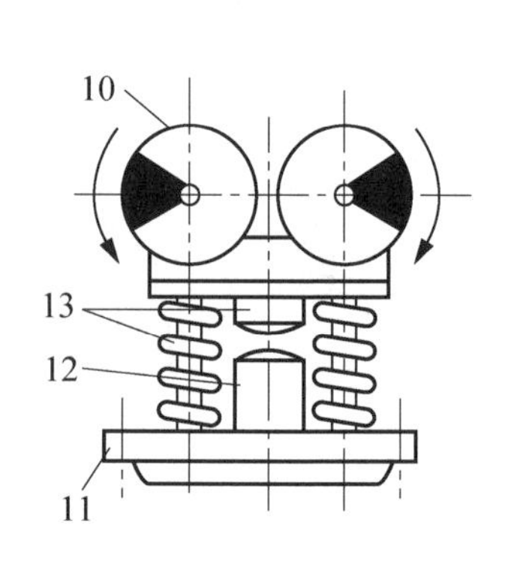

(c) 冲击式振动锤

图 4.5　振动桩锤类型

1、5、10—振动器；2、8—电动机；3—传动机构；4—夹桩器；
6—弹簧；7—重荷；9—皮带；11—链条；12—冲击凸块；13—弹簧

2. 振动锤的型号

振动锤的型号分类及表示方法见表 4-2。

表 4-2　振动锤的型号分类及表示方法

类	组	型	特　性	代　号	代号含义	主参数	
						名　称	单位表示法
桩工机械	振动锤 D/Z(打/振)	机械式	—	DZ	机械式振动锤	振动锤功率	kW
		液压式(Y)	—	DZY	液压式振动锤	振动锤功率	kW

4.3.2 振动锤的构造

振动锤由电动机、振动器、夹桩器、吸振器 4 个部分组成，如图 4.6 所示。

(1) 电动机。一般采用耐振性强的电动机，通过 V 带传动直接驱动振动器，也有采用液压马达或内燃机驱动的。

(2) 振动器。其振子一般采用成对安装的偏心块，也即常用的二轴振动器，也有采用四轴或六轴的振动器，其偏心块的同步反向转动产生垂直振动。

(3) 夹桩器。振动锤工作时，靠夹桩器将桩夹紧，实现振动器与桩的刚性连接，多采用液压缸经倍率杠杆增力夹桩。

(4) 吸振器。吸振器是安装在振动锤上部的弹性悬挂装置，防止振动器的振动传递到悬吊它的桩架起重机上，一般由一组螺旋压缩弹簧组成，靠弹簧吸振。

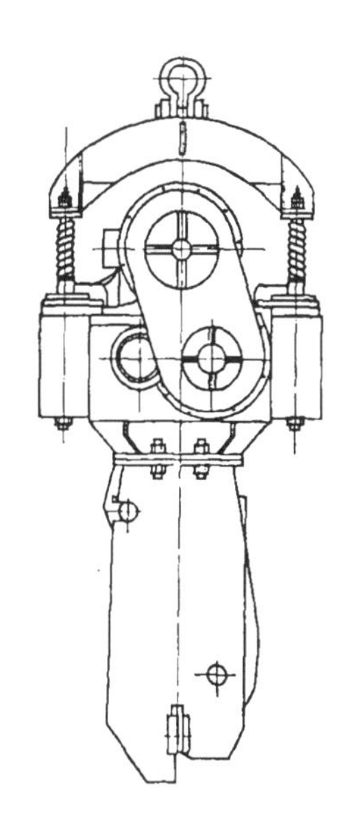
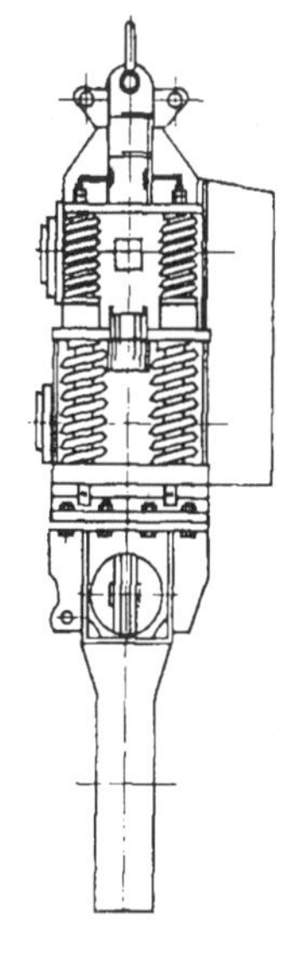

图 4.6 DZ60 振动锤

4.3.3 振动打桩机的工作原理

【参考视频】

将振动器的振动通过夹桩器传给桩体，使桩产生振动。桩体周围的土壤颗粒在振动作用下产生振动，桩就在桩体和振动打桩机的自重作用下，冲破土壤阻力沉入土中。在拔桩时，振动也可减小拔桩时的阻力，只需用较小的提升就可把桩拔出。

振动锤的工作原理如图 4.7 所示，它是由带偏心块的高速转动的轴组成的，两轴的转速相同，方向相反。每个偏心块产生的偏心力为

$$F=mr\omega^2$$

式中 m——偏心块的质量，kg；

r——偏心块的质心至回转中心的距离，m；

ω——偏心块转动的角速度。

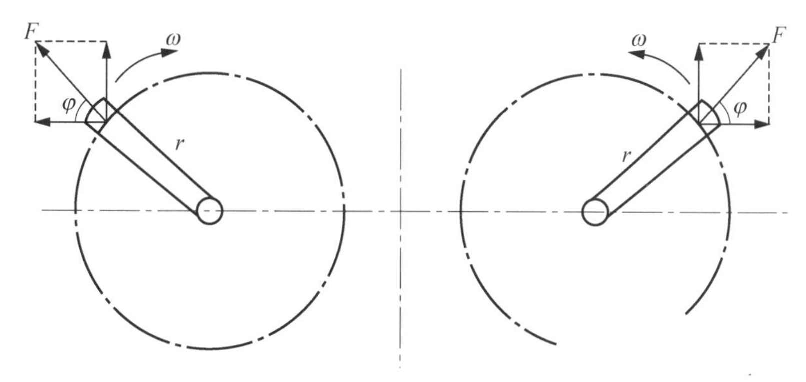

图 4.7 振动锤的工作原理图

因一对偏心块质量相等，且是对称安装，故当它们的转向相对时，水平方向的离心力

因方向相反而抵消，垂直方向的离心力叠加为

$$P=2mr\omega^2\cdot\sin\varphi$$

式中　φ——离心力与垂线的夹角。

当振动锤在工作时其强迫振动频率和自振频率一致时，土颗粒近似于产生共振，能破坏土颗粒的粒子结构，桩周围土颗粒的阻力会减小，桩就在自重作用下下沉。

4.3.4 振动锤的主要性能参数

(1) 偏心力矩。偏心力矩 M(N · m)是指偏心块的重力与其重心到回转中心的距离的乘积的总和，即 $M=\sum Wr$。振动锤的偏心力矩有固定和可调两种形式。

(2) 振动频率。振动频率是以偏心块为振动子的振动器，其振动频率等于偏心块的转速(r/min)。按振动频率的高低，振动锤可分为低频、中频、高频和超高频。

(3) 激振力。激振力是使振动锤、桩身及桩周土体整个振动体系产生垂直振动的力。其大小为各偏心块回转时产生的离心力的合力，由于偏心块的初相位均相同，且做同步反转，所以合力方向可以总在铅直方向上，合力的大小为转速与时间乘积的余弦函数。

(4) 振动幅。振动幅是指沉、拔桩时，桩的强制位移量。振动频率一定时，振幅与激振力随偏心力矩的增减而增减。

(5) 电动机功率。电动机功率同打桩锤冲击体重量一样，是能否沉桩的关键性参数。

4.3.5 振动锤的选用

选用振动锤时，要考虑离心力、振幅等参数的影响，还需考虑其土质的状况。在各种土中下沉管桩时振动桩锤主要参数选择范围，见表 4-3。

表 4-3　在各种土中下沉管桩时振动桩锤主要参数选择范围

土的种类＼主参数	振动频率 ω/(1/s)	振幅 A/mm	激振力 P 超出振动体总量的范围	连续工作时间 t/min
饱和水分砂质土	100～120	6～8	10%～12%	15～20
塑性黏土及砂质黏土	90～100	8～10	25%～30%	20～25
紧密黏土	70～75	12～14	35%～40%	10～12
砂夹卵石土	60～70	15～16	40%～45%	—
卵石夹砂土	50～60	14～15	45%～50%	8～10

知识链接

振动锤安全操作规程

(1) 作业场地至电源变压器或供电主干线的距离应在 200m 以内。

(2) 电源容量与导线截面应符合厂家使用说明书的规定，启动时，电压降应控制在规定的范围内。

(3) 液压箱、电气箱应置于安全平坦的地方，电气箱和电动机必须安装保护接地装置。

(4) 长期停放重新使用前应测定电动机的绝缘值，且不得小于 5MΩ，并应对电缆芯线进行导通试验。电缆外包橡胶层应完好无损。

(5) 应检查并确认电气箱内各部件完好，接触无松动，接触器触点无烧毛现象。

(6) 作业前，应检查振动桩锤减振器与连接螺栓的紧固性，不得在螺栓松动或缺件的状态下启动。

(7) 应检查并确认振动箱内润滑油位在规定范围内。用手盘转胶带轮时，振动箱内部无任何异响。

(8) 应检查并确认各传动胶带的松紧度，过松或过紧应进行调整。胶带防护罩不应有破损。

(9) 夹持器与振动器的连接处的紧固螺栓不得松动。液压缸根部的接头防护罩应齐全。

(10) 应检查夹持片的齿形。当齿形磨损超过 4mm 时，应更换或用堆焊修复。使用前，应在夹持片中间放一块 10～15mm 厚的钢板进行试夹。试夹中液压缸应无渗漏，系统压力应正常，不得在夹持片之间无钢板时试夹。

(11) 悬挂振动锤的起重机，其吊钩上必须有防松脱的保护装置。振动锤悬挂钢架的耳环上应加装保险钢丝绳。

(12) 启动振动锤应监视启动电流和电压，一次启动时间不应超过 10s，当启动困难时，应查明原因，排除故障后，方可继续启动。启动后，应待电流降到正常值时，方可转到运转位置。

(13) 振动锤启动运转后，应待振幅达到规定值时，方可作业。当振幅正常后仍不能拔桩时，应改用功率较大的振动锤。

(14) 拔钢板桩时，应按沉入顺序的相反方向起拔，夹持器在夹持板桩时，应靠近相邻一根，对工序桩应夹紧腹板的中央。如钢板桩和工字桩的头部有钻孔时，应将钻孔焊平或将钻孔以上割掉，亦可在钻孔处焊加强板，应严防拔断钢板桩。

(15) 夹桩时，不得在夹持器和桩的头部之间留有空隙，并应待压力表显示压力达到额定值后，方可指挥起重机起拔。

(16) 拔桩时，当桩身埋入部分被拔起 1.0～1.5m 时，应停止振动，拴好吊桩用钢丝绳，再起振拔桩。当桩尖在地下只有 1～2m 时，应停止振动，由起重机直接拔桩，待桩完全拔出后，在吊装钢丝绳未吊紧前，不得松开夹持器。

(17) 沉桩前，应以桩的前端定位，调整导轨与桩的垂直度，不应使倾斜度超过 2°。

(18) 沉桩前，吊装的钢丝绳应紧跟桩下沉速度而放松。在桩入土 3m 之前，可利用装机回转或导杆前后移动，校正桩的垂直度；在桩入土超过 3m 时，不得再进行校正。

(19) 沉桩过程中，当电流表指数急剧上升时，应降低沉桩速度，使电动机不超载；但当桩沉入太慢时，可在振动锤上加一定的配重。

(20) 作业中，当遇液压软管破损、液压操纵箱失灵或停电(包括熔断烧断)时，应立即停机，将换向开关放在“中间”位置，并应采取安全措施，不得让桩从夹持器中脱落。

(21) 作业中，应保持振动锤减振装置各摩擦部位具有良好的润滑。

(22) 作业后，应将振动锤沿导杆放至低处，并采用木块垫实，带桩管的振动锤可将桩管插入地下一半。

4.4 液压冲击桩锤

随着液压技术的发展，由于柴油打桩锤发出的噪声给城市造成了污染，使用受到一定的限制。20 世纪 70 年代以后，各国先后开发了液压打桩锤，以适应建设工程的需要。液压打桩锤是利用液压能将锤体提升到一定的高度，锤体依靠自重或自重加液压能下降，进行锤击。

4.4.1 液压冲击桩锤的分类

液压冲击桩锤从打桩原理上可分为单作用式和双作用式。单作用式液压冲击桩锤即自由下落式液压冲击桩锤，其打击能量较小，结构比较松散。双作用式液压冲击桩锤在锤体被提起的同时，向蓄能器内注入高压油，锤体下落时，液压泵和蓄能器内的高压油同时给液压锤提供动力，促使锤体加速下落，使锤体下落的加速度超过自由落体加速度，打击力大，结构紧凑，但液压油路比单作用锤要复杂。目前液压锤的锤体重量从 1000kg 到 1800kg 成一系列，落下高度可从 100mm 到 1200mm 之间调节。

4.4.2 液压冲击桩锤的构造及工作循环

1．构造

常用的液压锤有很多，构造都所不同。现以 HBM 型为例介绍其液压锤的工作原理。

如图 4.8 所示，它由外罩壳、冲击缸体、浮动活塞、冲击头、驱动液压缸、桩帽、配重等部分组成。在冲击缸体上部充满液压油，中部充满氮气，浮动活塞夹在油与气之间。

2．工作原理

以液压油作工作介质，依靠液压能上举锤头，然后快速泄油或同时反向供油使锤头快速下落，打击桩体。

3．工作过程

1) 下落

驱动液压缸将冲击体提升到 1～2m 后，给油方向变换，冲击缸体下落。

2) 冲击

缸体和冲击头给桩的头部施加一力。

3) 加压

冲击体缸体通过液压油、浮动活塞、氮气和冲击头继续对桩施加压力，加压过程因氮气是可压缩的，可持续较长时间。

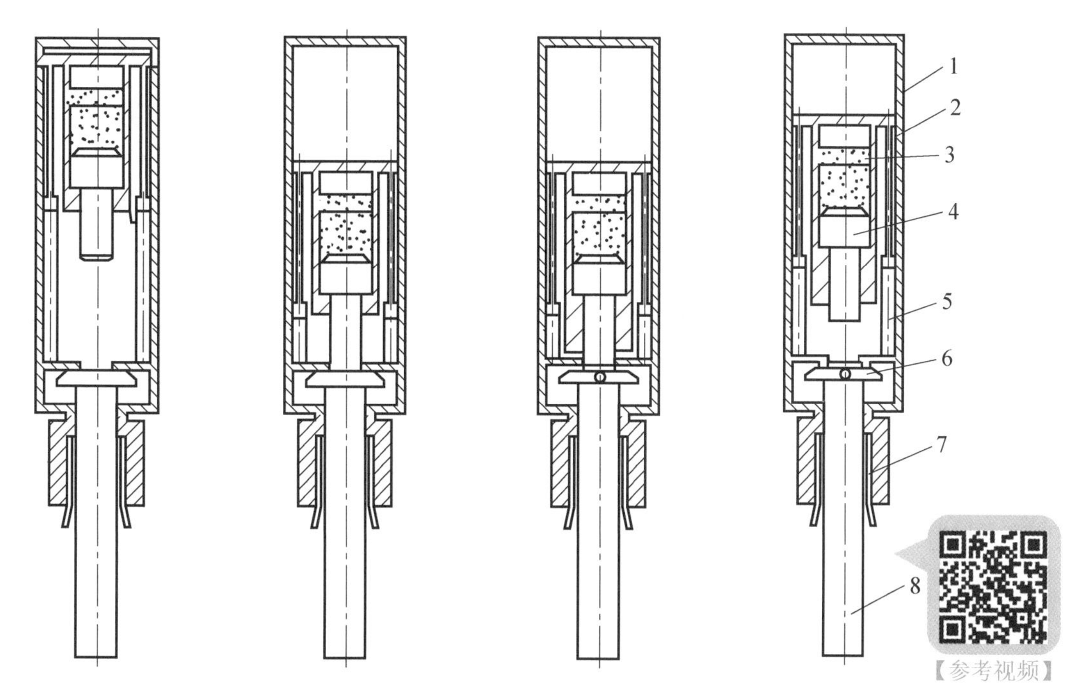

图 4.8 液压冲击桩锤的构造及工作原理图

1—外罩壳；2—冲击缸体；3—浮动活塞；4—冲击头；5—驱动液压缸；6—桩帽；7—配重；8—桩

4) 提升

改变其液压缸的给油方向，使其下腔进油，将冲击缸体再次提升。

HBM 液压锤的沉桩的调节是靠改变冲击缸体上部液体压力和调整氮气压力大小来实现的。增加氮气压力，冲击头撞击时产生的作用力就大，可保持较大的持续加压力；反之，降低氮气压力，则使冲击力和加压力均减小。

4.4.3 液压冲击桩锤主要技术性能

液压冲击桩锤性能参数见表 4-4。

表 4-4 常见液压冲击桩锤性能参数

产品型号 / 性能指标	日本车辆		日立建机		德国 MENCK 公司		芬兰永胜公司	
	NH70	NH100	HNC65	HNC80	MH48	MH195	HHK-5A	HHK-18A
锤头质量/kg	7000	10000	6500	8000	2500	10000	5000	18000
锤体总质量/kg	14300	22500	15200	11800	5800	24000	8700	28000
最大冲程/mm	1280	1440	1200	1200	1920	1950	1200	1200
最大冲击能量/(kN · m)	89.6	144	78	96	48	195	60	216
冲击频率/(次/min)	25	20	18～70	18～70	40	38	40～100	40～100
噪声值/dB	—	—	71～75	71～75	—	—	—	—

续表

产品型号 / 性能指标	日本车辆		日立建机		德国 MENCK 公司		芬兰永胜公司	
	NH70	NH100	HNC65	HNC80	MH48	MH195	HHK-5A	HHK-18A
额定工作压力/MPa	18.5	21	16.5	16.5	11	20	21	23
额定流量/(L/min)	218	242	232	232	295	440	360	800
动力功率/kW	106	114	89	89	66	184	—	—

4.4.4 液压冲击桩锤的特点

1．优点

(1) 沉桩力作用时间长，有效贯入能量大。

(2) 冲击力的大小可调节，不易打坏桩头并且能适应各种土壤。

(3) 无废气污染及噪声、振动等公害。

(4) 能用于水下打桩、打斜桩。

(5) 便于检查桩的承载力。

2．缺点

(1) 结构复杂，一旦损坏维修非常不便。

(2) 价格比较昂贵。

国外液压桩锤发展概况

国外液压桩锤发展很快，液压冲击桩锤已在芬兰的 Rammeroy 公司生产，其中有 S700、S700HD、S800、S800HD、S2000 系列；法国的 Monta-Bert 公司生产的 BRH 系列，如 250B、250C、501LA、501LB、501LC 和 1000 型；联邦德国 Crup 公司生产的 HM 系列各种型号液压锤；英国 Gullick-Dobson 公司生产的 GD 系列液压锤；美国 JOY 公司生产的各种型号液压锤；日本的日本车辆、日立建机、常用盘建机、新荣铁工、武江建设等株式会社生产的 2t 至 10t 系列 4 种尺寸规格的液压锤；丹麦的双缸带气动的液压锤等。总之，国外各厂家已基本形成了一定的规模，走在了液压冲击桩锤行业的前列。

4.5 全液压静力压桩机

静力压桩机是依靠静压力将桩压入地层的施工机械，当静压力大于沉桩阻力时，桩就沉入土中。压桩机施工时无振动，无噪声，无废气污染，对地基及周围建筑物影响较小，能避免冲击式打桩机因连续打桩而引起的桩头和桩身的破坏，适用于软土地层及沿海和沿江淤泥地层中施工，在城市中对周围的环境影响小。

静力压桩机分为机械式和液压式两种。机械式压桩力由机械方式传递，而液压式则用液压缸产生的静压力来压桩和拔桩，下面以全液压静力压桩机为例来说明。

4.5.1 全液压静力压桩机的特点

1. 优点

(1) 全液压静力压桩机操作灵敏、安全，有辅桩工作机吊桩就位，不用另配起重机吊桩。

(2) 施工中无噪声、振动、废气污染，适合于城区内医院、学校及车间等桩基的施工。

(3) 能避免桩头和桩身被破坏。

2. 缺点

(1) 油管与油路、组合元件很多很复杂。

(2) 维修的技术含量高。

(3) 油料损耗大，污染严重。

(4) 油料的损耗以致降低液压传动的效率。

4.5.2 全液压静力压桩机的构造

全液压静力压桩机主要由长船行走机构、短船行走机构及回转机构、支腿平台机构、夹持机构、配重铁、操作室、导向压桩架、液压总装室、液压系统、电器系统等组成，如图 4.9 所示。

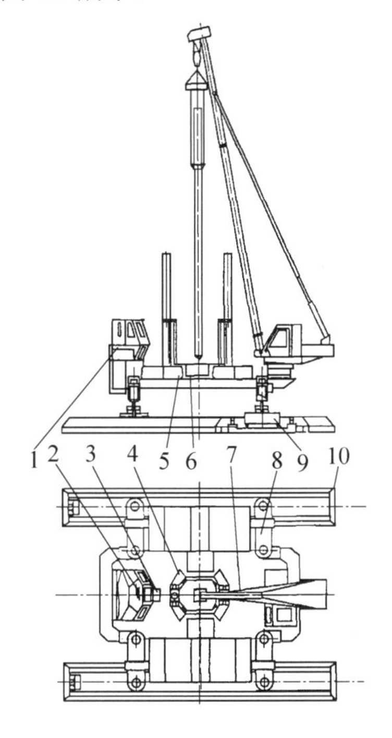

图 4.9 全液压静力压桩机外形

1—操作室；2—电气操纵室；3—液压系统；4—导向压桩架；5—配重铁；6—夹持机构；7—辅桩工作机；8—支腿平台机构；9—短船行走机构及回转机构；10—长船行走机构

1．支腿平台机构

支腿平台机构由底盘、支腿、顶升液压缸和配重梁组成。底盘的作用是支撑导向压桩架、夹持机构、液压系统装置和起重机。液压系统和操作室安装在底盘上，组成了压桩机的液压电控操纵系统。

2．长船行走机构

长船行走机构由船体、长船液压缸、行走台车和项升液压缸组成。长船液压缸活塞杆球头与船体相连接。缸体通过销铰与行走台车相连，行走台车与底盘支腿上的顶升液压缸铰链。工作时，顶升液压缸顶升使长船落地，短船离地，接着长船液压缸伸缩推动行走台车，使桩机沿着长船轨道前后移动。顶升液压缸回缩使长船离地，短船落地。短船液压缸动作时，长船船体悬挂在桩机上移动。

3．短船行走机构与回转机构

短船行走机构由船体、行走梁、回转梁、挂轮、行走轮、短船液压缸、回转轴和滑块组成。回转梁两端通过球头轴与底盘结构铰链，中间由回转轴与行走梁相连。行走梁上装有行走轮，正好落在船体的轨道上，用船体上的挂轮机械挂在行走梁上，使整个船体组成一体。短船液压缸的一端与船体铰链，另一端与行走梁铰链。

4．夹持机构与导向压桩架

夹持机构由夹持器横梁、夹持液压缸、导向压桩架和压桩液压缸等组成。夹持油缸装在夹持横梁里面，压桩油缸与导向压桩架相连。压桩时先将桩吊入夹持器横梁内，夹持液压缸通过夹板将桩夹紧，然后压桩油缸伸长，使夹持机构在导向压桩架内向下运动，将桩压入土中。压桩液压缸行程满后，松开夹持液压缸，压桩液压缸回缩。

4.5.3 全液压静力压桩机的工作原理

【参考视频】

如图 4.10 所示，由辅桩工作机将桩吊入夹持槽梁内，夹持液压缸伸程加压将桩段夹持，压桩液压缸做伸程动作，将桩徐徐地垂直压入地面。压桩液压缸的支撑反力由桩机自重或配重来平衡。

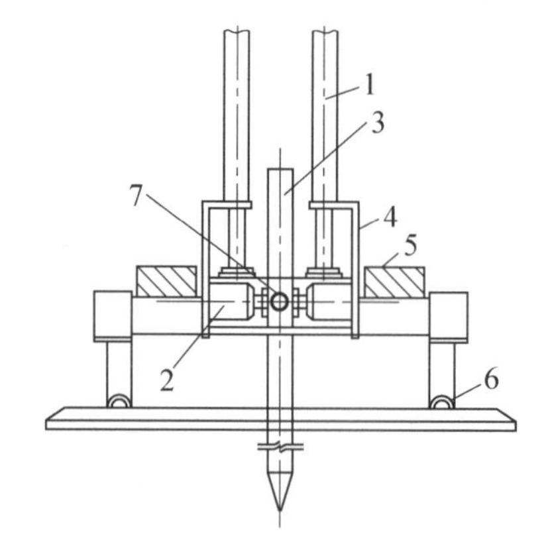

图 4.10 全液压静力压桩机的工作原理

1—压桩液压缸；2—夹持液压缸；3—预制桩；4—导向压桩架；5—配重铁；6—行走机构；7—夹持槽梁

4.5.4 全液压静力压桩机的注意事项

全液压静力压桩机施工过程中的注意事项如下。

(1) 压桩机安装地点应按施工要求进行先期处理，应平整场地，地面应达到 35kPa 的平均地基承载力。

(2) 安装时，应控制好两个纵向行走机构的安装间距，使底盘平台能正确对位。

(3) 电源在导通时，应检查电源电压并使其保持在额定电压范围内。

(4) 各液压管路连接时，不得将管路强行弯曲。安装过程中，应防止液压油过多流损。

(5) 安装配重前，应对各紧固件进行检查，在紧固件未拧紧前不得进行配重安装。

(6) 安装完毕后，应对整机进行试运转，对吊桩用的起重机应进行满载试吊。

(7) 作业前应检查并确认各传动机构、齿轮箱、防护罩等性能良好，各部件连接牢固。

(8) 作业前应检查并确认起重机起升、变幅机构正常，吊具、钢丝绳、制动器等性能良好。

(9) 应检查并确认电缆表面无损伤，保护接地电阻符合规定，电源电压正常，旋转方向正确。

(10) 应检查并确认润滑油、液压油的油位符合规定，液压系统无泄漏，液压缸动作灵活。

(11) 当压桩机的电动机尚未正常运行前，不得进行压桩。

(12) 起重机吊桩进入夹持机构进行接桩或插桩作业中，应确认在压桩开始前吊钩已安全脱离桩体。

(13) 接桩时，上一节应提升 350～400mm，此时，不得松开夹持板。

(14) 压桩时，应按桩机技术性能表作业，不得超载运行。操作时动作不应过猛，避免冲击。

(15) 顶升压桩机时，4 个顶升缸应 2 个一组交替动作，每次行程不得超过 100mm。当单个顶升缸动作时，行程不得超过 50mm。

(16) 压桩时，非工作人员应离机 10m 以外。起重机的起重臂下，严禁站人。

(17) 压桩过程中，应保持桩的垂直度，如遇地下障碍物使桩产生倾斜时，不得采用压桩机行走的方法强行纠正，应先将桩拔起，待地下障碍物清除后，重新插桩。

(18) 当桩在压入过程中，夹持机构与桩侧出现打滑时，不得任意提高液压缸压力，强行操作，而应找出打滑原因，排除故障后，方可继续进行。

(19) 当桩的贯入阻力太大使桩不能压至标高时，不得任意增加配重，应保护液压元件和构件不受损坏。

(20) 当桩顶不能最后压到设计标高时，应将桩顶部分凿去，不得用桩机行走的方式，将桩强行推断。

(21) 压桩机上装设的起重机及卷扬机的使用，应执行起重机及卷扬机的有关规定。

(22) 作业完毕，应将短船运行至中间位置，停放在平整地面上，其余液压缸应全部回

程缩进，起重机吊钩应升至最上部，并应使各部制动生效，最后应将外露活塞杆擦干净。

知识链接

静力压桩机常见故障及排除方法见表4-5。

表4-5 静力压桩机常见故障及排除方法

故障	原因	排除方法
油路漏油	1. 管接头松动 2. 密封件损坏 3. 溢流阀卸载压力不稳定	1. 重新拧紧或检修 2. 更换漏油处密封件 3. 修理或更换
液压系统噪声太大	1. 油内混入空气 2. 油管或其他元件松动 3. 溢流阀卸载压力不稳定	1. 检查并排出空气 2. 重新紧固或装橡胶垫 3. 修理或更换
液压系统活塞动作过缓	1. 油压太低 2. 液压缸内吸入空气 3. 滤油器或吸油管堵塞 4. 液压泵或操纵阀内泄漏	1. 提高溢流阀卸载压力 2. 检查油箱油位，不足时添加，检查吸油管，消除漏气 3. 拆下清洗，疏通 4. 检修或更换

4.6 桩　架

桩架是桩工机械的重要组成部分，用来悬挂桩锤，吊桩并将桩就位，打桩时为桩锤及桩帽导向。它还用来安装各种成孔装置，为成孔装置导向，并提供动力，完成成孔工作。现代的桩架一般可配置多种桩基施工的工作装置。

桩架需要回转、变幅和行走等功能，一般有多台卷扬机，完成各种升降工作。有的还需要支腿，保持桩架的稳定或支撑各种反力。常用的桩架有履带式、轨道式、步履式和滚管式等。履带式桩架使用最方便，因此应用最广、发展最快。轨道式桩架造价较低，但使用时需要铺设轨道，因此被步履式桩架取代。步履式和滚管式桩架适用于中小桩基的施工。

4.6.1 履带式桩架

履带式桩架以履带为行走装置，机动性好，使用方便，它有悬挂式桩架、三支点桩架和多功能桩架三种。目前国内外生产的液压履带式主机既可作为起重机使用，也可作为打桩架使用。

1. 悬挂式桩架

它以通用履带起重机底盘，卸去吊钩，将吊臂顶端与桩架连接，桩架立柱底部有支撑杆与回转平台连接，如图 4.11 所示。桩架立柱可用圆筒形，也可用方形或矩形横截面的桁架。为了增加桩架作业时整体的稳定性，在原有起重机底盘上附加配重。底部支撑是可伸缩的杆件，调整底部支撑杆的伸缩长度，立柱就可以由垂直位置改变成倾斜位置，这样可满足打斜桩的需要。

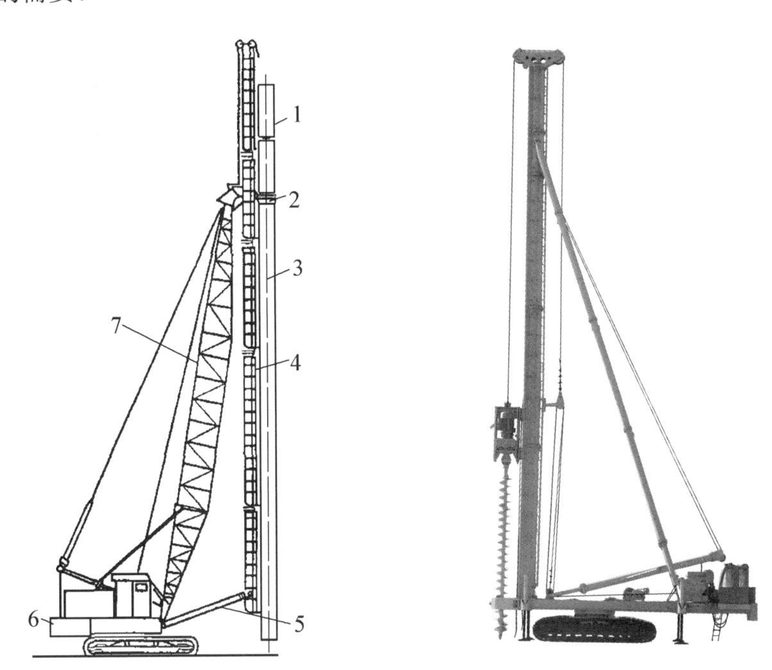

图 4.11 悬挂式履带桩架

1—打桩锤；2—桩帽；3—桩；4—立柱；5—支撑叉；6—车体；7—吊臂

2. 三支点桩架

履带桩架为专用的桩架，也可由履带起重机改装，主机的平衡重至回转中心的距离以及履带的长度和宽度比起重机主机的相应参数要大些，桩架的立柱上部由两个斜撑杆与机体连接，立柱下部与机体托架连接，因而称为三支点桩架。斜撑杆支撑在横梁的球座上，横梁下有液压支腿。

三支点履带桩架，采用液压传动，动力用柴油机。桩架由履带主机、托架、桩架立柱、顶部滑轮组、后横梁、斜撑杆以及前后支腿组成。其中，履带主机由平台总成、回转机构、卷扬机构、动力传动系统、行走机构和液压系统组成，如图 4.12 所示。其特点是：稳定性比悬挂式桩架好，承受横向荷载的能力较大；且可以斜安装，也可以打斜桩。

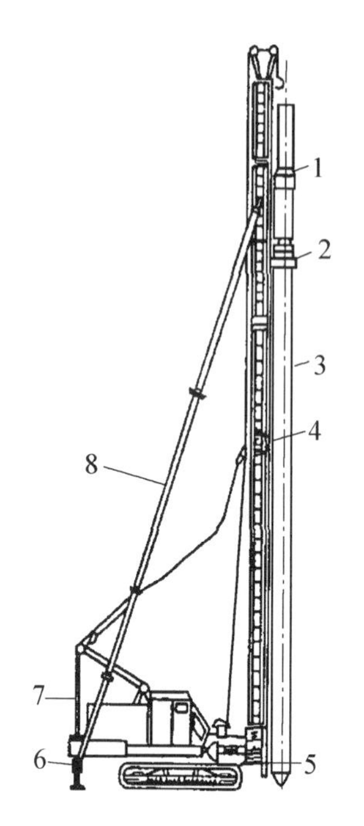

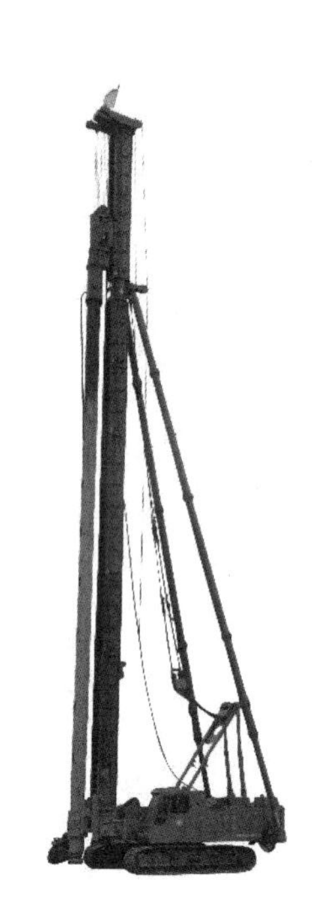

图 4.12　三支点履带桩架

1—打桩锤；2—桩帽；3—桩；4—立柱；5—立柱支撑；6—液压支腿；7—车体；8—斜撑

3. 多功能桩架

图 4.13 为意大利土力公司生产的 R618 型多功能履带桩架总体构造图。它由滑轮架、立柱、立柱伸缩油缸、平行四边形机械、主副卷扬机、伸缩钻杆、进给油缸、液压动力头、回转斗、履带装置和回转平台等组成。回转平台可 360° 全回转。这种多功能履带桩架可以安装回转斗、短螺旋钻孔器、长螺旋钻孔器、柴油锤、液压锤、振动锤和冲抓斗等工作装置。它还可以配上全液压套管摆动装置，进行全套管施工作业，另外还可以进行地下连续墙施工，逆循环钻孔，做到一机多用。

本机采用液压传动，液压系统有 3 个变量柱塞液压泵和 3 个辅助齿轮油泵。各个油泵可单独向各项工作系统提供高压液压油。在所有液压油路中，都设置了电磁阀。各种作业全部由电液比例伺服阀控制，可以精确地控制机器的工作。

这种多功能履带桩架自重 65t，最大钻深 60m，最大桩径 2m，钻进转矩 172kN · m，配上不同的工作装置，可适用于砂土、泥土、砂砾、卵石、砾石和岩层等成孔作业。

4.6.2 步履式桩架

步履式桩架是国内应用较为普遍的桩架，在步履式桩架上可配用长螺旋钻孔器、短螺旋钻孔器、柴油锤、液压锤和振动桩锤等设备进行钻孔和打桩作业。

图为 DZB1500 型液压步履式钻孔机，它由短螺旋钻孔器和步履式桩架组成，如图 4.14 所示。

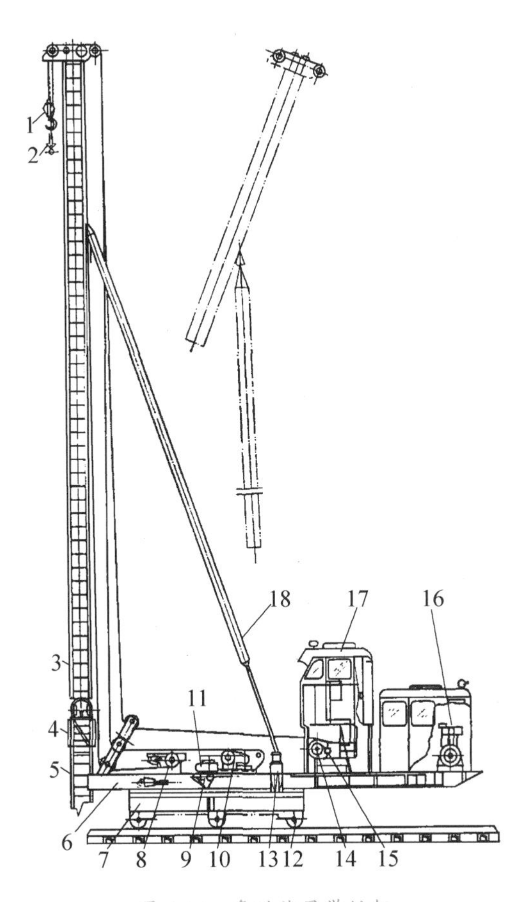

图 4.13 多功能履带桩架

1—主钩；2—副钩；3—立柱；4—升降梯；5—水平伸缩小车；6—上平台；7—下平台；8—升降梯卷扬机；9—水平伸缩机构；10—副吊桩卷扬机；11—双蜗轮变速器；12—行走机构；13—横梁；14—吊锤卷扬机；15—主吊桩卷扬机；16—电气设备；17—操纵室；18—斜撑

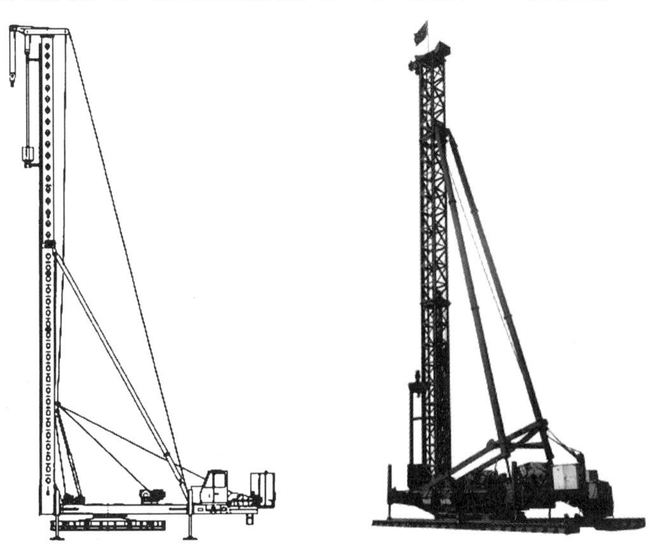

图 4.14 步履式桩架

步履式桩架包括平台、下转盘、步履靴、前支腿、后支腿、卷扬机构、操作室、电缆卷筒、电气系统和液压系统组成。下转盘上有回转滚道，上转盘的滚轮可在上面滚动，回转中心轴一端与下转盘中心相连，另一端与平台下部上转盘中心相连。

知识链接

柴油锤打桩架型号说明

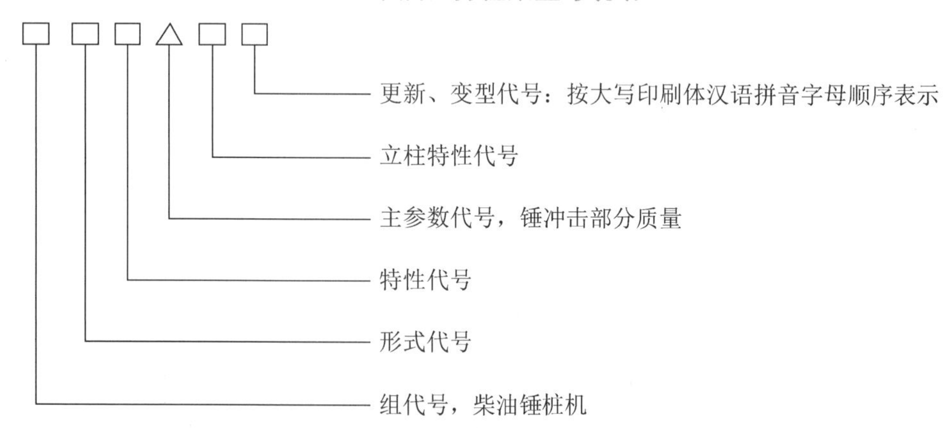

例如：JB25 表示单向立柱式步履柴油锤打桩架，其冲击部分质量为 2500kg。

4.7 灌注桩成孔机械

4.7.1 概述

在施工现场就地成孔，浇筑钢筋混凝土或素混凝土就称为灌注桩成孔，是近年来广泛采用的一种桩基础形式。其施工工艺是先用成孔机在预定桩位上成孔，然后在桩孔中放置钢筋，接着浇灌混凝土，而成为钢筋混凝土桩。

灌注桩施工的关键工序是成孔。成孔的方法有两种：挤土成孔法、取土成孔法。

(1) 挤土成孔的机械有打桩锤和振动锤，其施工方法是将带有活瓣管尖的钢管沉入土中，然后边灌注混凝土边拔钢管，使其成为就地灌注的混凝土桩。在沉管时，活瓣管尖受到端部上压力的作用，紧紧闭合，拔管时，活瓣管尖在管内混凝土重力作用下开启，混凝土落入孔内，一边拔管，一边振动，使孔内的混凝土在灌注完毕后就得到密实。挤土成孔法只适合于直径在 500mm 以下的桩。

(2) 取土成孔的主要设备有很多，常用的有螺旋钻孔机成孔、钻扩机成孔、冲抓成孔机成孔、回转斗成孔机成孔、潜水钻孔机成孔、套管钻孔机成孔、旋转钻孔机成孔等多种机械与方法。

4.7.2 螺旋钻孔机

【参考图文】

螺旋钻孔机成孔是钻的下部有切削刀，切下来的土沿钻杆上的螺旋叶片上升，排出地面，其作用与麻花钻相似，可连续地切土和取土，成孔速度快。螺旋钻孔机在我国北方地区使用得较多。

常用的螺旋钻孔机械有长螺旋钻孔机、短螺旋钻孔机等。

1. 长螺旋钻孔机(图 4.15)

长螺旋钻孔机的最大钻深可达 20m，适合于地下水位较低的黏土及砂土层施工。长螺旋钻孔机由电动机、减速器(立式行星减速器，为了保证钻杆钻进时的稳定性和初钻时钻的准确性，在钻杆长度的 1/2 处，安装有中间稳杆器)、钻杆和钻头等组成，整套钻孔机通过滑车组悬挂在桩架上，钻孔机的升架、就位由桩架控制。

在国外的长螺旋钻孔机多用液压马达驱动，液压动力由履带桩架提供。钻孔机常用中空形，在钻孔机当中，有上下贯通的垂直孔，它可以在钻孔完成后，从钻孔机的孔中，直接从上面浇灌混凝土，一边浇灌，一边缓慢地提升钻杆，这样利于孔壁稳定，减少孔的坍塌，提高灌注桩的质量。

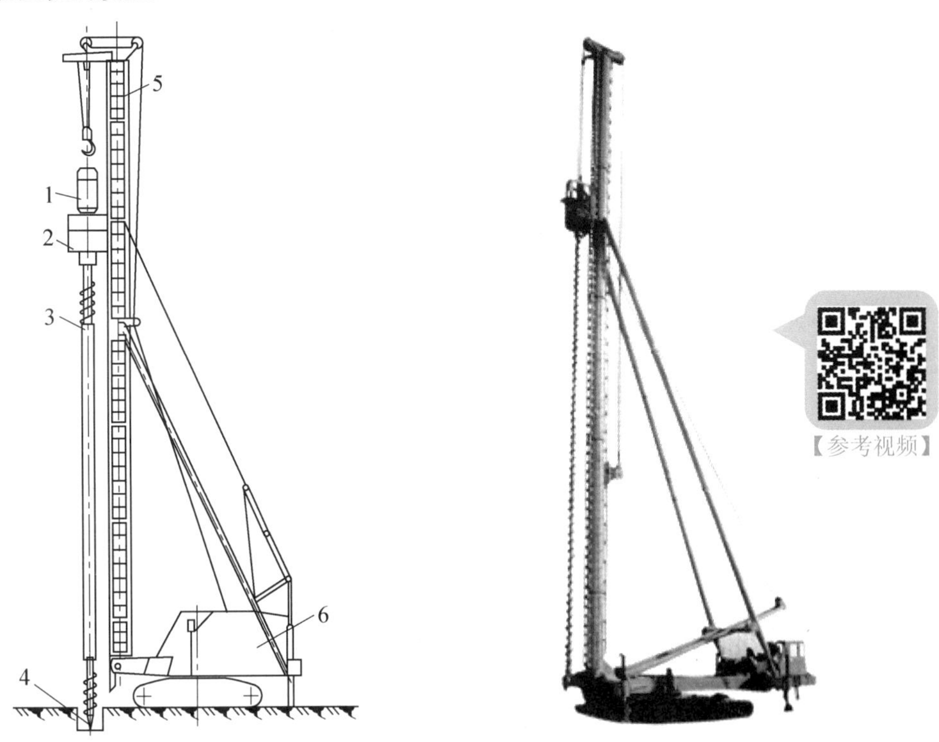

图 4.15　长螺旋钻孔机

1—电动机；2—减速器；3—钻杆；4—钻头；5—钻架；6—起重机底盘

2. 短螺旋钻孔机(图 4.16)

短螺旋钻孔机的切土原理与长螺旋钻孔机相同，但排土方法不一样，螺旋钻孔机向下切削一段距离后，切削下的土壤堆积在螺旋叶片上，由桩架卷扬机与短螺旋连接的钻杆，

连同螺旋叶片上的土壤一起提升，直到钻头超过地面，整个桩架平台旋转一个角度，短螺旋反向旋转，将螺旋叶片上的碎土甩到地面上。

图 4.16　短螺旋钻孔机

1—螺旋叶片；2—液压马达；3—变速箱；4—加压液压缸；5—钻杆护套

短螺旋钻杆有两种转速：一种是转速较低的钻杆速度；另一种是转速较高的甩杆转速。

4.7.3 冲抓成孔机

在施工中，对硬土层、砂夹石、土夹石的土层的成孔，多采用冲抓成孔机，如图 4.17 所示。

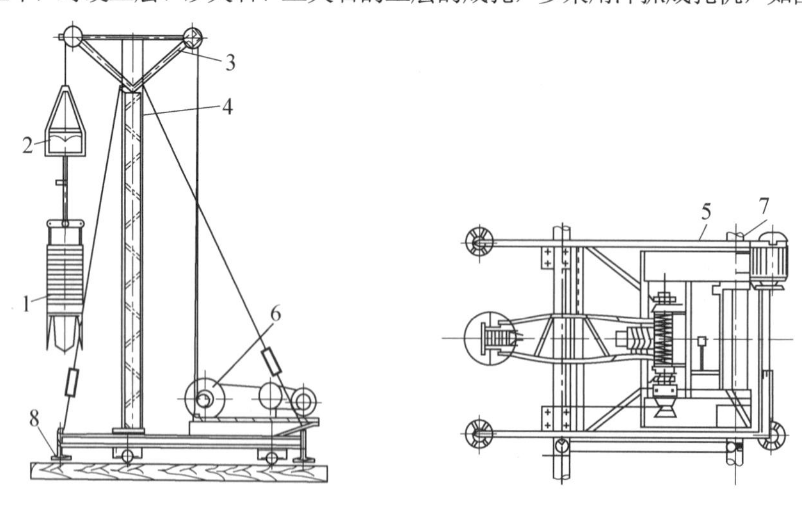

图 4.17　冲抓成孔机外形

1—冲抓锥；2—脱钩架；3—架顶横梁；4—机架立柱；5—机架底盘；6—卷扬机；7—走管；8—螺旋支腿

冲抓成孔机用全套管施工，即用加压的方法，同时使套管摆动或旋转，迫使套管下沉，然后用冲抓斗取出套管下端的土壤。套管采用摆动方法或旋转方法，可以大大减少土壤与套管间的摩擦力。冲抓斗在初始状态时，呈张开状态。放松卷扬机，冲抓斗以自由落体方式向套管内落下插入土中，用钢丝绳提升动滑轮，抓斗片即通过与动滑轮相连接的连杆，使其抓斗片合拢。卷扬机继续收缩，冲抓斗被提出套管。桩机回转，松开卷扬机，动滑轮靠自重下滑，带动专用钢绳向下，使抓斗片打开卸土。

冲抓斗有二瓣式和三瓣式。二瓣式适用于土质松软的场合，抓土较多；三瓣式适用于硬土层，抓土较少。

钻机所用套管一般分 1m、2m、3m、4m、5m、6m 等不同的长度。套管之间采用径向的内六角螺母连接，成孔后，放入钢筋笼，在灌注混凝土的同时逐节拔出并拆除套管，最后将套管全部取尽。

冲抓斗在使用时的优点如下。

(1) 在一般地质条件下都可施工，对地层的适用范围广。

(2) 振动，噪声都较小。

(3) 可根据支持层的长而自由确定桩长。

(4) 在软地基上采用套管可施工，孔口不易塌方。

(5) 桩径可在 0.6～2.5m 的范围内选择。

(6) 桩深最大可达 50m，桩的承载能力比较高。

冲抓成孔机的缺点：设备成孔的速度较慢，设备比较笨重。

4.7.4 回转斗成孔机

回转斗成孔机由履带桩架、伸缩钻杆、回转斗及回转斗驱动装置组成，如图 4.18 所示。

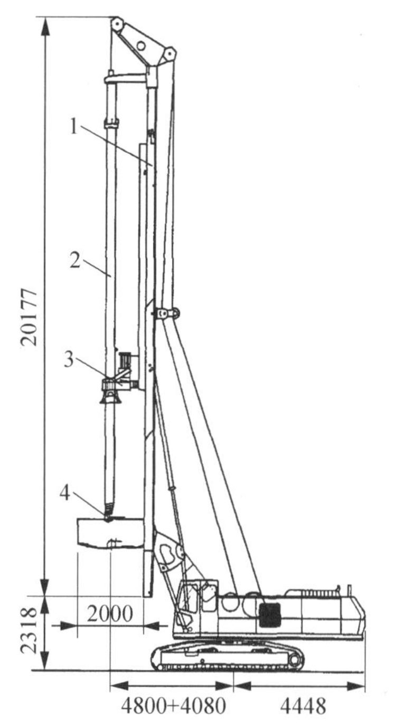

图 4.18 回转斗成孔机

1—履带桩架；2—伸缩钻杆；3—回转斗；4—回转斗驱动装置

回转斗钻孔机的主要装置是一个直径与桩径相同的圆钻斗，斗底有切土片，斗内可容纳一定量的土。用液压马达驱动钻斗上面方形截面的钻杆，以每分钟十多转的转速旋转。落下钻斗接触地面，斗底刀刃切斗，并将土装入斗内，装满后提起钻斗把土卸出。钻孔的直径可达 3m，钻孔深度因受伸缩钻杆的限制，一般只能达到 50m。钻孔速度低，工效不高，每次钻出的土方量不大，适用于碎石、砂土、黏性土等地层施工。

4.7.5 潜水钻孔机

潜水钻孔机是一种深入地下水中黏土的新型灌注桩成孔机械，用于循环法钻孔。所谓循环法钻孔，就是将钻头切下来的土以浆状排出孔外，钻孔过程中靠泥浆护壁，有正循环法、反循环法两种排渣方式。正循环法是将清水或泥浆水用泥浆泵压向钻机中心送水管或钻机两侧的分叉送水管，射向钻头，与切下的土混合成泥浆后涌出孔外，流入沉淀池，沉淀后再流入泥浆池循环使用。反循环法是利用高压空气、水或砂石泵提升排渣。

潜水钻孔机构造由潜水钻主机、钻杆、钻头、卷扬机、配电箱、电缆筒和桩架等部分组成，如图 4.19 所示。

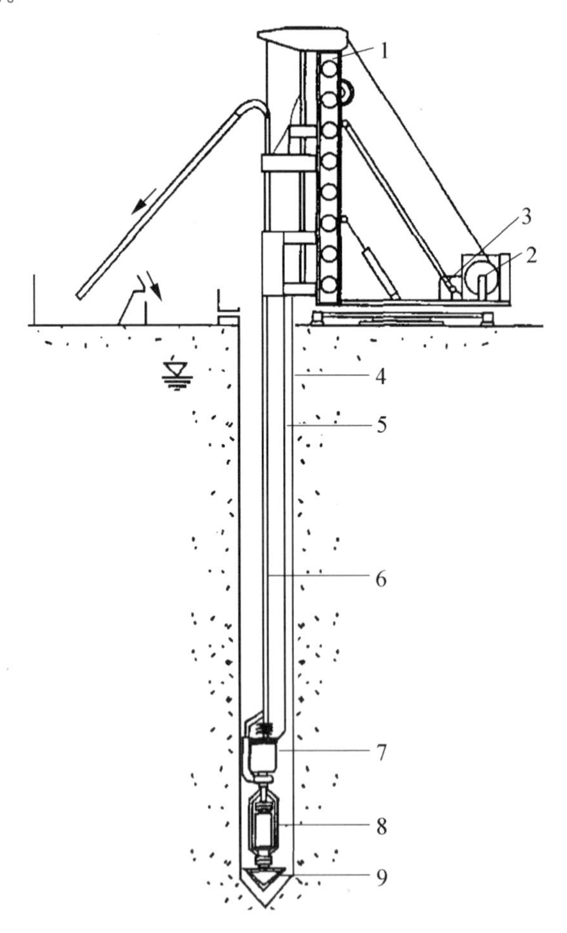

图 4.19 潜水钻孔机

1—桩架；2—卷扬机；3—配电箱；4—护筒；5—防水电缆；6—钻杆；7—潜水砂泵；8—潜水钻主机；9—钻头

潜水钻孔机由潜水电动机、行星齿轮减速器及密封装置等组成。电动机经花键孔套筒联轴器将动力传给中心齿轮，带动行星齿轮在固定内齿圈中做行星运动，其公转速度即为行星齿轮架的转速(200r/min)。

钻架主要用于承受钻孔时产生的转矩和提升主机及做移动桩位时用。钻架上设有起重门架、活动导向及卷扬机等，采用轨行式底盘，钻孔时用支腿将底盘支起，以增加钻杆的稳定性。

钻杆采用槽钢对焊而成，断面呈方形。钻孔时反转矩靠钻杆及活动导向传至钻架上。钻杆一般制成定长标准节，靠快速接头连接。

钻头对于不同性质的土层采用不同形式的钻头。黏性土、淤泥及砂土，宜用笼式钻头，在卵石层或在风化层钻进时，用镶硬质合金刀头的笼式钻头。

1) 优点

(1) 设备简单、体积小、噪声低，适合于城市狭小场地施工。

(2) 动力装置在工作时孔底耗用动力小，钻孔时不需提钻排土，钻孔的效率高。

(3) 适用能力强，能承受一定的过载。

(4) 钻杆不需要旋转，可减少钻杆折断的事故。

(5) 可采用正循环，也可采用反循环排土，只要循环水不间断，就不易坍孔。

2) 缺点

(1) 施工现场因钻孔需要泥浆而使场地泥泞。

(2) 需要设置处理排放泥浆的沉淀池。

(3) 在采用反循环排土出现较大石块时，容易卡管。

(4) 桩径易扩大，使灌注的混凝土超方。

知识链接

长螺旋钻孔机安全操作规程

(1) 作业场地距电源变压器或供电主干线距离应在200m以内，启动时电压不得超过额定电压的10%。

(2) 电动机和控制箱应有良好的接地装置。

(3) 安装前，应检查并确认钻杆及各部位无变形；安装后，钻杆与动力头的中心线允许偏斜为全长的1%。

(4) 安装钻杆时，应从动力头开始，逐节往下安装。不得将所需钻杆长度在地面上全部接好后一次起吊安装。

(5) 动力头安装前，应先拆下滑轮组，将钢丝绳穿绕好。钢丝绳的选用，应按说明书规定的要求配备。

(6) 安装后，电源的频率与控制箱内频率转换开关上的指针应相同，不同时，应采用频率转换开关转换。

(7) 钻孔机应放平坚实，启动前应检查并确认钻机各部件连接牢固，转动带的松紧适当，减速箱内油位符合规定，钻深低位报警装置有效。

(8) 启动前，应将操纵杆放在空挡位置，启动后，应做空运转试验，检查仪表、温度、音响、制动等各项工作正常，方可作业。

(9) 施钻时，应先将钻杆缓慢放下，使钻头对准孔位，当电流表指针偏向无负荷状态时即可下钻。在钻孔过程中，当电流表超过电流限制时，应放慢下钻速度。

(10) 钻孔机发出下位低位报警信号时，应停钻，并将钻杆稍稍提升，待解除报警信号后，方可继续下钻。

(11) 作业中，当需改变钻孔机回转方向时，应待钻杆完全停钻后再进行。

(12) 钻孔时，当机架出现摇晃、移动、偏斜或发生有节奏的响动时，应立即停钻，经处理后，方可继续下钻。

(13) 作业停钻时，应将各控制器放置零位，切断电源，并及时将钻杆全部从孔内拔出，使钻头接触地面。

(14) 钻孔机施钻时，应防止电缆被缠入钻杆中，必须有专人看护。

(15) 钻孔时，严禁用手清理螺旋片中的泥土。发现紧固螺栓松动时，应立即停机，在紧固后方可继续作业。

(16) 作业后，应将钻杆及钻头全部提升至孔外，先清除钻杆和螺旋叶片上的泥浆，再将钻头按下接触地面，各部位制动住，操纵杆放到空挡位置，切断电源。

习　题

1. 桩工机械有哪些主要类型？它们各自的主要特点及应用场合如何？
2. 简述打入法沉桩的桩锤种类、特点、工作原理及适用场合。
3. 试述筒式柴油打桩锤的工作原理及工作过程。
4. 桩架的作用是什么？桩架有哪几种？
5. 灌注桩成孔方法有哪几种？主要选用机械有哪些？

【参考答案】

专题5 钢筋机械

教学目标

了解钢筋机械的类型和工作原理；熟悉钢筋冷拉的特点和方法；掌握钢筋冷拉机、钢筋冷拔机、钢筋调直切断机、液压式钢筋切断机、钢筋弯曲机、钢筋对焊机、钢筋点焊机、液压式张拉机，以及机械式张拉机的类型、特点和安全事项；了解钢筋冷拉机、钢筋冷拔机、钢筋调直切断机、液压式钢筋切断机、钢筋弯曲机、钢筋对焊机、钢筋点焊机、钢筋网成型机、液压式张拉机及机械式张拉机的构造、钢筋加工过程和使用场合，安全使用注意事项及如何合理选用。

能力要求

能够在钢筋加工过程中正确选择使用钢筋冷拉机、钢筋冷拔机、钢筋调直切断机、液压式钢筋切断机、钢筋弯曲机、钢筋对焊机、钢筋点焊机、液压式张拉机、机械式张拉机等钢筋机械。

引言

在现代工业与民用建筑、市政、公路、桥梁等工程中广泛采用钢筋混凝土和预应力钢筋混凝土结构。钢筋在构筑物和构件中作为钢筋混凝土结构的骨架，在构筑物和构件中起着极其重要的作用。因此，钢筋机械已成为建设施工中一种重要的机械。实现钢筋加工机械化，已成为现代建筑工业发展的必然趋势。

5.1 概　　述

国产热轧钢筋就外形来说有光圆和带肋的两种，就直径不同分为 14mm 以下的细钢筋和大于 14mm 直径的粗钢筋。钢筋在形成网架之前都要进行相应的加工，其加工工序一般有强化加工(冷拉、冷拔和冷轧)、调直、切断、弯曲、焊接等，完成这些加工工序使用的则是相应的钢筋加工机械。

钢筋加工的每个生产工序都是由钢筋强化机械、钢筋成型机械、钢筋连接机械等设备来完成的。本专题将介绍钢筋和预应力工程施工中常用的机械设备。

5.2 钢筋冷加工机械

为了提高钢筋的强度和硬度的潜力，节约钢材，减小塑性变形，钢筋冷加工的常用方法有冷拉、冷拔和冷轧三种。

钢筋冷加工的原理是：利用机械对钢筋施以超过屈服点的外力，使钢筋产生不同形式的变形，从而提高钢筋的强度和硬度，减小塑性变形。

钢筋冷加工专用设备有钢筋冷拉机、钢筋冷拔机、冷轧带肋钢筋成型机。

5.2.1 钢筋冷拉的特点和方法

1. 钢筋冷拉的特点

所谓“冷拉”就是在常温下对钢筋施加拉力，使其产生一定的塑性变形，从而提高钢筋的屈服强度、降低塑性，并将钢筋拉直、拉长、除锈。冷拉后的钢筋屈服极限可提高20%～25%，长度可伸长 2.5%～8%，还可以平直钢筋、去除钢筋表面的氧化皮，提高钢筋表面质量，减小钢筋变形，减少构件的裂纹。

2. 钢筋冷拉的方法

钢筋冷拉的方法可分为单控冷拉法和双控冷拉法两种。

1) 单控冷拉法

钢筋冷拉时，只控制钢筋的冷率，不需要测力设备，方法简单，主要适用于冷拉细钢筋。

冷拉率为钢筋冷拉后的伸长值与原有长度的百分比，可用下式表示

$$K = \frac{L - L_0}{L_0} \times 100\%$$

式中　L——钢筋冷拉后的长度，m；

L_0——钢筋原来的长度，m。

2) 双控冷拉法

钢筋在冷拉时，不仅要控制冷拉率，还要控制冷拉应力，并且以控制冷拉应力为主，冷拉时要由测力装置来控制，主要适用于冷拉粗钢筋。

钢筋冷拉工作流程：钢筋上盘→开盘→上夹→开始冷拉→观察控制值→停止冷拉→卸夹→堆放→时效→使用。

5.2.2 钢筋冷拉机

【参考视频】

根据冷拉工艺和控制冷拉参数的要求不同，常用的钢筋冷拉机有卷扬机式、阻力轮式、丝杆式、液压式。卷扬机式冷拉机的特点是结构简单、易于安装组合，其适用性较强，冷拉行程可以不受设备限制，可冷拉不同长度的钢筋。

1. 卷扬机式冷拉机

1) 主要构造

它主要由卷扬机、定滑轮组、动滑轮组、导向滑轮、地锚、夹具和测量装置等组成，如图 5.1 所示。卷扬机式冷拉机一般采用电动慢速卷扬机驱动。牵引力一般控制在 30～50kN，卷筒直径为 350～450mm，卷筒转速为 6～8r/min。

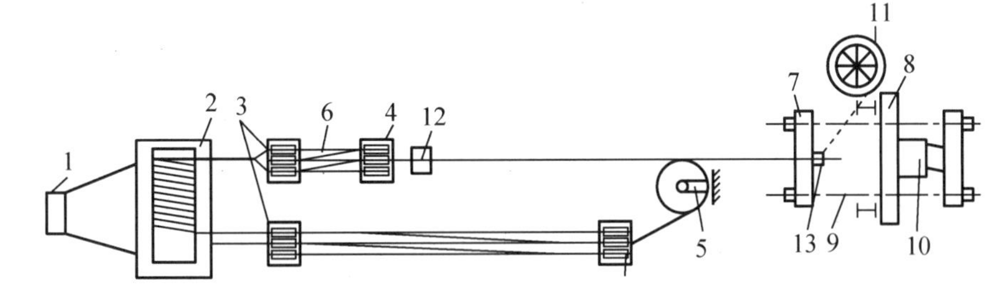

图 5.1　卷扬机式冷拉机

1—地锚；2—卷扬机；3—定滑轮组；4—动滑轮组；5—导向滑轮；6—钢丝绳；7—活动横梁；8—固定横梁；9—传力杆；10—测力器；11—放盘架；12—前夹具；13—后夹具

2) 工作原理

卷扬机式钢筋冷拉工艺是目前普遍采用的冷拉工艺。利用卷扬机和增力滑轮组拉伸钢筋，两套滑轮组的引出钢丝绳以相反的绕向绕入卷筒，其中两组动滑轮组与绕过导向轮的定长钢丝绳连接，当卷筒正、反向转动时，两组动滑轮组便进行相反的往复运动而交替冷拉钢筋。在冷拉的过程中，冷拉力靠测力器测出，拉伸长度靠行程开关控制或用标尺测量，以便控制冷拉应力和冷拉率。卷扬机冷拉钢筋时，通常与滑轮组配合，目的是提高冷拉能力和降低冷拉速度。

3) 性能指标

卷扬机式钢筋冷拉机的主要技术性能指标见表 5-1。

【参考图文】

表 5-1　卷扬机式钢筋冷拉机的技术性能指标

项　　目	粗钢筋冷拉	细钢筋冷拉
卷扬机型号规格	JJM-5(5t 慢速)	JJM-3(3t 慢速)
滑轮直径及门数	计算确定	计算确定
钢丝绳直径/mm	24	15.5
卷扬机速度/(m/min)	小于 10	小于 10
测力器形式	千斤顶式测力器	千斤顶式测力器
冷拉钢筋直径/mm	12～36	6～12

4) 注意事项

(1) 钢筋需冷拉的吨位值应与冷拉设备能力相符，不允许超越冷拉，特别是用旧设备拉粗钢筋时更要注意。

(2) 冷拉工艺的各项设备和机具在每班使用前后都必须进行检查，不准存在任何不安全因素。

(3) 冷拉线两端必须设有防护装置，除设拉力槽外，还要防止钢筋被拉断或滑离夹具而飞出伤人；禁止站在冷拉线两端或跨越、触动正在进行冷拉的钢筋。

(4) 工作完毕后，要先切断电源，再对机具进行清洁、保养。

(5) 冷拉钢筋时，如果焊接接头被拉断，可重焊再拉，但一般不可超过两次。

(6) 低于室温对钢筋冷拉时，要适当提高冷拉力。

2. 阻力轮式冷拉机

1) 主要构造

阻力轮式冷拉机由支承架、阻力轮、电动机、减速器、绞轮等组成，如图 5.2 所示。

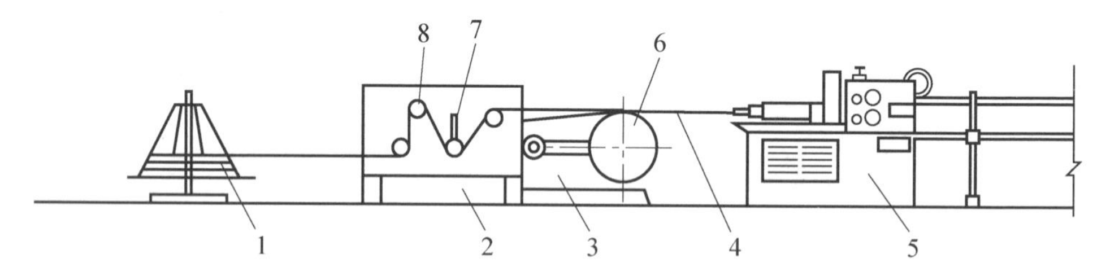

图 5.2　阻力轮式冷拉机

1—钢筋放盘架；2—阻力轮冷拉机；3—减速器；4—钢筋；
5—调直机；6—钢筋绞轮；7—调节槽；8—阻力轮

2) 工作原理

以电动机为动力，经减速器使绞轮以 40m/min 的速度旋转，通过阻力轮将绕在绞轮上的钢筋拉动，并把冷拉后的钢筋送入调直机进行调直和切断。它主要是通过调节阻力大小来控制冷拉率的。

绞轮直径一般为550mm，阻力轮直径为100mm，使用电动机功率为10kW。

阻力轮冷拉工艺适用于直径为6～8mm粗的圆盘钢筋，冷拉率为6%～8%。阻力轮冷拉机和钢筋调直机配合在一起，对钢筋进行冷拉和调直。

3. 丝杆式冷拉机

丝杆式冷拉机(图 5.3)是由电动机经三角皮带传动至变速器，再经过齿轮传动使两根丝杆旋转，从而使丝杆上的活动螺母移动，并通过夹具将钢筋拉伸。测力装置为千斤顶测力器。

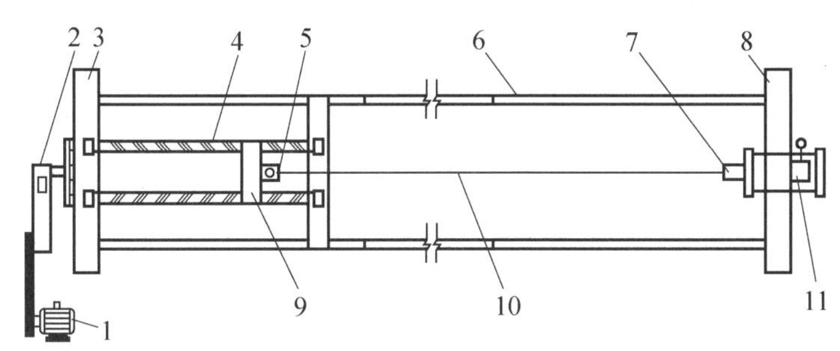

图 5.3 丝杆式冷拉机

1—电动机；2—变速箱；3—前横梁；4—丝杆；5—前夹具；6—传力柱；
7—后夹具；8—后横梁；9—活动横梁；10—冷拉钢筋；11—测力器

丝杆式冷拉机结构简单，但传动构件容易磨损，磨损后会影响冷拉精度。丝杆式冷拉机适用于冷拉较粗的钢筋。

4. 液压式冷拉机

液压式冷拉机(图 5.4)的构造与预应力张拉用的液压拉伸机相同，只是其活塞行程比拉伸机大，一般大于600mm。它主要由泵阀控制器、液压张拉缸、装料小车和夹具等组成。

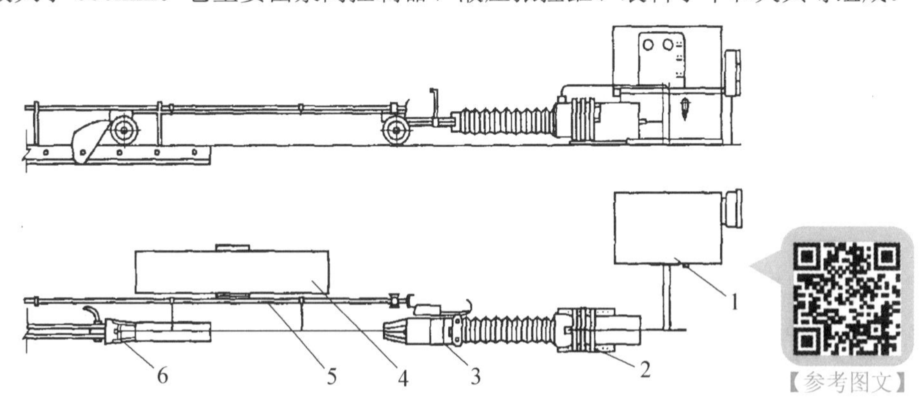

图 5.4 液压式冷拉机

1—泵阀控制器；2—液压张拉缸；3—前端夹具；4—装料小车；5—翻料架；6—后端夹具

液压式冷拉机的特点是：结构紧凑、工作平稳、噪声小，能正常测定冷拉率和冷拉应力，易于实现自动控制，但液压式冷拉机的行程短，使用范围受到控制。液压式冷拉机是冷拉较粗钢筋的机械。

5.2.3 钢筋冷拔机

【参考视频】

钢筋冷拔是将处于常温的直径为 6～8mm 的 I 级钢筋以强力拉拔的方式，通过一个比被拉钢筋直径小 0.5～1mm 的特制模孔，使钢筋在拉应力和压应力的作用下被强行拔细的过程。

钢筋冷拔机可分为立式和卧式两种类型，每种又有单卷筒和双卷筒之分。若拔丝的生产量较大，还可以将几台冷拔机组合起来，变成三联、四联、五联的冷拔机，冷拔速度为 0.2～0.3m/s。拔丝筒以铸钢或耐磨铸铁制成，直径一般为 0.5m 左右。

1．主要构造

1) 立式冷拔机

图 5.5 所示为立式单卷筒钢筋冷拔机的结构，它的卷筒固套在锥齿轮传动箱的立轴上，电动机通过减速器和一对锥齿轮传动带动卷筒旋转，使圆盘钢筋的端头经轧细后穿过润滑剂盒及拔丝模而被固结在卷筒上，启动电动机即可进行拔丝。

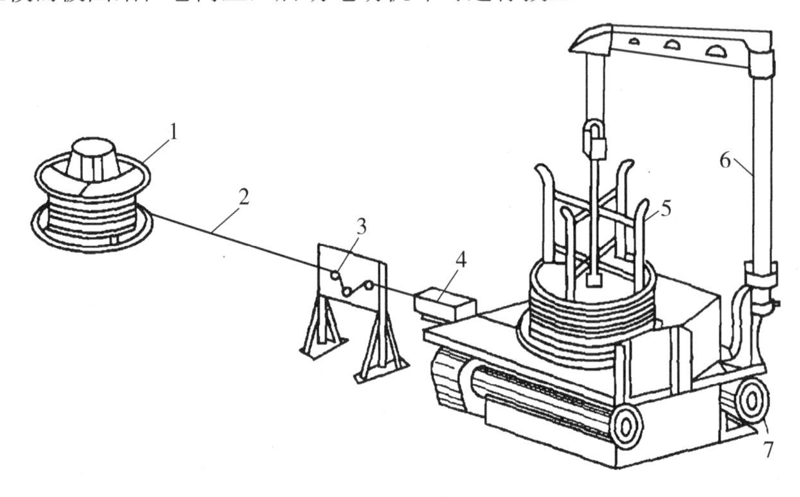

图 5.5 立式单卷筒钢筋冷拔机构造示意图

1—盘料架；2—钢筋；3—阻力轮；4—拔丝模；5—卷筒；6—支架；7—电动机

2) 卧式冷拔机

图 5.6 所示为卧式双卷筒钢筋冷拔机的构造示意图。它由电动机驱动，通过减速器带动卷筒旋转，使钢筋在卷筒旋转产生的强拉力作用下，通过拔丝模盒完成冷拔工序，并将冷拔后的钢筋缠绕在卷筒上，当冷拔丝绕到一定的圈数时，就将其卸下，然后继续绕拔。

2．工作原理

(1) 立式单卷筒冷拉机的工作原理。电动机动力通过蜗轮、蜗杆减速后，驱动立轴旋转，使安装在立轴上的拔丝筒一起转动，卷绕着强行通过拔丝模的钢筋，完成冷拔工序。当卷筒上面缠绕的冷拔钢筋达到一定数量后，可用冷拔机上的辅助吊具将成卷的钢筋卸下，再使卷筒继续进行冷拔作业。

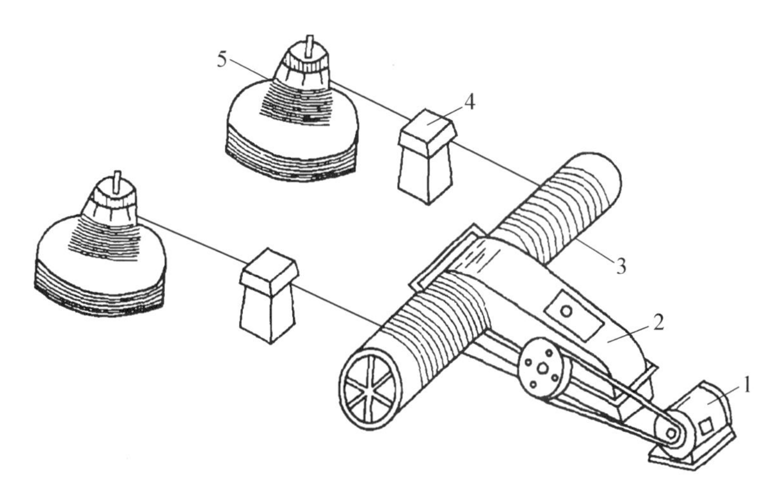

图 5.6　卧式双卷筒钢筋冷拔机的构造示意图

1—电动机；2—减速器；3—卷筒；4—拔丝模盒；5—承料架

(2) 卧式双卷筒冷拔机的工作原理。电动机动力经减速器减速后驱动左右卷筒以 20r/min 的转速旋转，卷筒的缠绕强力使钢筋通过拔丝模完成拉拔工序，并将冷拔后的钢筋缠绕在卷筒上，达到一定数量后卸下，使卷筒继续冷拔作业。

3. 工作机构

拔丝模是冷拔机上主要的工作机构，如图 5.7 所示，拔丝模按其拔丝过程的作用不同大致可分为 4 个工作区域。

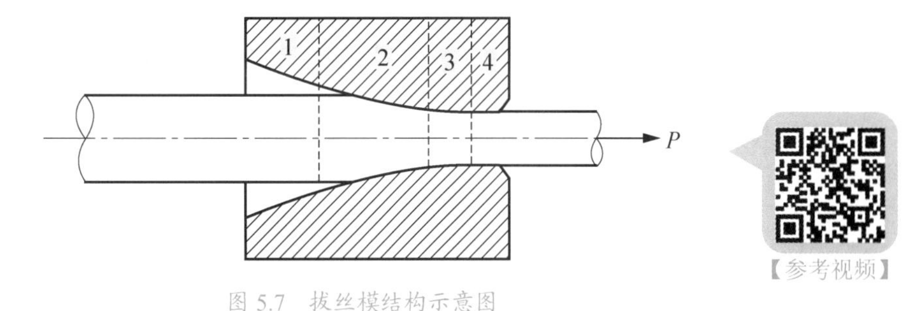

图 5.7　拔丝模结构示意图

1—进口区；2—锥形挤压工作区；3—定径区；4—出口区

(1) 进口区。进口区呈喇叭形，便于被拔钢筋引入。

(2) 锥形挤压工作区。拔丝模的主要工作区域，被拔的粗钢筋在此区域内被强力拉拔和挤压而由粗变细，挤压区的角度为 14°～18°；拔制直径为 4mm 的钢丝为 14°；直径为 5mm 的钢丝为 16°；直径大于 5mm 的钢筋为 18°。

(3) 定径区。使被拔钢筋保持一定截面，又称为圆柱形挤压区，其轴向长度约为所拔钢丝直径的一半。

(4) 出口区。拔制成一定直径的钢丝从该区域引出，卷绕在卷筒上。

4. 工作参数

模孔的直径有多种规格，根据所拔钢丝每道压缩后的直径选用。冷拔最后一道的模孔直径，最好比成品钢丝直径小0.1mm，以利于保证钢丝规格。

冷拔后的钢筋长度可用下式计算

$$l=\left(\frac{d_0^2}{d^2}\right)l_0$$

冷拔总压缩率，即由盘条拔至成品后钢丝的横截面总缩减率，可按下式进行计算

$$\beta=\frac{d_0^2-d^2}{d_0^2}\times 100\%$$

冷拔总压缩率越大，钢丝的抗拉强度就越高，但塑性也越差。

冷拔钢丝时，须在拔丝模的进口区前面加润滑剂，以减少钢筋与模孔的摩擦，防止金属黏附在模孔上，保证冷拔丝的表面质量。

5. 性能指标

冷拔机的性能指标见表5-2。

表5-2 冷拔机的性能指标

性能指标	1/750型	4/650型	4/550型
卷筒个数及直径/(个/mm)	1/750	4/650	4/550
进料钢材直径/mm	9	7.1	6.5
成品钢丝直径/mm	4	3～5	3
钢材抗拉强度/MPa	1300	1450	1100
成品卷筒的转速/(r/min)	30	40～80	60～120
成品卷筒的线速度/(m/min)	75	80～160	104～207

6. 注意事项

(1) 应检查并确认机械各连接件牢固，模具无裂纹，轧头和模具的规格配套，然后启动主机空运转，确认正常后，方可作业。

(2) 在冷拔钢筋时，每道工序的冷拔直径应按机械出厂说明书规定进行，不得超量缩减模具孔径，无资料时，可按每次缩减孔径0.5～1.0mm进行。

(3) 轧头进，应先使钢筋的一端穿过模具长度达到100～500mm，再用夹具夹牢。

(4) 作业时，操作人员的手和轧辊应保持300～500mm的距离，不得用手直接接触钢筋的滚筒。

(5) 冷拔模架中应随时加足润滑剂，润滑剂应采用石灰和肥皂水调和晒干后的粉末。钢筋通过冷拔模前，应抹少量润滑脂。

(6) 在作业过程中不准检修机械各部位，更不准将手伸入卷筒内清理。

(7) 拔丝温度有时可达100～200℃，所以，在机器运转时要特别注意防止烫伤，对于长期连续工作的冷拔机，拔丝模可加设循环水冷却装置；冬季作业时，下班应将水放掉。

知识链接

冷拉与冷拔的区别

冷拉是两端施加拉力，使材料产生拉伸变形，延性降低但强度提高，如图5.8(a)所示；

冷拔又称拉拔，在一端加力，使材料通过一个模具孔，材料通过孔洞时除了有拉伸变形外还有挤压变形，如图 5.8(b)所示。冷拔加工一般要在专门的冷拔机上进行。

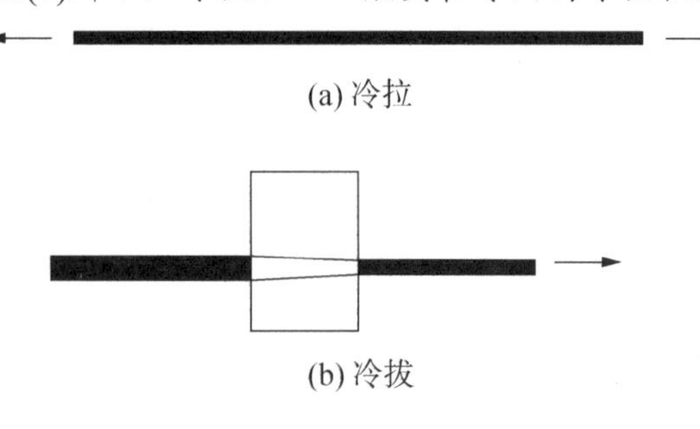

(a) 冷拉

(b) 冷拔

图 5.8 冷拉和冷拔示意图

冷拉只能提高钢筋的抗拉强度，不能提高其抗压强度；冷拔既能提高钢筋的抗拉强度，又能提高钢筋的抗压强度。它们的塑性都有降低。

5.3 钢筋成型机械

钢筋成型机械就是把原料钢筋按各种混凝土结构所需的钢筋制品进行成型工艺加工的机械设备。钢筋成型机械主要有钢筋调直切断机、钢筋切断机、钢筋弯曲机、钢筋弯箍机、钢筋网成型机等。

5.3.1 钢筋调直切断机

钢筋在使用前需要进行调直，否则混凝土结构中的曲折钢筋将会影响构件的受力性能及钢筋长度的准确性。钢筋调直切断机能自动调直和定尺切断钢筋，并可对钢筋进行除锈。

钢筋调直切断机按调直原理的不同可分为孔模式和斜辊式两种；按其切断机构的不同有下切剪刀式和旋转剪刀式两种。

1. 主要构造

以 GT4/8 型钢筋调直切断机为例说明，此机型主要由放盘架、调直筒、传动箱、切断机构、承受架及机座等组成，如图 5.9 所示。

2. 工作原理

电动机经 V 胶带轮驱动调直筒旋转，实现调直钢筋动作，此外通过同一电动机上的另一胶带轮传动一对锥齿轮转动偏心轴，再经过两级齿轮减速后带动上压辊和下压辊相对旋转，从而实现调直和曳引运动。偏心轴通过双滑块机构，带动锤头上下运动，当上切刀进入锤头下面时即受到锤头敲击，实现切断作业。上切刀依赖拉杆重力作用完成回程。

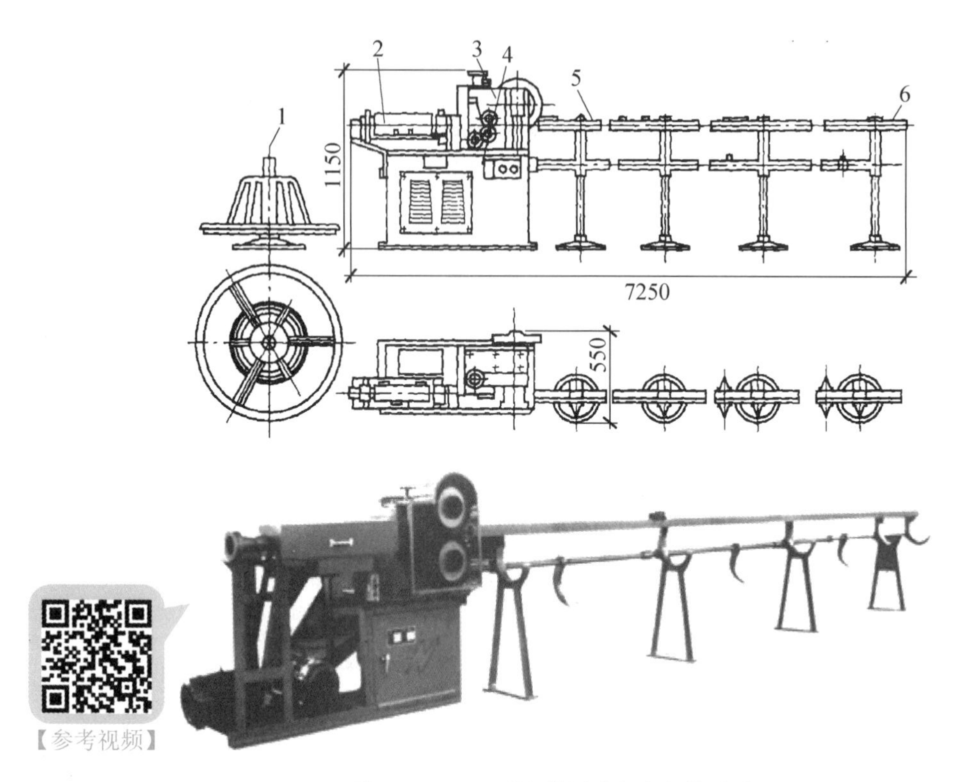

图 5.9　GT4/8 型钢筋调直切断机构造图

1—放盘架；2—调直筒；3—传动箱；4—机座；5—承受架；6—定尺板

3. 性能指标

钢筋调直切断机的主要技术性能指标见表 5-3。

表 5-3　钢筋调直切断机的主要技术性能指标

性 能 指 标	GT4/8
调直切断钢筋直径/mm	4～8
钢筋抗拉强度/MPa	650
切断长度/mm	300～500
切断长度误差/(mm/m)	≤3
牵引速度/(m/min)	40、65
调直筒转速/(r/min)	2900
送料、牵引辊直径/mm	90

4. 注意事项

(1) 料架、料槽应安装平直，并应对准导向筒、调直筒和下切刀孔的中心线。

(2) 应用手转动飞轮，检查传动机构和工作装置，调整间隙，紧固螺栓，确认正常后，启动空转，并检查轴承无异响，齿轮啮合良好，运转正常后，方可作业。

(3) 应按调直钢筋的直径，选用适当的调直块及传动速度。调直块的孔径应比钢筋直径大 2～5mm，传动速度应根据钢筋直径选用，直径大的宜选用慢速，经调试合格，方可送料。

(4) 在调直钢筋的过程中，当发现钢筋跳出托盘导料槽，顶不到定长机构及乱丝或钢筋脱架时，应及时按动限位开关切断钢筋或停机调整好后，方准继续使用。

(5) 操作人员不准离机过远，在上盘、穿丝、引头、切断时都应停机。

(6) 已调直切断的钢筋，应按根数、规格分成捆堆放整齐，不得乱堆放。

(7) 每盘钢筋末尾或调直短盘钢筋时，应着手持套管护送钢筋到导料器，以免自由甩动时发生伤人事故。

5.3.2 钢筋切断机

钢筋切断机是用于对钢筋原材料和矫直的钢筋按工程施工要求的尺寸进行切断的专用机械。钢筋切断机按其传动方式可分为机械传动式和液压传动式两类，其中机械传动式又可分为曲柄连杆式和凸轮式；按结构形式分为卧式和立式。

【参考视频】

1. 机械传动式钢筋切断机

卧式钢筋切断机属于机械传动，因其结构简单，使用方便，得到广泛应用。

1) 主要构造

如图 5.10 所示，卧式钢筋切断机主要由电动机、传动系统、减速机构、曲轴机构、机体及切断刀等组成，适用于切断直径为 6～40mm 的普通碳素钢筋。

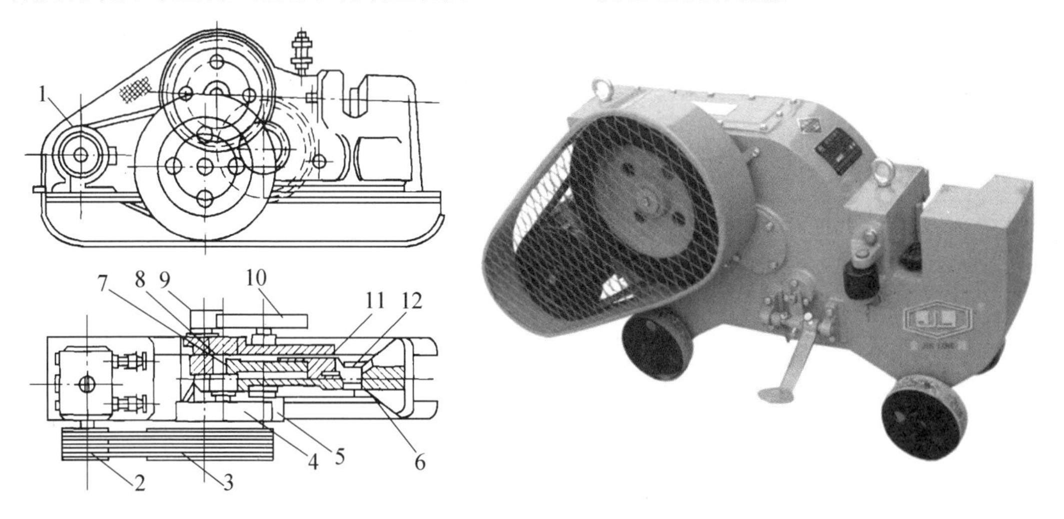

图 5.10 卧式钢筋切断机构造图

1—电动机；2、3—V 胶带轮；4、5、9、10—减速齿轮；
6—固定刀片；7—连杆；8—曲柄轴；11—滑块；12—活动刀片

2) 工作原理

卧式钢筋切断机由电动机驱动，通过 V 胶带轮圆柱齿轮减速带动偏心轴旋转。在偏心轴上装有连杆，连杆带动滑块和活动刀片在机座的滑道中做往复运动，并和固定在机座上的固定刀片相配合切断钢筋。切断机的刀片选用碳素工具钢并经热处理制成，一般前角度为 3°，后角度为 12°。一般固定刀片和活动刀片之间的间隙为 0.5～1mm。在刀口两侧机座上装有两个挡料架，以减少钢筋的摆动现象。

3) 性能指标

机械式钢筋切断机主要技术性能指标见表 5-4。

表 5-4　机械式钢筋切断机主要技术性能指标

性能指标	型　号			
	CQ40	CQ40A	CQ40B	CQ50
切断钢筋直径/mm	6～40	6～40	6～40	6～50
切断次数/(次/min)	40	40	40	30
功率/kW	3	3	3	5.5
转速/(r/min)	2880	2880	2880	2880

4) 注意事项

(1) 接送料的工作台面应和切刀下部保持水平，工作台的长度可根据加工材料长度确定。

(2) 启动前，应检查并确认切刀无裂纹，刀架螺栓紧固，防护罩牢靠，然后用手转动皮带轮，检查齿轮啮合间隙，调整切刀间隙。

(3) 启动后，应先空转，检查各传动部分及轴承运转正常后，方可作业。

(4) 机械未达到正常转速时不得切料。切断时，应使用切刀的中、下部位，紧握钢筋对准刃口迅速投入，操作者应站在固定刀片一侧用力压住钢筋，应防止钢筋末端弹出伤人。

(5) 不得剪切直径及强度超过机械铭牌规定的钢筋。一次切断多根钢筋时，其截面积应在规定范围内。

(6) 剪切直径应符合机械铭牌规定。

(7) 切断短料时，手和切刀之间的距离应保持在 150mm 以上，如手握端小于 400mm 时，应采用套管或夹具将钢筋短头压住或夹牢。

2. 液压传动式钢筋切断机

1) 主要构造

电动液压传动式钢筋切断机如图 5.11 所示，它主要由电动机、液压传动系统、操作装置和定动刀片等组成。

2) 工作原理

电动机带动偏心轴旋转，偏心轴的偏心面推动和它接触的柱塞做往返运动，使柱塞泵产生高压油压入油缸体内，推动油缸内的活塞，驱动动刀片前进与固定在支座上的定刀片相错而切断钢筋。

3) 性能指标

液压传动式钢筋切断机主要技术性能指标见表 5-5。

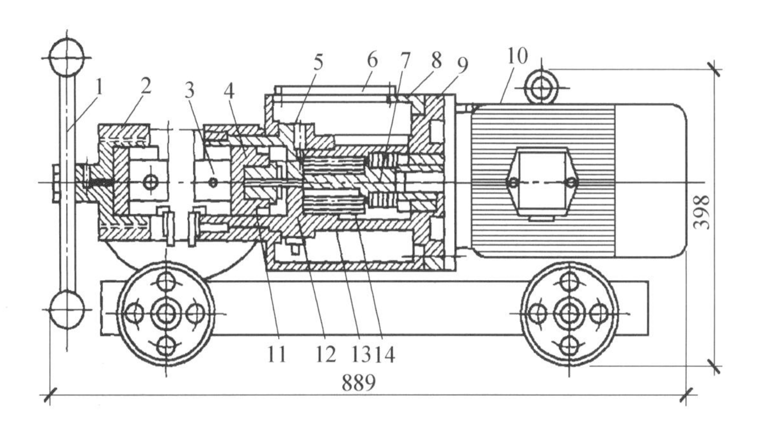

【参考图文】

图 5.11 电动液压传动式钢筋切断机构造图

1—手柄；2—支座；3—主刀片；4—活塞；5—放油阀；6—观察玻璃；
7—偏心轴；8—油箱；9—连接架；10—电动机；11—皮碗；
12—液压缸体；13—液压泵缸；14—柱塞

表 5-5 液压传动式钢筋切断机主要技术性能指标

形　式	电　动	手　动	手　持	
型号	DYJ-32	SYJ-16	GQ-12	GQ-20
切断钢筋直径/mm	8～32	16	6～12	6～20
工作总压力/kN	320	80	100	150
活塞直径/mm	95	36	—	—
最大行程/mm	28	30	—	—
液压泵柱塞直径/mm	12	8	—	—

续表

形　式	电　动	手　动	手　持	
单位工作压力/MPa	45.5	79	34	34
液压泵输油率/(L/min)	4.5	—	—	—
压杆长度/mm	—	432	—	—
压杆作用力/N	—	220	—	—
贮油量/kg	—	35	—	—

5.3.3 钢筋弯曲机

钢筋弯曲机是将调直、切断配好的钢筋，弯曲成所要求的尺寸和形状的专用设备。常用的台式钢筋弯曲机按传动方式的不同可分为机械式和液压式两类。其中，机械式钢筋弯曲机又分为蜗杆式、齿轮式等形式。建筑工地使用较为广泛的GW40型钢筋弯曲机是蜗轮蜗杆式钢筋弯曲机。其特点是构造简单，适用性强，能将直径在40mm以下的钢筋弯制成各种角度。

1. 构造组成

如图5.12所示，蜗轮蜗杆式钢筋弯曲机主要由机架、电动机、传动系统、工作机构(工作盘、插入座、夹持器、转轴等)及控制系统等组成。机架下装有行走轮，便于移动。

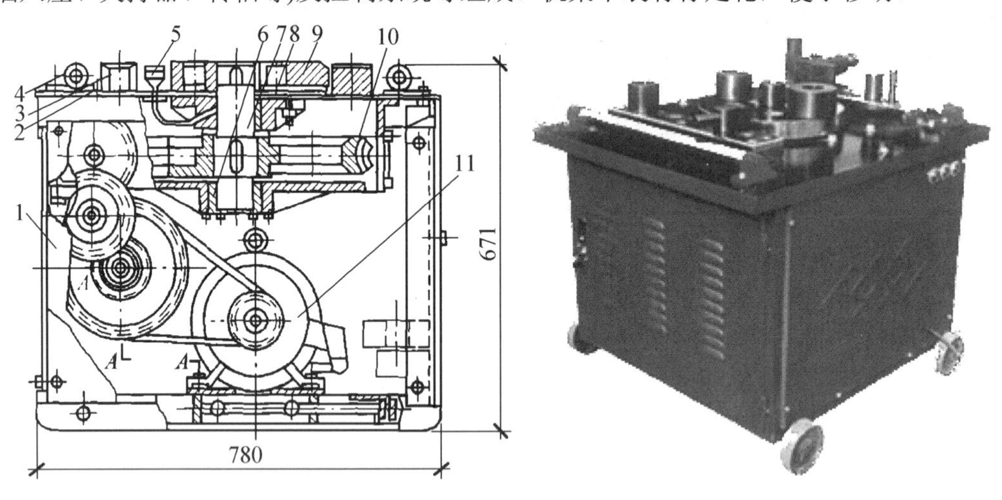

【参考视频】

图5.12　蜗轮蜗杆式钢筋弯曲机构造示意图

1—机架；2—工作台；3—插入座；4—滚轴；5—油杯；6—蜗轮箱；7—工作主轴；8—立轴承；9—工作盘；10—蜗轮；11—电动机；12—孔眼条板

2. 工作原理

GW40型钢筋弯曲机的传动系统，在工作时，电动机带动V型皮带传动机构驱动两对开式齿轮减速机构，使蜗杆啮合蜗轮旋转，同时蜗轮固定装配的立轴旋转带动工作盘转动，实现对钢筋的弯曲加工。

3．工作过程

如图 5.13 所示为钢筋弯曲机弯曲 180° 角时的工作过程。

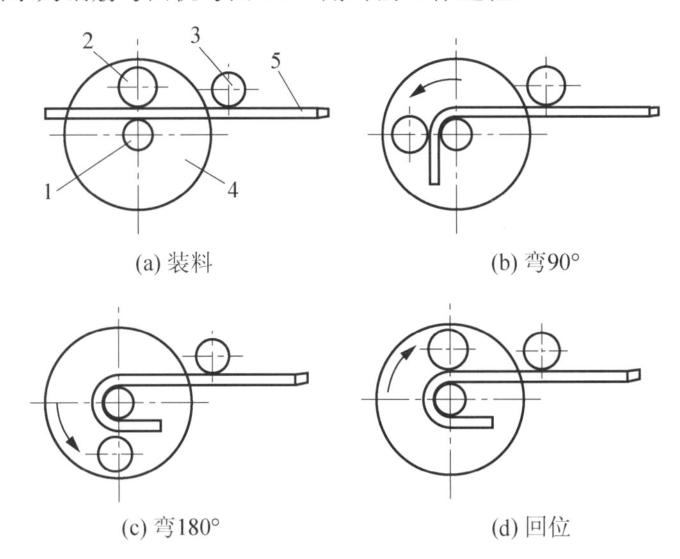

图 5.13　钢筋弯曲原理图

1—心轴；2—成型轴；3—挡铁轴；4—工作盘；5—钢筋

(1) 将被弯钢筋平放在工作盘的心轴和成型轴之间及挡铁轴的内侧。

(2) 扭动开关，工作盘被蜗轮轴带动而旋转，心轴和成型轴随工作盘一起转动，由于心轴与工作盘同心，而成型轴与工作盘心轴不同心，因此工作盘转动时成型轴围绕心轴做弧线运动，钢筋被带动，同时受到挡铁轴的阻止，钢筋被成型轴推弯，绕着心轴弯曲。

(3) 钢筋被弯达到要求形状后，及时将倒顺开关手柄扭到“停”的位置。

(4) 将手柄扭到反转位置，工作盘反转到原来位置时，再将手柄扭到停的位置，即可取出弯好的钢筋。

4．性能指标

常用钢筋弯曲机的主要技术性能指标见表 5-6。

表 5-6　钢筋弯曲机的主要技术性能指标

类　别	弯　曲　机		
型　号	GW32	GW40A	GW50A
弯曲钢筋直径/mm	6～32	6～40	6～50
工作盘直径/mm	360	360	360
工作盘转速/(r/min)	10/20	3.7/14	6

【参考图文】

5．注意事项

(1) 操作前，要对机械的传动部分、工作部分、电动机接地以及各润滑部分进行全面检查，合乎要求后再进行运转。

(2) 严禁在机械运转过程中更换心轴、成型轴、挡铁轴，放入钢筋或进行检查修理，加注润滑油及清洁保养工作。

(3) 挡铁轴的直径和强度不能小于被弯曲钢筋的直径和强度；弯曲不直的钢筋禁止在弯曲机上弯曲，并应注意钢筋放入位置、长度和回转方向，以免发生事故。

(4) 倒顺开关应该接线正确、使用合理，一定要按照指示牌上的“正转—停—反转”扳动，不可直接由“正转—反转”或“反转—正转”，而不在“停”位停留，更不允许频繁交换工作盘的旋转方向。

(5) 工作完毕，要先将开关扳到“停”位，切断电源，然后整理机具。

5.4 钢筋连接机械

钢筋网及骨架采用焊接代替人工绑扎，既可节约材料，提高混凝土构件质量，又能加速工程建设，而且连接起来的钢筋网架刚度好、尺寸精度、生产率高。

现在常用的钢筋连接新技术有焊接连接和机械连接两种。

5.4.1 钢筋焊接机械

【参考视频】

在钢筋预制加工及现场施工中，目前普遍采用闪光对焊接、电渣压力焊接和气压焊接。传统的电弧焊接，劳动强度大、施工速度慢、钢材耗用多，而且由于节点钢筋搭配，配筋密集，影响混凝土浇捣质量，在施工现场已较少采用。

1. 钢筋对焊机

对焊机是将两个被焊工件相对地置于对焊机夹具内，并保持端部接触，当焊接电流使接触端头加热熔化时，对两端持续或断续地施加挤压力，将焊件焊牢。对焊机是对焊的专用设备。建筑工程的钢筋焊接，通常使用 UN1 系列的对焊机，该机适用于截面为 300～1000mm^2 的低碳钢及截面为 300mm^2 以下的铜和铝的焊接。对焊机按焊接方式分电阻对焊、连续闪光对焊、预热闪光对焊；按结构形式分弹簧顶锻式、杠杆挤压弹簧顶锻式、电动凸轮顶锻式、气压顶锻式。

1) 构造组成

对焊机主要由焊接变压器、左电极、右电极、交流接触器、送料机构和控制元件等组成，如图 5.14 所示。

2) 工作原理

如图 5.15 所示，对焊机的电极分别装在固定平板和滑动平板上，滑动平板可沿机身上的导轨移动，电流通过变压器次级线圈传到电极上。当推动压力机构使两根钢筋端头接触在一起后，短路电阻将产生热量，加热钢筋端头；当加热到高塑性后，再加力挤压，使两端头达到牢固的对接。

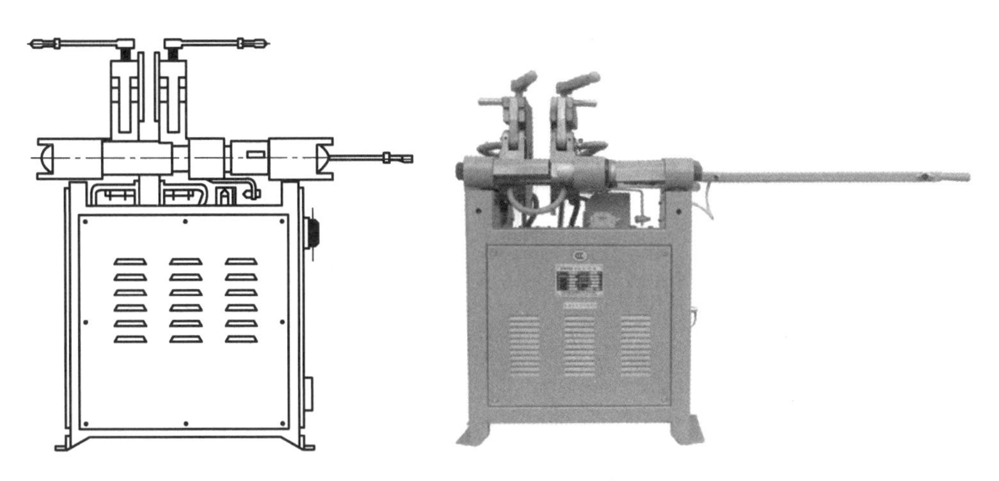

图 5.14 对焊机构造示意图

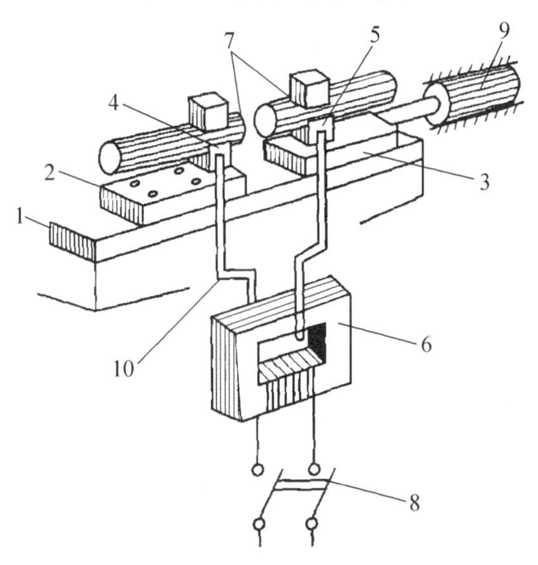

图 5.15 对焊机工作原理

1—机身；2—固定平板；3—滑动平板；4—固定电极；5—活动电极；6—变压器；7—钢筋；8—开关；9—压力机构；10—变压器次级线圈

3) 性能指标

几种常用对焊机的技术性能指标见表 5-7。

表 5-7 对焊机的技术性能指标

性 能 指 标	UN1-25	UN1-75	UN1-100
额定容量/(kV · A)	25	75	100
初级电压/V	220/380	220/380	220/380
负载持续率/(%)	20	20	20
次级电压调节范围/V	1.75～3.25	3.52～7.04	4.5～7.6
次级电压调节级数	8	8	8
最大送料行程/mm	20	30	40～50

续表

性能指标	UN1-25	UN1-75	UN1-100
钢筋最大截面/mm^2	300	600	1000
焊接生产率/(次/h)	110	75	20～30

4) 注意事项

(1) 对焊机应安置在室内，并应有可靠的接地或接零。

(2) 焊接前，应检查并确认对焊机的压力机构灵活，夹具牢固，气压、液压系统无泄漏，一切正常后方可施焊。

(3) 焊接前，应根据焊接钢筋截面，调整二次电压，不得焊接超过对焊机规定直径的钢筋。

(4) 焊接较长钢筋时，应设置托架，配合搬运钢筋的操作人员，在焊接时，应防止火花烫伤。

(5) 冬季施焊时，室内温度不应低于 8℃。作业后，应放尽机内冷却水。

2. 钢筋点焊机

【参考视频】

钢筋点焊机是用来点焊钢筋网片和骨架的专用设备。点焊是采用电阻焊的方法，使两根交叉放置的钢筋在其接处形成一个牢固的焊接点。点焊机的分类方法很多，按结构形式可分为固定式和悬挂式两种；按点焊压力的传动方式可分为杠杆弹簧式、电动凸轮式、气压式和液压式 4 种；按点焊机的电极头数可分为单头、双头和多头 3 种。现以杠杆弹簧式点焊机为例进行介绍。

1) 构造组成

如图 5.16 所示为杠杆弹簧式点焊机的外形结构，它主要由点焊变压器、电极臂、杠杆系统、分级转换开关和冷却系统等组成。

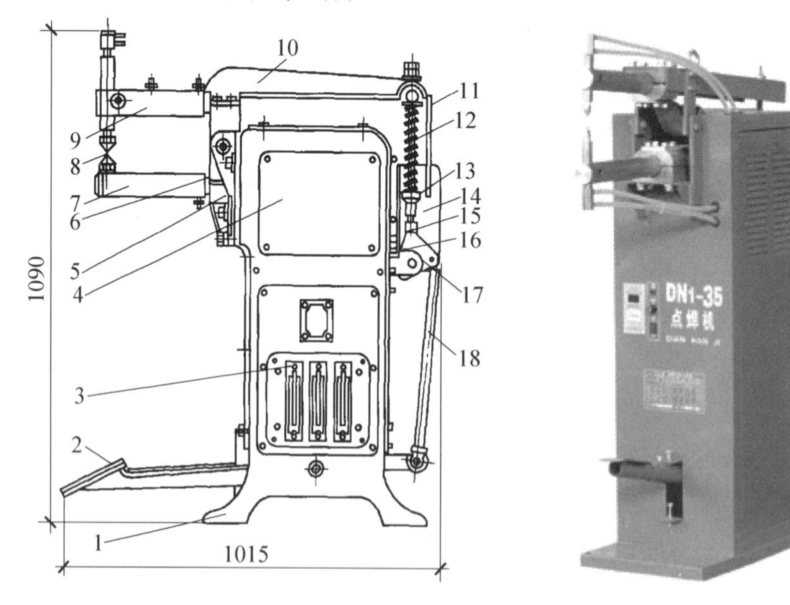

图 5.16 杠杆弹簧式点焊机外形结构

1—基础螺栓；2—踏脚；3—分级开关；4—变压器；5—夹座；6—下夹板；7—下电极臂；8—电极；9—上电极臂；10—压力臂；11—指示板；12—压簧；13—调节螺母；14—开关罩；15—转板；16—滚柱；17—三角形联杆；18—联杆

2) 工作原理

如图 5.17 所示为杠杆弹簧式点焊机的工作原理。点焊机的工作原理与对焊机基本相同，点焊时，将表面清理好的平直钢筋叠合在一起放在两个电极之间，踩下脚踏板，使两根钢筋的交点接触紧密，同时，断路器也相接触，接通电源使钢筋交接点在短时间内产生大量电阻热，钢筋很快被加热到熔点而处于熔化状态。放开脚踏板，断路器随杠杆下降切断电流，在压力作用下，熔化了的钢筋交接点冷却凝结成焊接点。

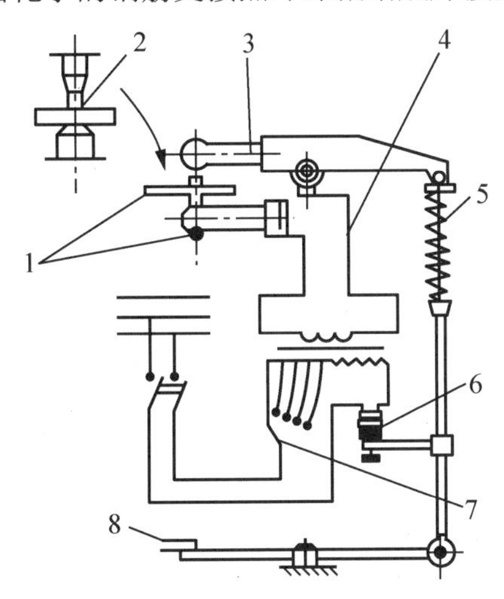

图 5.17 杠杆弹簧式点焊机工作原理示意图

1—电极；2—钢筋；3—电极臂；4—变压器次级线圈；
5—弹簧；6—断路器；7—变压器调节级数开关；8—脚踏板

3) 性能指标

常用点焊机的主要技术性能指标见表 5-8。

表 5-8 点焊机的主要技术性能指标

性能指标	DN-25	DN1-75	DN-75
形式	脚踏式	凸轮式	气动式
额定容量/(kV · A)	25	75	75
额定电压/V	220/380	220/380	220/380
初级线圈电流/A	114/66	341/197	—
每小时焊点数	～600	3000	—
次级电压/V	1.76～3.52	3.52～7.04	8
次级电压调节数	8(9)	8	8
上电极行程/mm	250	350	800
电极间电大压力/N	1250	1600(2100)	1900

4) 注意事项

(1) 作业前，应清除上、下两电极的油污。通电后，机体外壳应无漏电。

(2) 启动前，应先接通控制线路的转向开关和焊接电流的小开关，调整好极数，再接通水源、气源，最后接通电源。

(3) 焊机通电后，应检查电气设备、操作机构、冷却系统、气路系统及机体外壳有无漏电现象。

(4) 作业时，气路、水冷系统应畅通。气体应保持干燥。排水温度不得超过 40℃，排水量可根据气温调节。

(5) 当控制箱长期停用时，每月应通电加热 30min。更换闸流管时应预热 30min。正常工作的控制箱的预热时间不得小于 5min。

3．钢筋电渣压力焊机

【参考视频】

钢筋电渣压力焊机是目前兴起的一种钢筋连接新技术，同时具有埋弧焊、电渣焊和压力焊的特点。它主要适合现浇钢筋混凝土结构中竖向或斜向钢筋的连接，一般可焊接直径为 14～40mm 的钢筋。

1) 工作原理(图 5.18)

【参考图文】

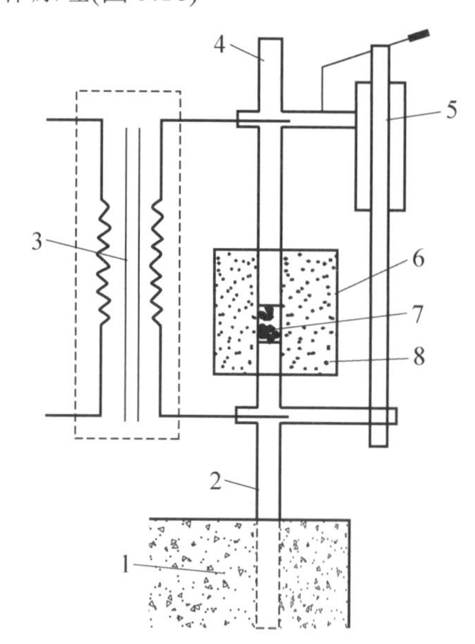

图 5.18 钢筋电渣压力焊机工作原理图

1—混凝土；2、4—钢筋；3—电源；5—夹具；6—焊剂盒；7—铁丝球；8—焊剂

它利用电源提供的电流，通过上下两根钢筋和端面间引燃的电弧，使电能转化为热能，将电弧周围的焊剂不断熔化，形成渣池，然后将上钢筋端部潜入渣池中，利用电阻热能使钢筋端面熔化并形成有利于保证焊接质量的端面形状。最后，在断电的同时，迅速进行挤压，排除全部熔渣和熔化金属，形成焊接接头。

2) 分类

按控制方式分可分为手动式、半自动式和自动式；按传动方式分可分为手摇齿轮式和手压杠杆式。它主要由焊接电源、控制系统、夹具和辅件等组成。

3) 注意事项

(1) 焊机操作人员必须经过培训，合格后方可上岗操作。

【参考图文】

(2) 操作前应检查焊机各机构是否灵敏、可靠，电气系统是否安全。

(3) 按焊接钢筋的直径选择焊接电流、焊接电压和焊接时间。

(4) 正确安置夹具和钢筋，对接钢筋的两端面应保证平行，与夹具保证垂直，轴线基本保持一致。

(5) 焊接前，应对钢筋端部进行除锈，并将杂物清除干净。

5.4.2 钢筋机械连接设备

【参考图文】

1. 钢筋挤压连接

1) 钢筋挤压连接的设备及工作原理

钢筋挤压连接是将需要连接的螺纹钢筋插入特制的钢套筒内，利用挤压机压缩钢套管，使之产生塑性变形，靠变形后的钢筋管与钢筋的紧固力来实现钢筋的连接。这种连接方法具有节电节能、节约钢材、不受钢筋可焊性制约、不受季节影响、不用明火、施工简单、工艺性能良好和接头质量可靠度高等特点，适用于各种直径的螺纹钢筋的连接。钢筋挤压连接技术分为径向挤压工艺和轴向挤压工艺，径向挤压连接应用广泛。

钢筋径向挤压连接是利用挤压机将钢套筒沿直径方向挤压变形，使之紧密地咬住钢筋的横肋，实现两根钢筋的连接。径向挤压方法适用于连接直径为12～40mm的钢筋。

如图5.19所示为钢筋径向挤压连接设备的结构示意图，主要由超高压泵站、挤压钳、平衡器和吊挂小车等组成。

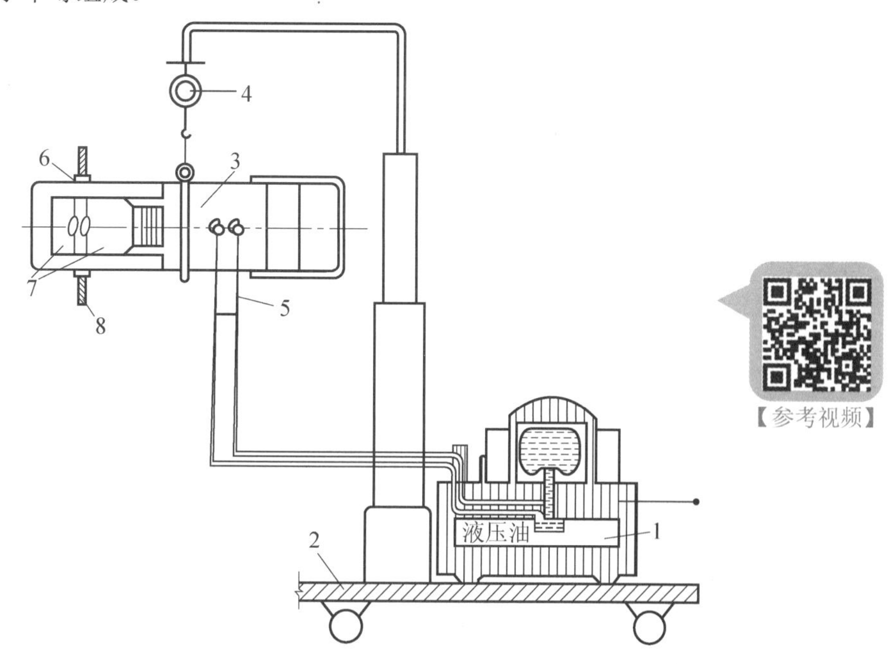

图5.19 钢筋径向挤压连接设备结构示意图

1—超高压泵站；2—吊挂小车；3—挤压钳；4—平衡器；5—软管；6—钢套管；7—压模；8—钢筋

2) 钢筋挤压连接注意事项

(1) 检查挤压设备情况，并进行试压，符合要求后方可作业。

(2) 钢筋端头的锈、泥沙、油污等杂物应清理干净。

(3) 钢筋与套筒应进行试套，如钢筋有马蹄、弯折或纵肋尺寸过大者，应预先矫正或用砂轮打磨；不同直径钢筋的套筒不得串用。

(4) 挤压设备使用超过一年、挤压的接头超过 5000 个及套筒压痕异常且查不出原因时，应对挤压机的挤压力进行标定。

2. 钢筋螺纹连接

1) 钢筋螺纹连接的设备及工作原理

钢筋螺纹连接是利用钢筋端部的外螺纹和特制钢套管上的内螺纹连接钢筋的一种机械连接方法。钢筋螺纹连接按螺纹形式有锥螺纹连接和直螺纹连接两种。

锥螺纹连接是利用钢筋端部的外锥螺纹和套筒上的内锥螺纹连接钢筋(图 5.20)，它具有连接速度快、对中性好、工艺简单、安全可靠、无明火作业、可全天候施工、节约钢材和能源等优点。其中锥螺纹连接适用于在施工现场连接直径为 16～40mm 的同径或异径钢筋，连接钢筋直径之差不超过 9mm。

直螺纹连接是利用钢筋端部的外直螺纹和套筒上的内直螺纹来连接钢筋(图 5.21)。直螺纹连接是钢筋等强度连接的新技术，这种方法不仅接头强度高，而且施工操作简便，质量稳定可靠。直螺纹连接适用于 20～40mm 的同径、异径、不能转动或位置不能移动钢筋的连接。直螺纹连接有镦粗直螺纹连接工艺和滚压直螺纹连接工艺。

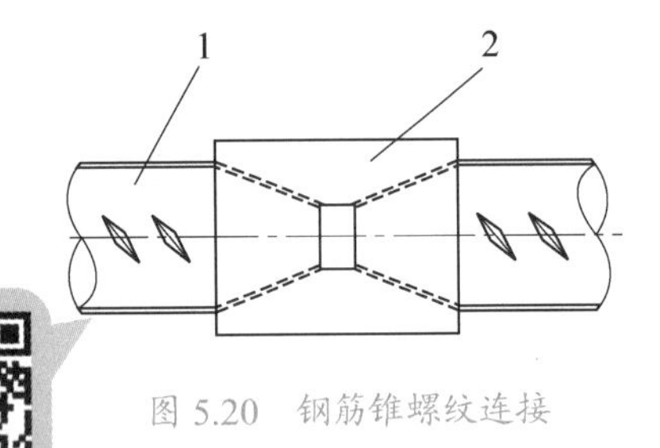

图 5.20　钢筋锥螺纹连接

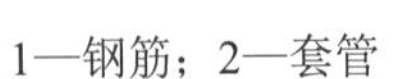

1—钢筋；2—套管

【参考图文】

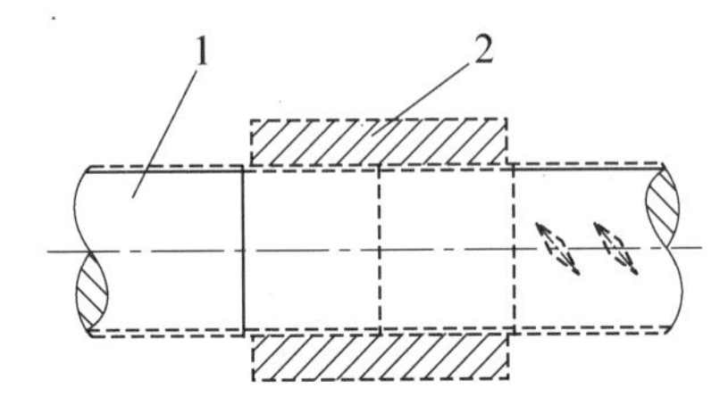

图 5.21　钢筋直螺纹连接

1—钢筋；2—套管

锥螺纹连接采用的设备和工具主要有钢筋套丝机、量具、力矩扳手和砂轮锯等。如图 5.22 所示是钢筋套丝机的结构示意图。钢筋套丝机由夹紧机构、切削头、退刀机构、减速器、冷却泵和机体等组成。

镦粗直螺纹连接所用的设备和工具有钢筋镦粗机、镦粗直螺纹套丝机、量具、管钳和力矩扳手等。

滚压直螺纹连接所用的设备和工具主要有滚压直螺纹机、量具、管钳和力矩扳手等。如图 5.23 所示是剥肋钢筋滚压直螺纹成型机结构示意图，主要由台钳、剥肋机构、滚丝头、减速机和机座等组成。工作原理是：钢筋夹持在台钳上，扳动进给手柄，减速机向前移动，剥肋机构对钢筋进剥肋，到调定长度后，通过涨刀触头使剥肋机构停止剥肋，减速机继续向前进给，涨刀触头缩回，滚丝头开始滚压螺纹，滚到设定长度后，行程挡块与限位开关接触断电，设备自动停机并延时反转，将钢筋退出滚丝头，扳动进给手柄后退，通过收刀触头收刀复位，减速机退到极限位置后停机，松开台钳，取出钢筋，完成螺纹加工。

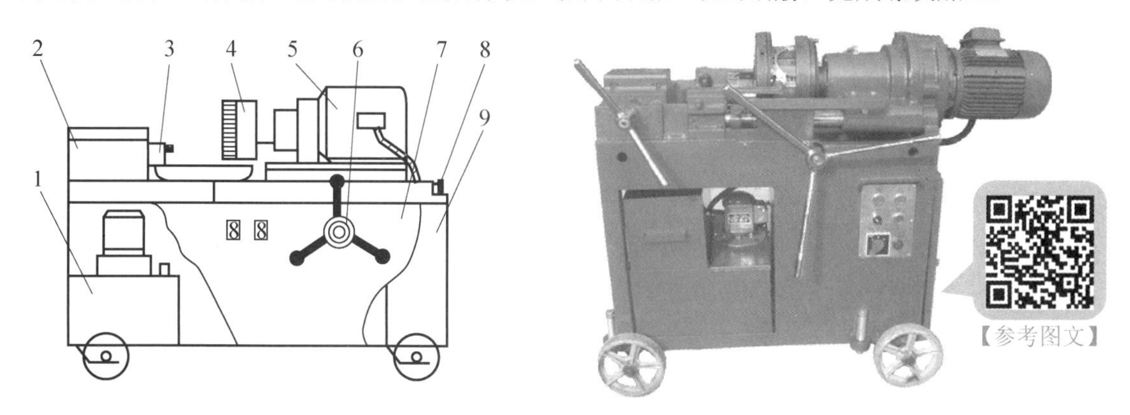

图 5.22 钢筋套丝机

1—冷却泵；2—夹紧机构；3—退刀机构；4—切削头；5—减速器；
6—手轮；7—机体；8—限位器；9—电器箱

2) 注意事项

(1) 在加工前，电器箱上的正反开关置于规定位置。加工标准螺纹开关置于“标准螺纹”位置，加工左旋螺纹开关置于“左旋螺纹”位置。

(2) 钢筋端头弯曲时，应调直或切去后才能加工，严禁用气割下料。

(3) 整机应设有防雨篷，防止雨水从箱体进入水箱。

(4) 停止加工后，应关闭所有电源开关，并切断电源。

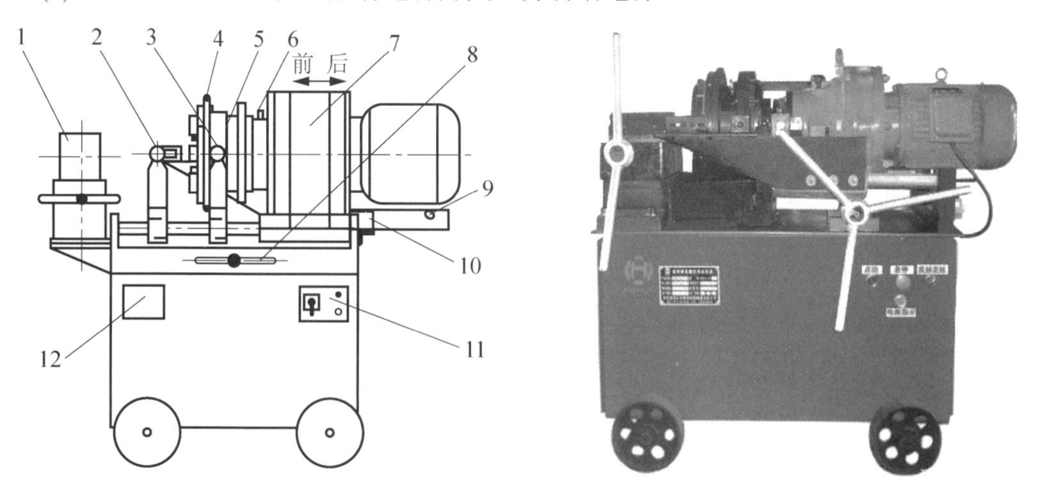

图 5.23 剥肋钢筋滚压直螺纹成型机

1—台钳；2—涨刀触头；3—收刀触头；4—剥肋机构；5—滚丝头；6—上水管；
7—减速机；8—进给手柄；9—行程挡块；10—行程开关；11—控制面板；12—机座

知识链接

钢筋挤压连接工艺

1. 准备工作

(1) 钢筋端头的锈、泥沙、油污等杂物应清理干净。

(2) 钢筋与套筒应进行试套，如钢筋有马蹄、弯折或纵肋尺寸过大者，应预先矫正或用砂轮打磨；不同直径钢筋的套筒不得串用。

(3) 钢筋端部应划出定位标记与检查标记。定位标记与钢筋端头的距离为钢套筒长度的一半，检查标记与定位标记的距离一般为 20mm。

(4) 检查挤压设备情况，并进行试压，符合要求后方可作业。

2. 挤压作业

钢筋挤压连接宜先在地面上挤压一端套筒，在施工作业区插入待接钢筋后再挤压另一端的套筒。

压接钳就位时，应对正钢套筒压痕位置进行标记，并使压模运动方向与钢筋两纵肋所在的平面相垂直，即保证最大压接面能在钢筋的横肋上。

压接钳施压顺序由钢套筒中部顺次向端部进行。每次施压时，主要控制压痕深度。

5.5 预应力张拉机械

预应力张拉机械是对预应力混凝土构件中钢筋施加张拉力的专用设备，分为液压式、机械式和电热式三种，常用的为液压式和机械式，张拉钢筋时，需配套使用张拉锚具和夹具。

5.5.1 预应力张拉夹具和锚具

夹具和锚具是锚固预应力钢筋和钢束的工具。夹具是用于夹持预应力钢筋以便张拉，预应力构件制成后，取下来再重复使用的钢筋端部紧固件。锚具是锚固在构件端部，与构件一起共同承受拉力，不再取下的钢筋端部紧固件。

1. 夹具的种类

夹具种类繁多，在先张法中，预应力钢筋的夹具分为钢丝张拉夹具和钢筋张拉夹具。

1) 钢丝张拉夹具

钢丝张拉夹具分两类：一类是将预应力钢筋锚固在台座或钢模上的锚固夹具；另一类是张拉时夹持预应力钢筋用的夹具。如图 5.24 所示是常用的钢丝锚固夹具，如图 5.25 所示是常用的钢丝张拉夹具。

2) 钢筋张拉夹具

钢筋锚固多用螺丝端杆锚具、镦头锚具和销片夹具，如图 5.26 所示。张拉时可用连接器与螺丝端杆锚具连接，或用销片夹具等。

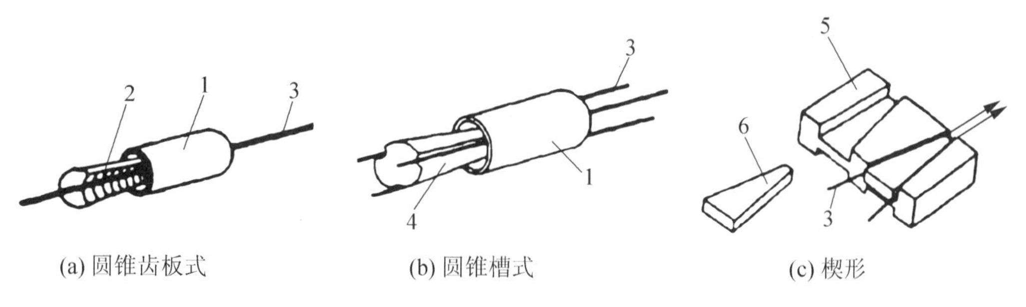

(a) 圆锥齿板式　(b) 圆锥槽式　(c) 楔形

图 5.24　钢丝锚固夹具

1—套筒；2—齿板；3—钢丝；4—锥塞；5—锚板；6—楔块

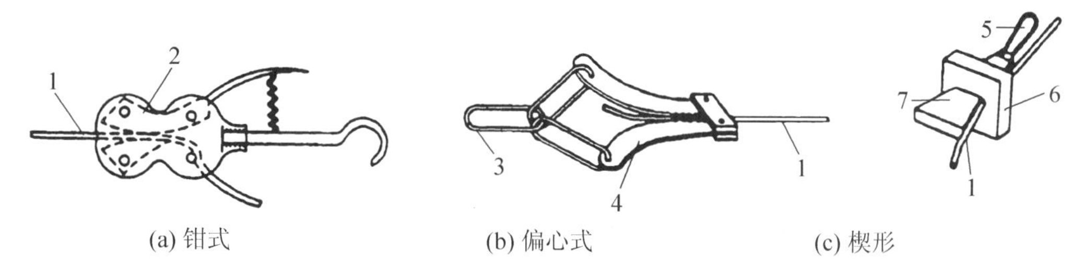

(a) 钳式　(b) 偏心式　(c) 楔形

图 5.25　钢丝张拉夹具

1—钢丝；2—钳齿；3—拉钩；4—偏心齿条；5—拉环；6—锚板；7—楔块

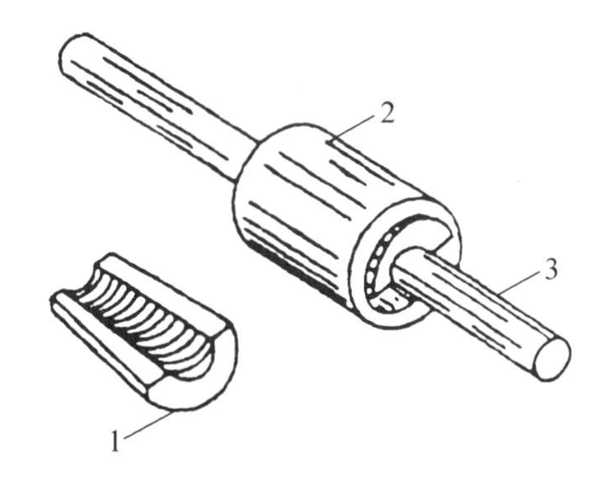

图 5.26　两片式销片夹具

1—销片；2—套筒；3—预应力钢筋

2. 锚具的种类

锚具的种类繁多，不同类型的预应力钢筋所配用的锚具不同，常用的锚具有以下几种。

1) 螺丝端杆锚具

螺丝端杆锚具适用于直径为 18～36mm 的钢筋，如图 5.27 所示。螺丝端杆与预应力钢筋用对焊连接，焊接应在预应力钢筋冷却前进行。

2) 帮条锚具

帮条锚具由帮条和衬板组成，如图 5.28 所示。

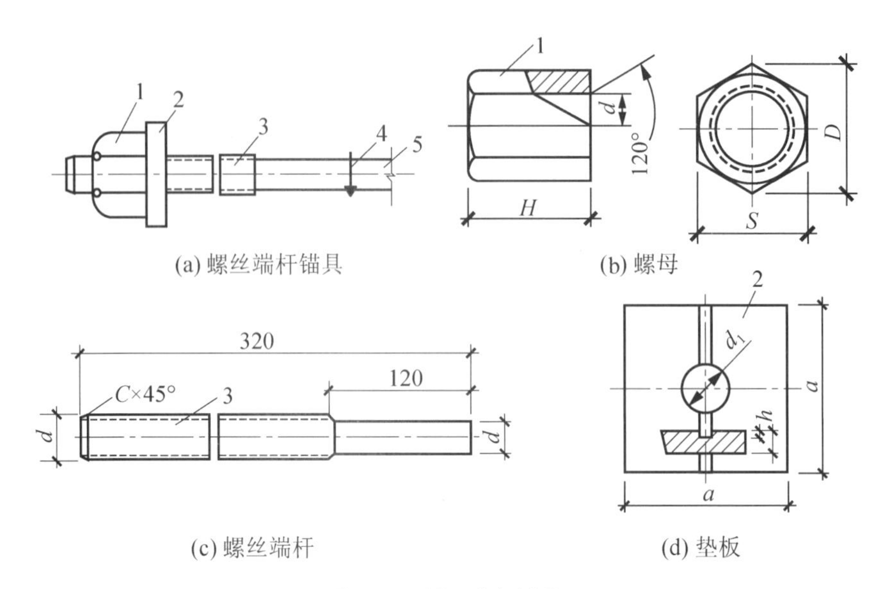

图 5.27　螺丝端杆锚具

1—螺母；2—垫板；3—螺丝端杆；4—对焊接头；5—预应力钢筋

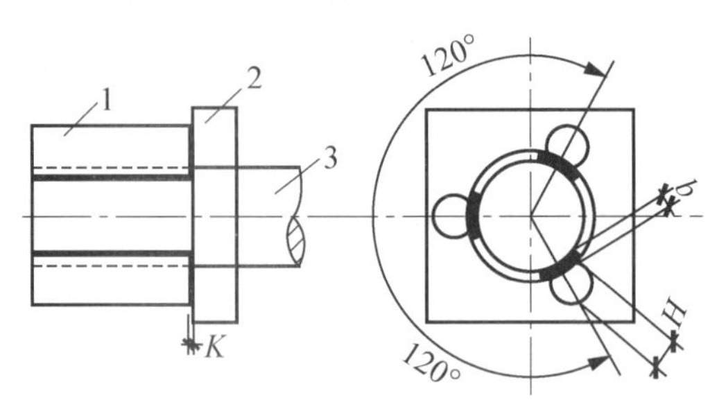

图 5.28　帮条锚具

1—帮条；2—衬板；3—预应力筋

3) 镦头锚具

用于单根粗钢筋的镦头锚具，一般直接在预应力筋端热镦、冷镦或锻打成型。镦头锚具也适用于锚固任意根数的钢丝束，如图 5.29 所示。

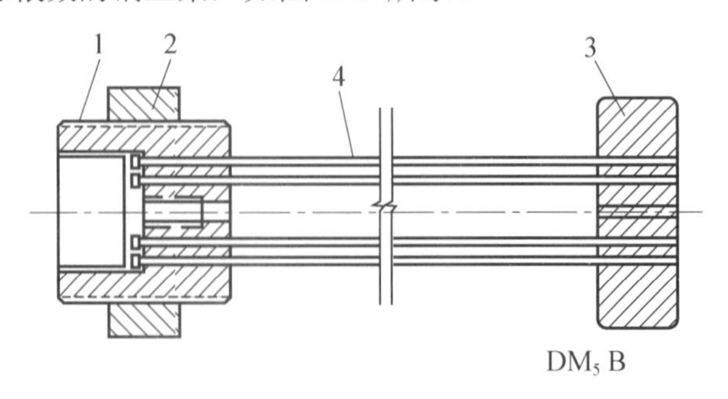

图 5.29　钢丝束镦头锚具

1—锚环；2—螺母；3—锚板；4—钢丝束

4) 锥形螺杆锚具

用于锚固 14～28 根直径为 5mm 的钢丝束。锥形螺杆锚具由锥形螺杆、套筒和螺母等组成，如图 5.30 所示。

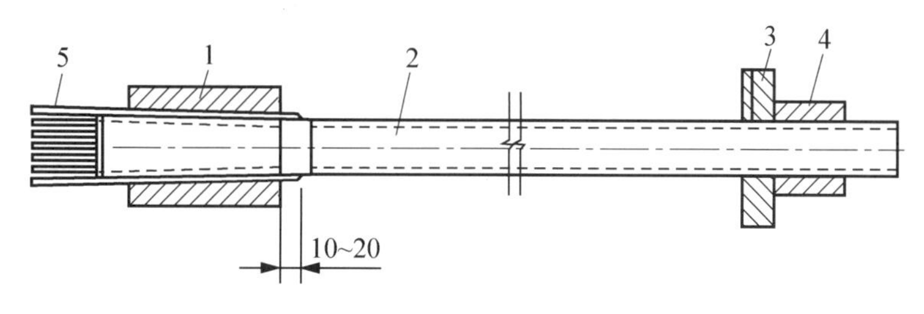

图 5.30 锥形螺杆锚具

1—套筒；2—锥形螺杆；3—垫板；4—螺母；5—钢丝束

5) 钢质锥形锚具

钢质锥形锚具由锚环和锚塞组成，用于锚固以锥锚式双作用千斤顶张拉的钢丝束，如图 5.31 所示。

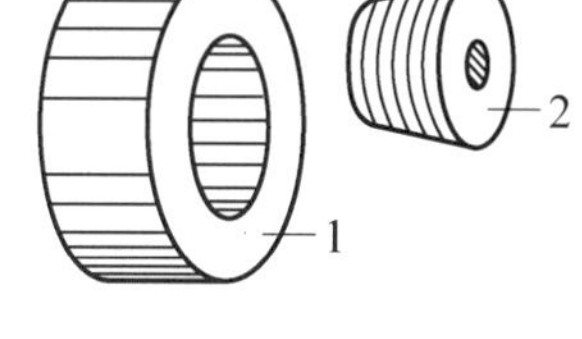

图 5.31 钢质锥形锚具

1—锚环；2—锚塞

6) JM 型锚具

JM 型锚具由锚环和夹片组成，用于锚固钢筋束和钢绞丝束，如图 5.32 所示。

7) KT-Z 型锚具

KT-Z 型锚具是一种可锻铸铁锥形锚具，主要用于锚固钢筋束和钢绞线束，其构造如图 5.33 所示。

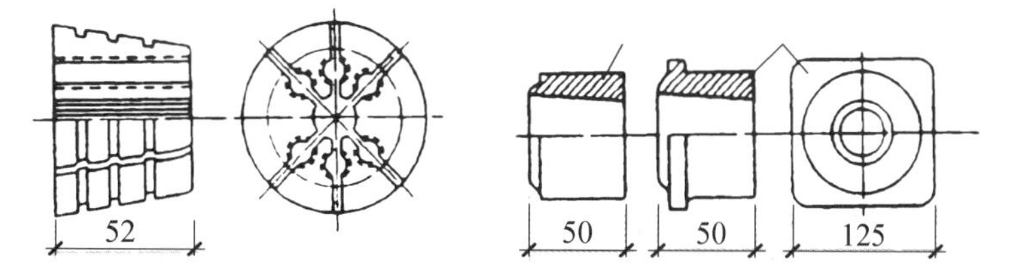

图 5.32 JM 型锚具

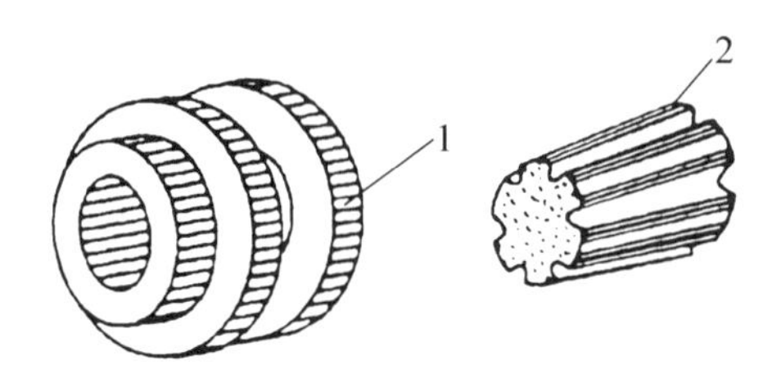

图 5.33 KT-Z 型锚具

1—锚环；2—锚塞

8) 多孔夹片锚具

多孔夹片锚具是在一块多孔的锚板上，利用每个锥形孔装一副夹片夹持一根钢绞线和一种揳紧式锚具，主要类型有 XM 型锚具(图 5.34)和 QM 型锚具(图 5.35)。

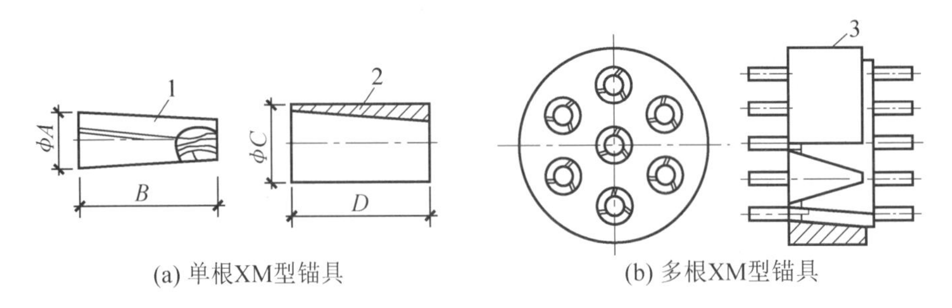

(a) 单根XM型锚具　　(b) 多根XM型锚具

图 5.34　XM 型锚具

1—夹片；2—锚环；3—锚板

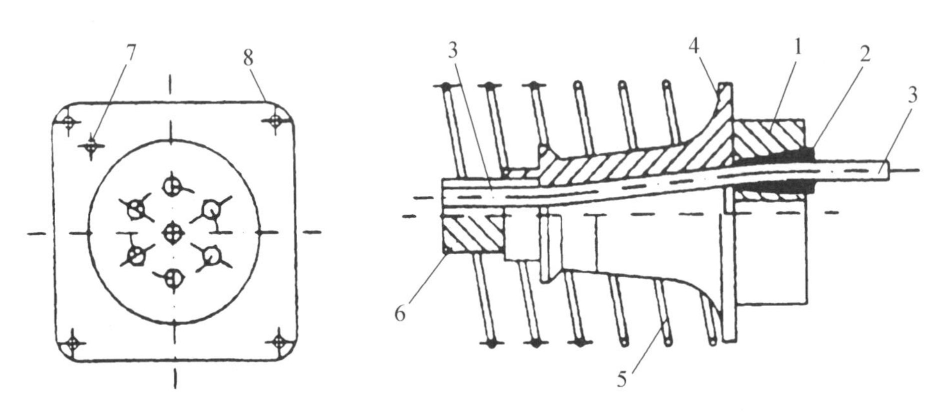

图 5.35　QM 型锚具

1—锚板；2—夹片；3—钢绞线；4—喇叭形铸铁垫板；
5—弹簧管；6—预留孔道用的螺旋管；7—灌浆孔；8—锚垫板

5.5.2 预应力张拉机

1. 液压式张拉机

先张法张拉预应力粗钢筋和后张法张拉预应力钢筋时，用液压式张拉机张拉。液压式张拉机由千斤顶、高压油泵、油管和各种附件等组成，其工作原理如图 5.36 所示。

1) 液压千斤顶

液压千斤顶是液压张拉机的主要设备。它按工作特点分为单作用、双作用和三作用 3 种类型；按构造特点分为台座式、拉杆式、穿心式和锥锚式 4 种类型。

(1) 台座式液压千斤顶。台座式液压千斤顶是一种普通油压千斤顶，与台座、横梁或张拉架等装置配合才能进行张拉工作，主要用于粗钢筋的张拉，如图 5.37 所示。

(2) 拉杆式液压千斤顶。拉杆式液压千斤顶是以活塞杆为拉杆的单作用液压张拉千斤顶，适用于张拉带有螺纹端杆的粗钢筋，如图 5.38 所示。

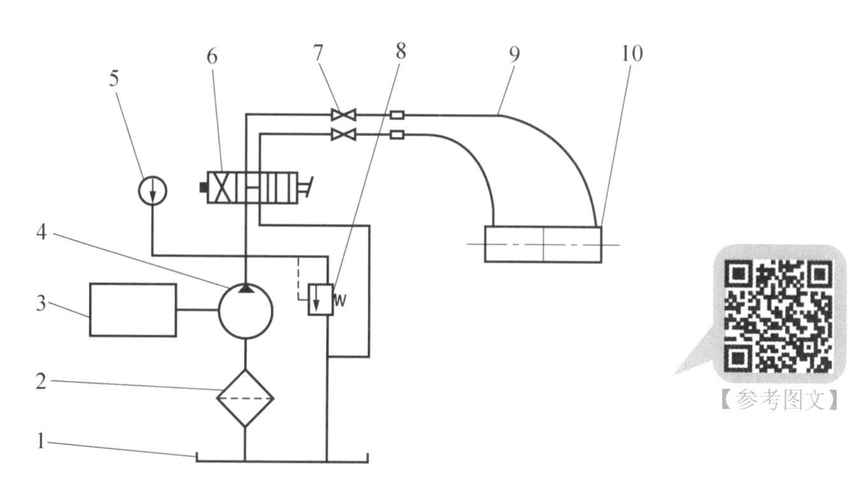

【参考图文】

图 5.36　液压式张拉机工作原理

1—油箱；2—滤油器；3—电动机；4—油泵；5—油压表；
6—换向阀；7—截止阀；8—溢流阀；9—高压软管；10—千斤顶

图 5.37　台座式液压千斤顶

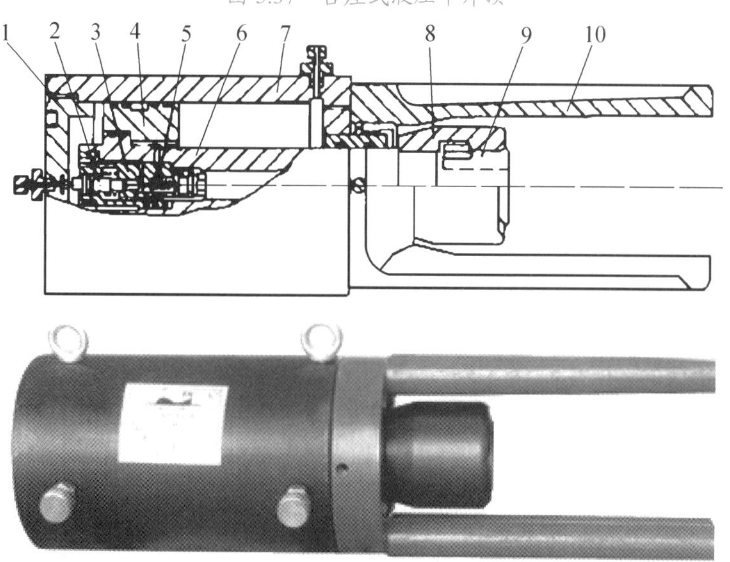

图 5.38　拉杆式液压千斤顶

1—端盖；2—差动阀活塞杆；3—阀体；4—活塞；5—锥阀；
6—拉杆；7—液压缸；8—连接头；9—张拉头；10—撑套

(3) 穿心式液压千斤顶。穿心式液压千斤顶的构造特点是沿千斤顶轴线有一穿心孔道供穿入钢筋用，可张拉钢筋束或单根钢筋，是一种通用性强、应用较广的张拉设备，如图 5.39 所示。

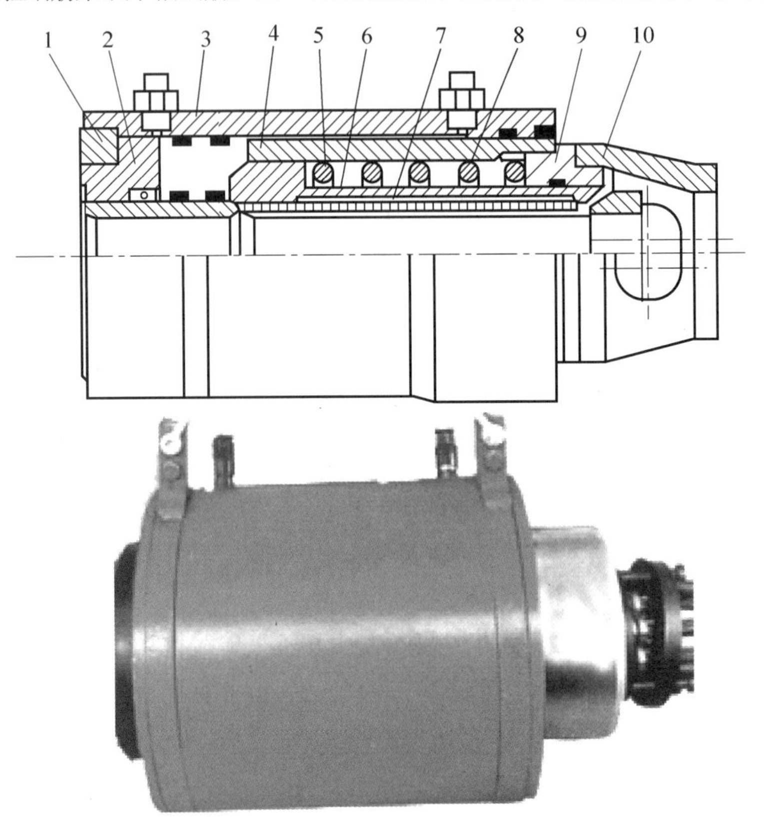

图 5.39　穿心式液压千斤顶

1—螺母；2—堵头；3、5—液压缸；4—弹簧；
6—活塞；7—穿心套；8—保护套；9—连接套；10—撑套

(4) 锥锚式液压千斤顶。锥锚式液压千斤顶是双作用的千斤顶，用于张拉钢筋束，如图 5.40 所示。

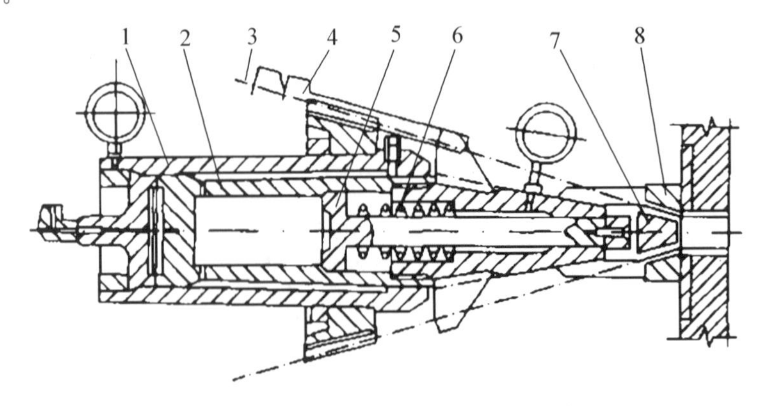

图 5.40　锥锚式液压千斤顶

图 5.40 TD 型锥锚式液压千斤顶(续)

1—张拉缸；2—顶压缸；3—钢丝；4—楔块；5—活塞杆；6—弹簧；7—对中套；8—锚塞

2) 高压油泵

高压油泵是液压张拉机的动力装置，根据需要，供给液压千斤顶用高压油，有手动和电动两种形式。电动油泵又分为轴向式和径向式两种。如图 5.41 所示是电动油泵外形结构示意图。

图 5.41 电动油泵外形结构示意图

1—油箱；2—换向阀；3—节流阀；4—控制阀；5—压力表；6—电动机

2. 机械式张拉机

先张法张拉预应力钢丝时，主要使用机械式张拉机，机械式张拉机分为手动式和电动式。常用的电动张拉机又分为千斤顶测力卷扬机式和弹簧测力螺杆式，如图 5.42 所示是千斤顶测力卷扬机式电动张拉机的结构示意图。机械式张拉机的工作原理是：顶杆顶在台座横梁上，钢筋端头夹紧在夹具中，开动电动机，钢丝绳带动千斤顶向右移动，千斤顶和夹具连在一起，钢筋被张拉。张拉力的大小由压力表示出，达到规定拉力时，将钢筋用锚具锚固在台座上。

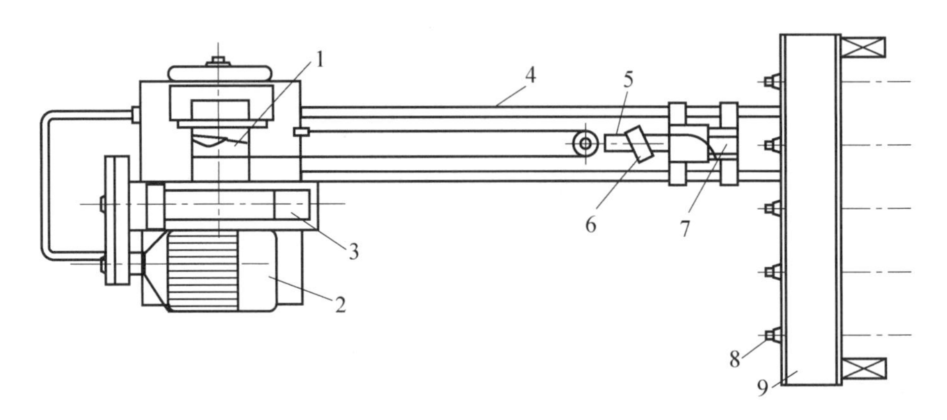

图 5.42　千斤顶测力卷扬机式电动张拉机结构示意图

1—卷筒；2—电动机；3—变速器；4—顶杆；5—千斤顶；6—压力表；7—表具；8—锚具；9—台座

3. 注意事项

(1) 液压千斤顶不允许在超载和超行程范围中使用。

(2) 油泵宜采用 10 号或 20 号机械油，在加入油箱前，油液应过滤。油箱应定期清洗，油箱内一般保持 85%左右的油位，添加油的标号应与存油相同。

(3) 油泵不宜在超负荷下工作，安全阀必须按设备额定油压调整，严禁任意调整。

(4) 机械式张拉机开机前，应对设备的传动机构和电气系统进行检查，试运行后方可作业。

(5) 检查测力装置和行程开关是否灵敏。

(6) 张拉设备的张拉力不小于预应力钢筋张拉力的 1.5 倍；张拉行程不小于预应力钢筋张拉伸长值的 1.1～1.3 倍。

(7) 张拉时设备两侧及夹具、锚具后面严禁站人。

知识链接

钢筋张拉安全操作规程

(1) 张拉作业区应设置明显的警戒标识，禁止非工作人员进入张拉区域。

(2) 参加张拉的人员，上岗前必须进行培训和技术交底，且在张拉作业中要分工明确，固定岗位，服从统一指挥，穿戴好劳动保护用品。

(3) 张拉作业前必须检查张拉设备、工具(如千斤顶、油泵、压力表、油管、顶轴器及液控顶压阀等)是否符合施工及安全要求，检查合格后方可进行张拉作业。高压油管使用前应做对比试验，不合格的不得使用；张拉锚具应与机具配套使用，锚具进场时，应分批进行外观检查，不得有裂纹、伤痕、锈蚀，检查合格后方能使用；千斤顶与压力表应配套校验；使用的螺栓、螺母、铁楔，不得有滑丝和裂纹。张拉机具应有专人使用和管理，并应经常维护，定期校验。

(4) 油泵开动时，进、回油速度与压力表指针升降应平稳、均匀一致。

(5) 油泵上的安全阀应调至最大工作油压不能自动打开的状态。安全阀要保持灵敏可靠。

(6) 油压表安装必须紧密满扣，油泵与千斤顶之间用的高压油管连同油路的各部接头，均必须完整紧密，油路畅通，在最大工作油压下保持 5min 以上，均不得漏油。若有损坏的应及时更换。

(7) 高压油泵与千斤顶之间的连接点，各接口必须完好无损。油泵操作人员必须戴防护眼镜，防止油管破裂及接头喷油伤眼。

(8) 预加压力时两端油泵应平稳且配合默契，要有专人统一指挥。张拉前，操作人员要确定联络信号。张拉件两端相距较远时，宜设对讲机等通信设备。

(9) 张拉时安全阀应调至规定值后可开始张拉作业。张拉时梁两端正面不准站人，高压油泵应放在梁的两侧，操作人员应站在预应力钢绞线位置的侧面。

(10) 张拉时发现油泵油压千斤顶锚具等有异常情况时，应立即停机检查。

(11) 张拉完毕后，退销时应采取安全防护措施，人工拆卸销子时，不得强击；对张拉施锚两端，应妥善保护，不得压重物；严禁撞击锚具、钢束及钢筋；管道尚未灌浆前，梁端应设围护和挡板。

习 题

1．钢筋冷拉方法有哪几种？试述钢筋冷加工原理。
2．钢筋冷拉机有哪几种类型？各适于何种场合？
3．钢筋调直切断机、钢筋弯曲机的使用注意事项有哪些？
4．以钢筋弯曲 180°为例说明钢筋弯曲机的工作过程。
5．简述钢筋点焊机、对焊机的工作原理，以及分别适用于何种场合。
6．液压千斤顶包括哪几种类型？各自适用于何种场合？
7．简述钢筋挤压连接、钢筋螺纹连接的使用注意事项。

【参考答案】

专题6 混凝土机械

教学目标

了解混凝土机械的类型和工作原理；熟悉混凝土的配料方法；掌握混凝土搅拌机、混凝土搅拌楼和搅拌站、混凝土泵、混凝土搅拌运输车、混凝土振动器的构造、类型和特点；熟悉混凝土搅拌机、混凝土搅拌楼和搅拌站、混凝土泵、混凝土搅拌运输车、混凝土振动器的使用场合、安全操作规程及合理选用。

能力要求

能够在混凝土施工过程中正确选择使用混凝土搅拌机、混凝土搅拌楼和搅拌站、混凝土泵、混凝土搅拌运输车、混凝土振动器等混凝土机械。

引言

用于骨料的破碎、筛分、运输和混凝土的搅拌、输送、浇灌、密实等作业的机械与设备称为混凝土机械。混凝土机械广泛应用于公路、铁路、市政、工业于民用建筑、桥梁、机场、港口、矿山等各项工程中。现代化的建设工程中，绝大多数的结构都采用钢筋混凝土构件，如建筑物的基础、梁、柱、板、桥梁及排水构筑物都是混凝土的现浇件或混凝土的预制件。因此，混凝土施工机械是混凝土工程的专用设备。

6.1 概　　述

【参考图文】

6.1.1 混凝土机械的分类

混凝土机械的类型见表 6-1。

表 6-1　混凝土机械的类型

类　　型	常用混凝土机械
混凝土的配料设备	水泥、骨料称量器 量水罐 其他定量供水装置
混凝土搅拌机械	混凝土搅拌机 混凝土搅拌站 搅拌楼
混凝土运送机械	混凝土输送泵 布料杆泵车 混凝土输送车
混凝土振捣机械	内部振动器 外部振动器 表面振动器 振动台

6.1.2 混凝土机械的发展概况

国内外的工程施工部门都十分重视混凝土施工机械的发展和应用。例如，施工现场所有的现浇混凝土，除了大体积混凝土构件使用商品混凝土外，其余构件都借助于各种容量的搅拌机和小型移动式的混凝土搅拌站来加工。

随着现代化的高层和高层建筑物不断增加，混凝土搅拌楼越来越受到欢迎。电子计算机直接控制各混凝土工艺机台，使混凝土机械按设计的程序进行作业。

混凝土机械用机械化或自动化的方法完成原料的进仓、储存、称量配比、进机搅拌、成料卸出、运输、浇灌、振捣成型等工艺过程。用混凝土搅拌楼来生产混凝土的优点是生产率高、混凝土质量好、成本较低，并能保证构件的质量。

6.2 混凝土搅拌机械

6.2.1 混凝土搅拌机的分类及型号

混凝土搅拌机是将混凝土拌合料均匀拌和而制备混凝土的一种专用机械。它按工作原理分为自落式和强制式搅拌机；按工作过程分为周期式和连续式搅拌机；按卸料方式分为倾翻式和非倾翻式搅拌机；按搅拌筒的形状分为锥式、盘式、梨式、槽式和鼓式搅拌机；按搅拌容量分为大型、中型和小型；按搅拌轴的位置分为立轴式和卧轴式搅拌机。

混凝土搅拌机型号的表示方法见表 6-2。

表 6-2　混凝土搅拌机型号的表示方法

类	型	特　性	代　号	代号含义	主参数
混凝土搅拌机 J(搅)	强制式 Q(强)	强制式搅拌机	JQ	强制式搅拌机	出料容量(L)
		单卧轴式(D)	JD	单卧轴强制式搅拌机	
		单卧轴液压式(Y)	JDY	单卧轴液压强制式搅拌机	
		双卧轴式(S)	JS	双卧轴强制式搅拌机	
		立轴涡浆式(W)	JW	立轴涡浆强制式搅拌机	
		立轴行星式(X)	JX	立轴行星强制式搅拌机	
	锥形反转出料式 Z(锥)	内燃(R)/液压(Y)	JZ	锥形反转出料搅拌机	
		齿圈(C)	JZC	齿圈锥形反转出料式搅拌机	
		摩擦(M)	JZM	摩擦锥形反转出料式搅拌机	
		齿轮(C)/摩擦(M)	JF	倾翻出料式锥形搅拌机	
	锥形倾翻出料式 F(翻)	齿圈(C)	JFC	齿圈锥形倾翻出料式搅拌机	
		摩擦(M)	JFM	摩擦锥形倾翻出料式搅拌机	

混凝土搅拌机的型号由搅拌机型式、特征和主参数等组成，其详细内容如下。

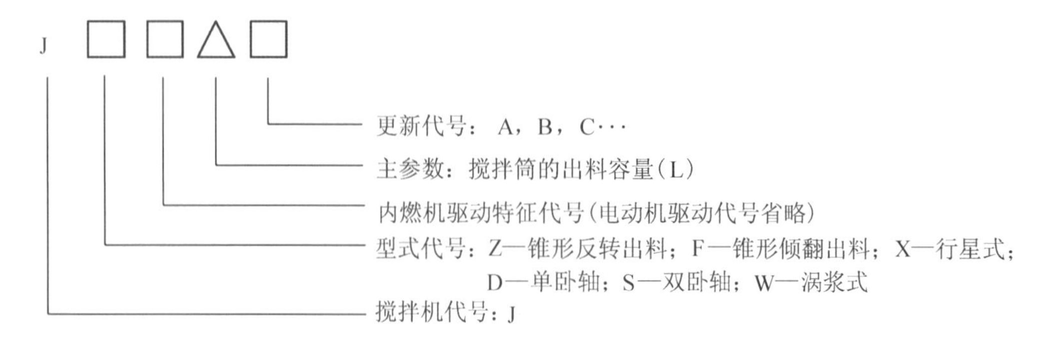

特别提示

JZ200 型搅拌机——表示出料容量为 200L，电动机驱动的锥形反转出料式搅拌机。

6.2.2 混凝土搅拌机的构造组成

1．锥形反转出料混凝土搅拌机

锥形反转出料混凝土搅拌机是使用较多的一种搅拌机，主要型号有 JZY150、JZC200、JZM200、JZY200、JZC350、JZM350、JZY350、JZ350、JZ750。

JZ 系列的搅拌机结构基本相同，多采用齿轮传动的 JZC 型，动力经减速后带动搅拌筒上的大齿圈旋转。

如图 6.1 所示为 JZ350 型锥形反转出料混凝土搅拌机，该机进料容量为 560L，额定出料容量为 350L，主要由动力装置、传动装置、上料机构、搅拌系统、供水系统、底盘和电气控制系统等组成。

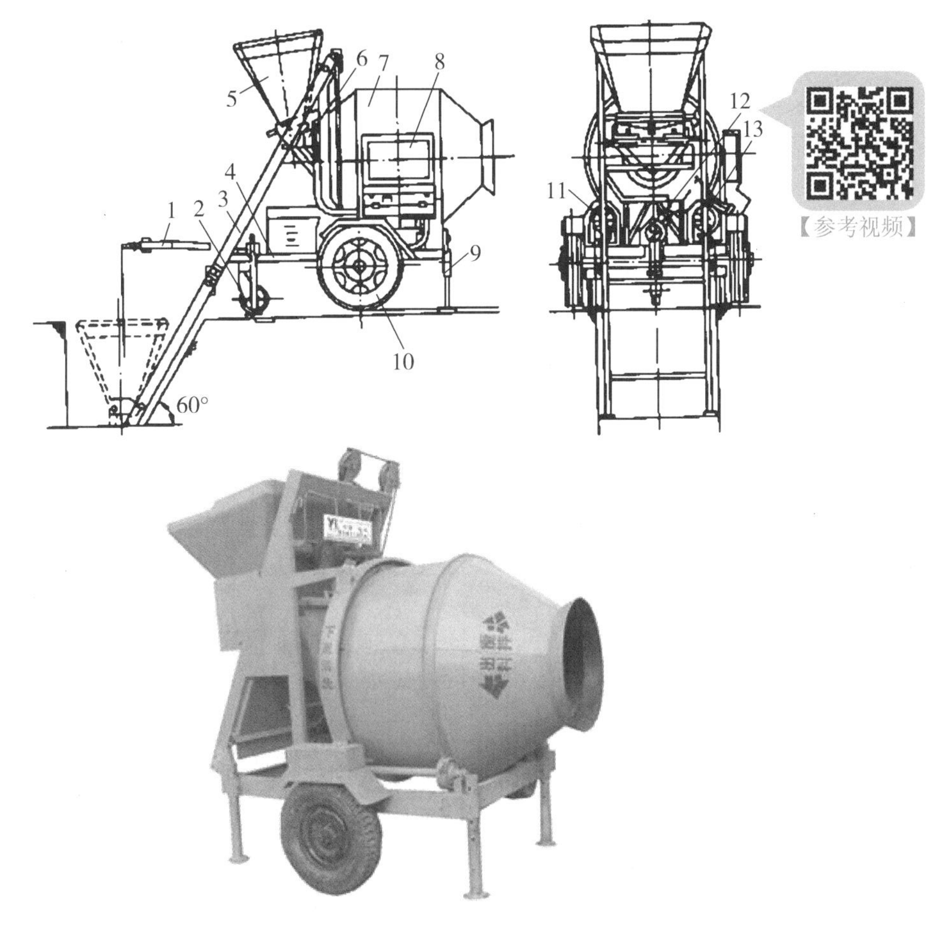

图 6.1 JZ350 型锥形反转出料混凝土搅拌机

1—牵引架；2—前支轮；3—上料架；4—底盘；5—料斗；6—中间料斗；7—锥形搅拌筒；8—电器箱；9—支腿；10—行走轮；11—搅拌动力和传动机构；12—供水系统；13—卷扬系统

2. 锥形倾翻出料混凝土搅拌机

锥形倾翻出料混凝土搅拌机为自落式，搅拌筒为锥形，进出料在同一口。搅拌时，搅拌筒轴线具有约 15° 的倾角；出料时，搅拌筒向下旋转俯角约 50°～60°，将拌合料卸出。这种搅拌机卸料快，搅拌筒容积利用系数大，能搅拌大骨料的混凝土，适用于搅拌楼。现已批量生产的有 JF750、JF1000、JF1500、JF3000 等型号，各型号结构相似，现以 JF1000 型为例，如图 6.2 所示，简述其构造。

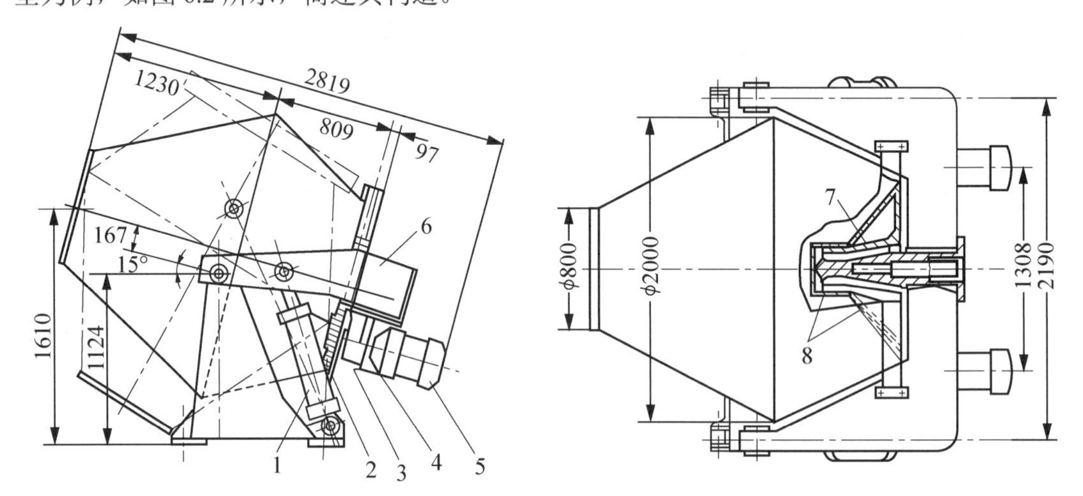

图 6.2 JF1000 型混凝土搅拌机外形图

1—倾翻气缸；2—大齿圈；3—小齿轮；4—行星摆线针轮减速机；
5—电动机；6—倾翻机架；7—锥形轴；8—单列圆锥滚子轴承

3. 立轴强制式混凝土搅拌机

这种搅拌机靠安装在搅拌筒中央带有搅拌叶片和刮铲的立轴在旋转时将混凝土物料挤压、翻转和抛掷等复合动作进行强制搅拌。立轴强制式搅拌机有涡浆式和行星式两种。

图 6.3 所示为 JW250 型移动涡浆强制式混凝土搅拌机的外形构造，进料容量为 375L，出料容量为 250L。该机主要由搅拌机构、传动机构、进出料机构和供水系统等组成。

4. 卧轴强制式混凝土搅拌机

卧轴强制式混凝土搅拌机有单卧轴和双卧轴两种形式。双卧轴搅拌机的生产效率高，能耗低，噪声小，搅拌效果比单卧轴好，但结构复杂，适用于较大容量的混凝土搅拌作业，一般用作搅拌楼(站)的配套主机或用于大、中型混凝土预制厂。单卧轴有 JD50、JD200、JD250、JD300、JD350 等规格型号，双卧轴有 JS350、JS500、JS1000、JS1500 等规格型号。

图 6.4 所示为 JS500 型双卧轴强制式混凝土搅拌机，该机主要由搅拌机构、上料机构、传动机构、卸料装置等组成。

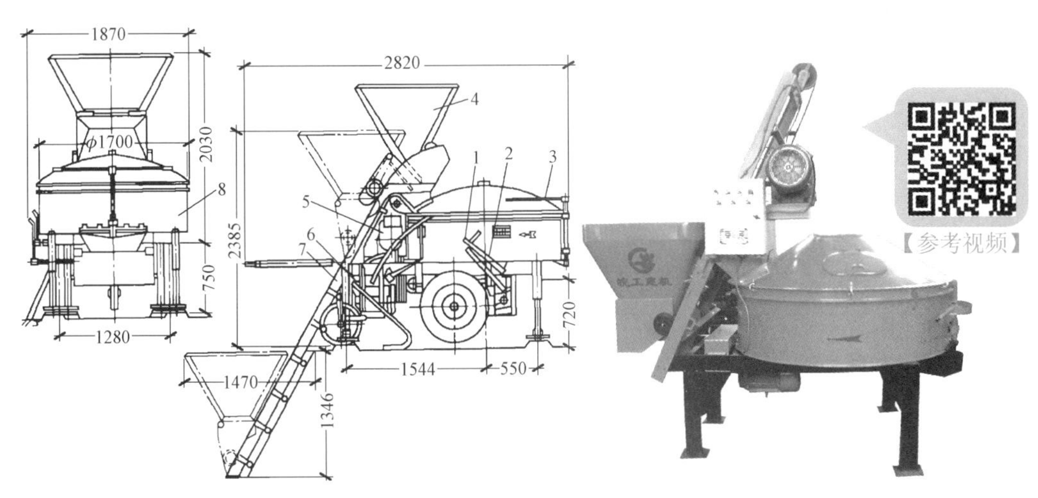

图 6.3　JW250 型移动涡浆强制式混凝土搅拌机

1—上料手柄；2—料斗下降手柄；3—出料手柄；4—上料斗；
5—水箱；6—水泵；7—上料斗导轨；8—搅拌筒

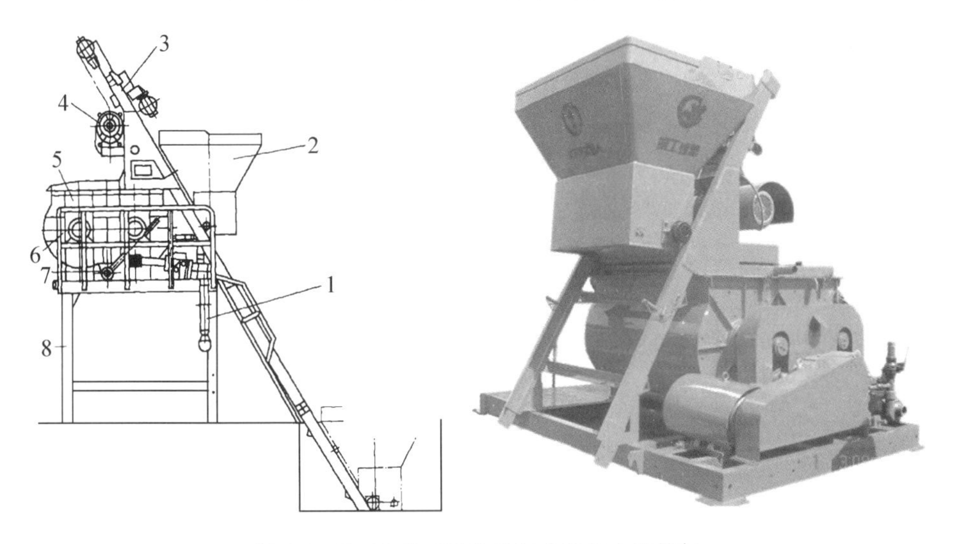

图 6.4　JS500 型双卧轴强制式混凝土搅拌机

1—供水系统；2—上料斗；3—上料架；4—卷扬装置；
5—搅拌筒；6—搅拌装置；7—卸料门；8—机架

6.2.3 混凝土搅拌机的工作原理

如图 6.5(a)所示，自落式搅拌机的主要工作装置为一个拌筒，其内壁沿圆周设置有若干搅拌叶片。工作时，拌筒绕其轴线回转，靠叶片对物料进行分割、提升，物料又在重力作用下撒落、冲击，从而使各部分物料的相互位置不断地重新分布，以此进行搅拌。

如图 6.5(b)所示，强制式搅拌机的工作装置主要由垂直在拌筒内的转轴及轴上安装的若干搅拌叶片组成。工作时，转轴带动叶片转动，叶片对物料进行强制的剪切、推压、翻滚和抛出等作用，使物料在剧烈的相对运动中得到均匀的搅拌。

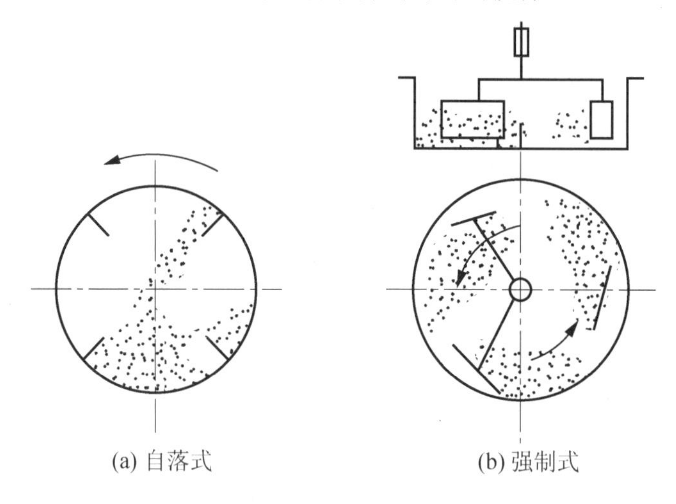

(a) 自落式　　(b) 强制式

图 6.5　混凝土搅拌机工作原理图

6.2.4 混凝土搅拌机的技术参数

周期式混凝土搅拌机的主要参数是额定容量、工作时间和搅拌转速。

1. 额定容量

额定容量有进料容量和出料容量之分，我国规定以出料容量为主参数，表示机械型号。进料容量是指装进搅拌筒的物料体积，单位用 L 表示；出料容量是指卸出的物料的体积，单位用 m^3 表示。两种容量的关系如下。

(1) 搅拌筒的几何体积和装进干料容量的关系如下式

$$\frac{V_0}{V_1}=2\sim 4$$

(2) 拌和后卸出的混凝土拌合物体积和捣实后混凝土体积的比值，称为压缩系数，它和混凝土的性质有关。

对于干硬性混凝土　$\varphi_2=\frac{V_2}{V_3}=1.26\sim 1.45$

对于塑性混凝土　$\varphi_2=\frac{V_2}{V_3}=1.11\sim 1.25$

对于软性混凝土　$\varphi_2=\frac{V_2}{V_3}=1.04\sim 1.10$

2. 工作时间

以 s 为单位，它可分为上料时间、出料时间、搅拌时间和工作周期 4 种。

(1) 上料时间。从料斗提升开始至料斗混合干料全部卸入搅拌筒的时间。

(2) 出料时间。从搅拌筒内卸出的少于公称容量的 90%(自落式)或 93%(强制式)的混凝土拌合物所用的时间。

(3) 搅拌时间。从混合干料中粗骨料全部投入搅拌筒开始，到搅拌机将混合料搅拌成匀质混凝土所用的时间。

(4) 工作周期。从上料开始至出料完毕一罐次作业所用时间。

3. 搅拌转速

搅拌筒的转度为 n，单位为 r/min。

自落式搅拌机搅拌筒旋转转速值一般为 14～33r/min。

强制式搅拌机搅拌筒旋转转速值一般为 28～36r/min。

4. 各类混凝土搅拌机的基本参数

各类混凝土搅拌机基本参数见表 6-3～表 6-6。

表 6-3　锥形反转出料搅拌机基本参数

基本参数	型号					
	JZ150	JZ200	JZ250	JZ350	JZ500	JZ750
出料容量/L	150	200	250	350	500	750
进料容量/L	240	320	400	560	800	1200
搅拌额定功率/kW	3	4	4	5.5	10	15
每小时工作循环次数≥	30	30	30	30	30	30
骨料最大粒径/mm	60	60	60	60	60	60

表 6-4　锥形倾翻出料搅拌机基本参数

基本参数	型号				
	JF50	JF100	JF150	JF250	JF350
出料容量/L	50	100	150	250	350
进料容量/L	80	160	240	400	560
搅拌额定功率/kW	1.5	2.2	3	4	5.5
每小时工作循环次数≥	30	30	30	30	30
骨料最大粒径/mm	40	60	60	60	80

表 6-5　立轴涡浆式搅拌机基本参数

基本参数	型号				
	JW50 JX50	JW100 JX100	JW150 JX150	JW200 JX200	JW250 JW250
出料容量/L	50	100	150	200	250
进料容量/L	80	160	240	320	400
搅拌额定功率/kW	4	7.5	10	13	15
每小时工作循环次数≥	50	50	50	50	50
骨料最大粒径/mm	40	40	40	40	40

表 6-6　单卧轴、双卧轴搅拌机基本参数

基本参数	型号					
	JD50	JD100	JD150	JD200	JD250	JD350
出料容量/L	50	100	150	200	250	350
进料容量/L	80	160	240	320	400	560
搅拌额定功率/kW	2.2	4	5.5	7.5	10	15
每小时工作循环次数≥	50	50	50	50	50	50
骨料最大粒径/mm	40	40	40	40	40	40

6.2.5 混凝土搅拌机的生产率计算

搅拌机生产率的高低，取决于每拌制一罐混凝土所需要的时间和每罐的出料体积，其计算公式为

$$Q=\frac{3600VK_1}{t_1+t_2+t_3}$$

式中　Q——搅拌机的生产率，m^3/h；

V——搅拌机的额定出料容量，m^3；

t_1——每次上料时间，s (使用上料斗进料时，一般为 8～15s；通过漏斗或链斗提升机上料时，可取 15～26s)；

t_2——每次搅拌时间，s (随混凝土坍落度和搅拌机容量大小而异，可根据实测确定，或参考表 6-7)；

t_3——每次出料时间，s (倾翻出料时间一般为 10～15s，非倾翻出料时间为 40～50s)；

K_1——时间利用系数，根据施工组织而定，一般为 0.9。

表 6-7　拌合物在自落式搅拌机中延续的最短时间

出料容量/m^3	坍落度≤60mm	坍落度＞60mm
≤0.25	60s	45s
0.75	120s	90s
1.50	150s	120s

6.2.6 混凝土搅拌机的合理选用

(1) 按工程量和工期要求选择。混凝土工程量大且工期长时，宜选用中型或大型固定式混凝土搅拌机群或搅拌站。如混凝土工程量小且工期短时，宜选用中小型移动式搅拌机。

(2) 按设计的混凝土种类选择。如搅拌混凝土为塑性或半塑性时，宜选用自落式搅拌机；如搅拌混凝土为高强度、干硬性或为轻质混凝土时，宜选用强制式搅拌机。

(3) 按混凝土的组成特性和稠度方面选择；如搅拌混凝土稠度小且骨料粒度大时，宜

选用容量较大的自落式搅拌机；如搅拌稠度大且骨料粒度大的混凝土时，宜选用搅拌筒转速较快的自落式搅拌机；如稠度大而骨料粒度小时，宜选用强制式搅拌机或中、小容量的锥形反转出料的搅拌机。

6.2.7 混凝土搅拌机的使用注意事项

(1) 新机使用前应该按照使用说明书的要求，对各系统和部件进行检验和试运行，达到要求方可使用。料斗放到最低位置时，在料斗与地面之间应加一层缓冲垫木。

(2) 接线前检查电源电压，电压升降幅度不得超过搅拌机电气设备规定的 5%。

(3) 作业前应先进行空载试验，观察搅拌筒或叶片旋转方向是否与箭头所示方向一致。

(4) 拌筒或叶片运转正常后，进行料斗提升试验，观察离合器、制动器是否灵活可靠。

【参考图文】

(5) 每次加入的拌合料，不得超过搅拌机规定值的 10%。减少粘罐，加料的次序应为粗骨料—水泥—砂子，或砂子—水泥—粗骨料。料斗提升时，严禁任何人在料斗下停留或通过。如必须在料斗下检查时，应将料斗提升后，用铁链锁住。

(6) 作业中不得进行检修、调整和加油，并勿使砂、石等物料落入机器的传动机构内。

(7) 搅拌过程中不宜停车，如因故必须停车，在再次启动前应卸除荷载，不得带载启动。

(8) 以内燃机为动力的搅拌机，在停机前先脱离离合器，停机后仍应合上离合器。

(9) 如遇冰冻气候，停机后应将供水系统的积水放尽，内燃机的冷却水也应放尽。

(10) 搅拌机在场内移动或远距离运输时，应将进料斗提升到上止点，用保险铁链锁好。

(11) 每天作业完毕，均应对机械进行保养。料斗必须放到最低位置，切断电源、锁好电闸箱，确保机械各部处于空位，才准离去。

知识链接

混凝土搅拌

(1) 搅拌混凝土前应严格测定粗细骨料的含水率，准确测定因天气变化而引起的粗细骨料含水量的变化，以便及时调整施工配合比。一般情况下每班抽测 2 次，雨天应随时抽测。

(2) 搅拌混凝土应采用强制式搅拌机，计量器具应定期检定。搅拌机经大修、中修或迁移至新的地点后，应对计量器具重新进行检定。每一工作班正式称量前，应对计量设备进行校核。

(3) 应严格按照经批准的施工配合比准确称量混凝土原材料，其最大允许偏差应符合下列规定(按重量计)：胶凝材料(水泥、矿物掺合料等)为±1%；外加剂为±1%；粗、细骨料为±2%；拌和用水为±1%。

(4) 混凝土原材料计量后，宜先向搅拌机投入细骨料、水泥和矿物掺合料，搅拌均匀后加水并将其搅拌成砂浆，再向搅拌机投入粗骨料，充分搅拌后再投入外加剂，并搅拌均匀。应根据具体情况制定严格的投放制度，并对投放时间、地点、数量的核准等做出具体的规定。

(5) 自全部材料装入搅拌机开始搅拌起，至开始卸料时止，延续搅拌混凝土的最短时间应经试验确定。表 6-8 规定的混凝土最短搅拌时间可供参考。

表 6-8　混凝土最短搅拌时间(min)

搅拌机容器/L	混凝土坍落度/mm		
	<30	30～70	>70
≤500	1.5	1.0	1.0
>500	2.5	1.5	1.5

注：1．搅拌掺用外加剂或矿物掺合料的混凝土时，搅拌时间应适当延长。
2．当使用搅拌车运输混凝土时，可适当缩短搅拌时间，但不应少于 2min。
3．搅拌机装料数量不应大于搅拌机核定容量的 110%。
4．混凝土搅拌时间不宜过长，每一工作班至少应抽查 2 次。
5．搅拌机拌和的第一盘混凝土粗骨料数量宜用到标准数量的 2/3。在下盘材料装入前，搅拌机内的拌合料应全部卸清。搅拌设备停用时间不宜超过 30min，最长不应超过混凝土的初凝时间。否则，应将搅拌筒彻底清洗后才能重新拌和混凝土。

6.3　混凝土搅拌楼(站)

6.3.1　混凝土搅拌楼(站)的分类、特点及应用

混凝土搅拌楼(站)是用来集中搅拌混凝土的联合装置，又称混凝土预拌工厂，用来完成混凝土原材料的输送、上料、贮料、配料、称量、搅拌和出料等工作。混凝土搅拌楼(站)自动化程度高、生产率高，有利于混凝土的商品化，所以常用于混凝土工程大、施工周期长、施工地点集中的大中型建设施工工地。

按结构形式它可分为固定式、拆装式及移动式混凝土搅拌楼(站)。

按作业形式它可分为周期式和连续式混凝土搅拌楼(站)。

按生产工艺流程它可分为单阶式和双阶式。单阶式是指在生产工艺流程中骨料经一次提升而完成全部生产过程，如图 6.6(a)所示；双阶式是指在生产工艺流程中骨料经两次或两次以上提升而完成全部生产过程，如图 6.6(b)所示。

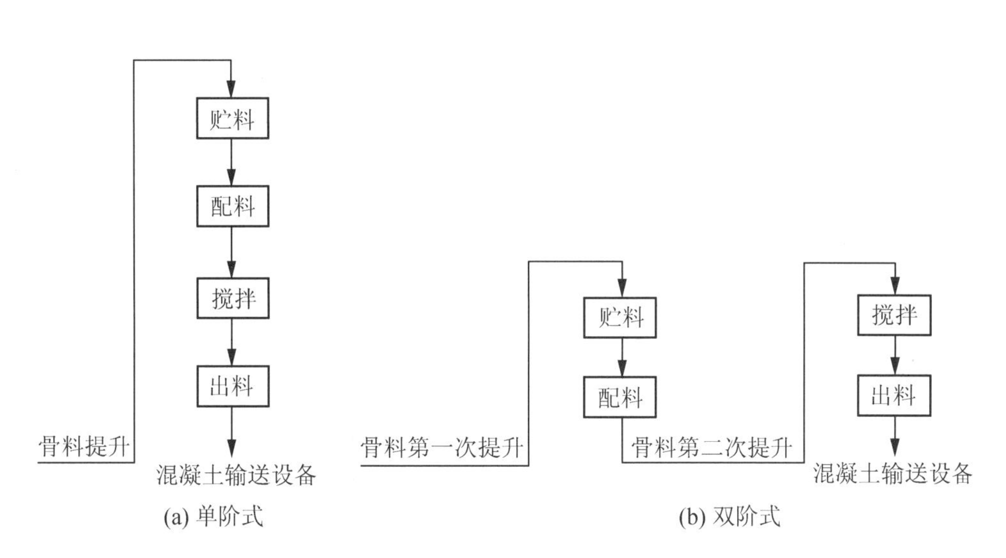

图 6.6　混凝土搅拌楼(站)的工艺流程图

混凝土搅拌楼(站)代号的表示方法见表 6-9。

表 6-9　混凝土搅拌楼(站)的代号的表示方法

类	型	特　性	代　号	代号含义	主参数
混凝土搅拌楼(站)H(混)	混凝土搅拌楼L(楼)	锥形反转出料式(Z)	HLZ	锥形反转出料混凝土搅拌楼	生产率(m^3/h)
		锥形倾翻出料式(F)	HLF	锥形倾翻出料混凝土搅拌楼	
		涡浆式(W)	HLW	涡浆式混凝土搅拌楼	
混凝土搅拌楼(站)H(混)	混凝土搅拌楼L(楼)	行星式(N)	HLN	行星式混凝土搅拌楼	生产率(m^3/h)
		单卧轴式(D)	HLD	单卧轴式混凝土搅拌楼	
		双卧轴式(S)	HLS	双卧轴式混凝土搅拌楼	
混凝土搅拌楼(站)H(混)	混凝土搅拌站Z(站)	锥形反转出料式(Z)	HZZ	锥形反转出料混凝土搅拌站	生产率(m^3/h)
		锥形倾翻出料式(F)	HZF	锥形倾翻出料混凝土搅拌站	
		涡浆式(W)	HZW	涡浆式混凝土搅拌站	
		行星式(X)	HZX	行星式混凝土搅拌站	
		单卧轴式(D)	HZD	单卧轴式混凝土搅拌站	
		双卧轴式(S)	HZS	双卧轴式混凝土搅拌站	

6.3.2 混凝土搅拌楼(站)的构造组成

混凝土搅拌楼(站)主要由骨料供贮系统、水泥供贮系统、配料系统、搅拌系统、控制系统及辅助系统等组成。如图 6.7 所示为日本 KBP-BH300B-8W 混凝土搅拌楼外形结构图。

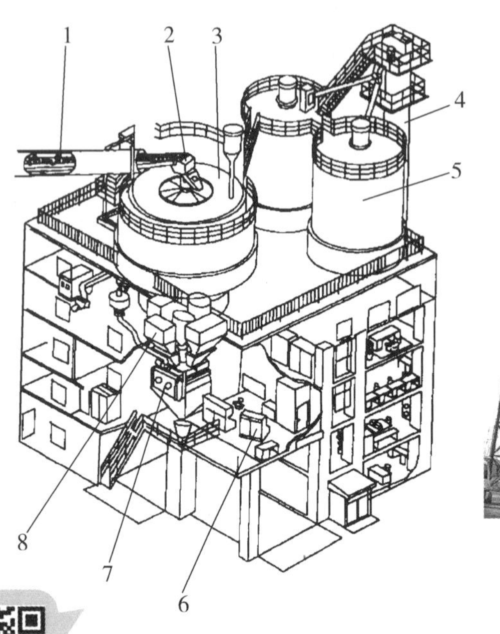

【参考视频】

图 6.7　混凝土搅拌楼结构图

1—提升皮带运输机；2—回转分料器；3—骨料塔仓；4—斗式垂直提升机；5—水泥筒仓；6—控制系统；7—搅拌系统；8—骨料称量斗

国产混凝土搅拌楼现在有 HL3F90、HL3F135、HL4F270 等型号，而它们的构造基本相同，其金属结构做垂直分层布置，机电设备分装各层，集中控制。搅拌楼自上而下分为进料、储料、配料、搅拌、出料 5 层，高达 24～35m。

6.3.3 混凝土搅拌楼(站)的使用要点

(1) 混凝土搅拌楼(站)的操作人员必须熟悉设备的性能与特点，并认真执行混凝土搅拌楼(站)的操作规程。新设备使用前必须经过专业人员安装调试，在技术性能上各项指标全部符合规定并经验收合格，方可投产使用。经过拆卸运输后重新组装的搅拌站，也应调试合格方可使用。

【参考图文】

(2) 电源电压、频率、相序必须与搅拌设备的电器相符。电器系统的保险丝必须按照电流大小规定使用。操作盘上的主令开关、旋钮、按钮、指示灯等应经常检查其准确性、可靠性，操作人员必须弄清楚操作程序和各按钮作用后，方可独立进行操作。

(3) 机械启动后应先观察各部运转情况，并检查水、砂、石准备情况。

(4) 骨料规格应与搅拌机的性能相符，粒径超出许可范围的不得使用。混凝土搅拌楼(站)的机械在运转中，不得进行润滑和调整工作。禁止将手伸入料斗、拌筒探摸进料情况。

(5) 若搅拌机不具备满载启动的性能，搅拌中不得停机。如发生故障或停电时，应立即切断电源，将搅拌筒内的混凝土清理干净，然后进行检修或等待电源恢复。

(6) 控制室的室温应保持在 25℃以下，以免电子元件因温度而影响灵敏度和精确度。

(7) 切勿使机械超载工作，并应经常检查电动机的温升。如发现运转声音异常、转速达不到规定时，应立即停止运行，并检查其原因；如因电压过低，不得强制运行。

(8) 停机前应先卸载，然后按顺序关闭各部分开关和管路。作业后，应对混凝土搅拌设备进行全面清洗和保养。

(9) 冰冻季节和长期停放后使用，应对水泵和附加剂泵进行排气引水。认真检查混凝土搅拌楼(站)气路系统中气水分离器积水情况。积水过多时，应打开阀门排放。检查油雾器内油位，过低时应加 20 号或 30 号锭子油；拧开储气筒下部排污螺塞、放出油水混合物。

6.3.4 混凝土搅拌楼(站)的合理选择

对于需要较大数量混凝土的搅拌站，为了节省投资，可根据混凝土工程数量、工地布置方式和施工具体情况选择搅拌机主机，然后确定必要的配套设备。常用的配套设备有砂石料供应设备、水泥供应设备、材料配量设备、混凝土运输设备等。

【参考图文】

1. 砂石料供应设备的选择

(1) 常用的砂石料供应设备是带式运送机以及料斗和称量装置，可根据搅拌站的地形和布置方式选用 10m 或 15m 移动式带式运送机，根据现有设备和施工条件选定合适的种类。

(2) 可采用铲斗装载机、铲斗或抓斗挖掘机，以及电子计量装置等。

2. 水泥供应设备的选择

水泥是粉状的水硬性胶结材料，故运输过程中必须保证密封和防水。目前，使用最广泛的水泥供应设备有螺旋输送机、回转给料机、斗式提升机或压气输送，其中以压气输送为最佳，但消耗功率较大。

3. 材料配量设备的选择

(1) 混凝土采用的材料应根据结构所需的强度，由试验计算确定配合比。为了保证达到规定的技术要求，各材料必须采用称量设备来配量。材料配量设备由给料机和称量器组成，给料机起到均匀送给的作用，从而保证称量的精度。

(2) 砂、石、水泥给料斗可以采用电磁振动给料机；如果没有此设备，砂、石给料可以采用短型胶带输送机，水泥给料可采用螺旋给料机或回转给料机。

(3) 称量方法有体积法和重量法两种。重量法称量精度高，可采用普通台秤、杠杆式配料秤或电子秤等仪器，并采用自动控制，既准确又迅速。

4. 混凝土运输设备的选择

(1) 混凝土运输设备必须根据施工地点的地形和施工设备情况，按照搅拌楼(站)的布置方式来进行选择。通常运输方式分为水平运输和垂直运输。水平运输主要有轨道式斗车、混凝土运输车、自卸汽车、架空索道及人力推车等；垂直运输设备主要有吊车(桶)、提升机、带式输送机、混凝土输送泵及泵车。

(2) 各种运输设备的混凝土容器应与搅拌机出料容量相配合。如出料容量不足一车，可备储料斗，储料斗容量不应小于搅拌机两次出料量，也不小于运输工具的容量。

知识链接

混凝土搅拌楼(站)所需的标准

水泥

《通用硅酸盐水泥》(GB 175—2007)

《水泥胶砂强度检验方法》(GB/T 17671—1999)

《水泥细度检验方法》(GB/T 1345—2005)

《水泥密度测定方法》(GB/T 2419—2005)

《水泥标准稠度用水量、凝结时间、安定性检验方法》(GB/T 1346—2011)

如果资金允许想更进一步地做水泥试验还可以准备

《水泥强度快速检验方法》(JC/T 738—2004)

《水泥化学分析方法》(GB/T 176—2008)

砂石

《普通混凝土用砂、石质量及检验方法标准(附条文说明)》(JGJ 52—2006)

掺合料

《用于水泥和混凝土中的粉煤灰》(GB/T 1596—2005)

《用于水泥和混凝土中的粒化高炉矿渣粉》(GB/T 18046—2000)

外加剂

《高强高性能混凝土用矿物外加剂》(GB/T 18736—2002)

《混凝土外加剂定义、分类、命名与术语》(GB/T 8075—2005)

《混凝土外加剂》(GB 8076—2008)

《砂浆、混凝土防水剂》(JC 474—2008)

《混凝土防冻剂》(JC 475—2004)

《混凝土膨胀剂》(GB 23439—2009)

《混凝土外加剂匀质性试验方法》(GB/T 8077—2012)

《混凝土外加剂中释放氨的限量》(GB 18588—2001)

《混凝土外加剂应用技术规范》(GB 50119—2013)

水

《混凝土用水标准》(附条文说明)(JGJ 63—2006)

混凝土相关标准

《混凝土结工程施工质量验收规程》(GB 50204—2015)

《普通混凝土配合比设计规程》(JGJ 55—2011)

《混凝土质量控制标准》(GB 50164—2011)

《混凝土强度检验评定标准》(GB/T 50107—2010)

《普通混凝土拌合物性能试验方法标准》(GB/T 50080—2002)

《普通混凝土力学性能试验方法标准》(GB/T 50081—2002)

《普通混凝土长期性能和耐久性能试验方法标准》(GB/T 50082—2009)

《回弹法检测混凝土抗压强度技术规程》(JGJ/T 23—2011)

《预拌混凝土》(GB/T 14902—2012)
《混凝土泵送施工技术规程》(JGJ/T 10—2011)
《高强混凝土结构技术规程》(CECS 104—1999)
《建筑工程冬期施工规程》(JGJ/T 104—2011)
《自密实混凝土应用技术规程》(附条文说明)(CECS 203—2006)

6.4 混凝土泵

混凝土泵是将机械能转换为流动混凝土的压力能，并经水平、垂直的输送管道，将混凝土连续输送至浇灌地点的设备。泵车就是自行式的混凝土泵，它除了能以载重汽车的速度行驶外，还能利用车上的布料装置，在混凝土工程中进行直接浇灌作业。

6.4.1 混凝土泵的类型

混凝土泵的种类繁多，可按工作原理、形式、输送量、驱动方式等分类。

(1) 按其工作原理可分为挤压式混凝土泵和液压活塞式混凝土泵。

【参考图文】

(2) 按其形式可分为固定式混凝土泵(HBG)、拖式混凝土泵(HBT)和车载式混凝土泵(HBC)。

(3) 按其理论输送量可分为超小型(10～20m^3/h)、小型(30～40m^3/h)、中型(50～95m^3/h)、大型(100～150m^3/h)和超大型(160～200m^3/h)混凝土泵。

(4) 按驱动方式可分为电动机驱动和柴油机驱动混凝土泵。

(5) 按其分配阀形式可分为垂直轴蝶阀、S 形阀、裙形阀、斜置式闸板阀及横置式板阀混凝土泵。

(6) 按工作时混凝土泵出口的混凝土压力(即泵送混凝土压力)可分为低压混凝土泵(2.0～5.0MPa)、中压混凝土泵(6.0～9.5MPa)、高压混凝土泵(10.0～16.0MPa)和超高压混凝土泵(22.0～28.0MPa)。

混凝土输送泵的代号表示方法见表 6-10。

表 6-10 混凝土输送泵的代号表示方法

类	型	代 号	代号含义	主参数
混凝土输送泵(HB)	固定式(G)	HBG	固定式混凝土输送泵	搅拌输送量(m^3/h)
	拖挂式(T)	HBT	拖挂式混凝土输送泵	
	车载式(C)	HBC	车载式混凝土输送泵	

特别提示

HBT60——输送量为 60m³/h 的拖挂式混凝土输送泵。

6.4.2 液压活塞式混凝土泵

1. 构造组成

液压活塞式混凝土泵目前的型号有 HB8、HB15、HB30、HB60 等型号，分单缸和双缸两种。如图 6.8 所示为 HB8 型液压活塞式混凝土泵，由电动机、料斗、输出管、球阀、机架、泵缸、空气压缩机、油缸、行走轮等组成。

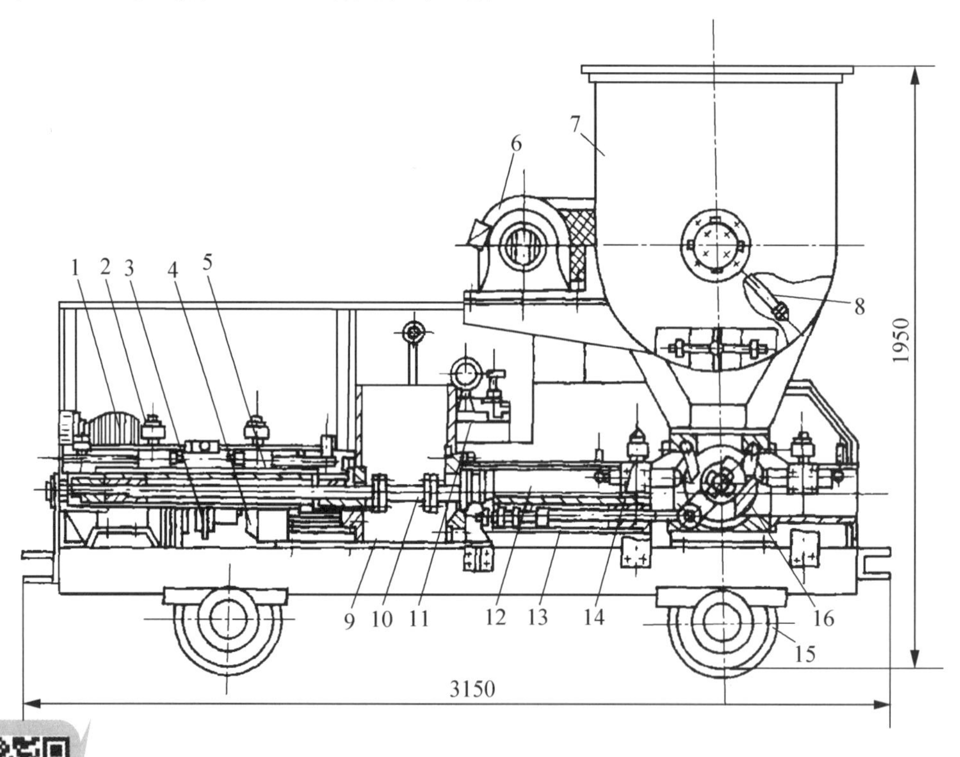

【参考视频】

图 6.8　HB8 型液压活塞式混凝土泵

1—空气压缩机；2—主油缸行程阀；3—空压机离合器；4—主电动机；
5—主油缸；6—电动机；7—料斗；8—叶片；9—水箱；10—中间接杆；
11—操纵阀；12—混凝土泵缸；13—球阀油缸；14—球阀行程阀；15—车轮；16—球阀

如图 6.9 所示是 HB30 型混凝土泵的示意图，该型号属于中小排量、中等运距的双缸液压活塞式混凝土泵。它还有 HB30A 和 HB30B 两种改进型号，其主要区别在于液压系统。

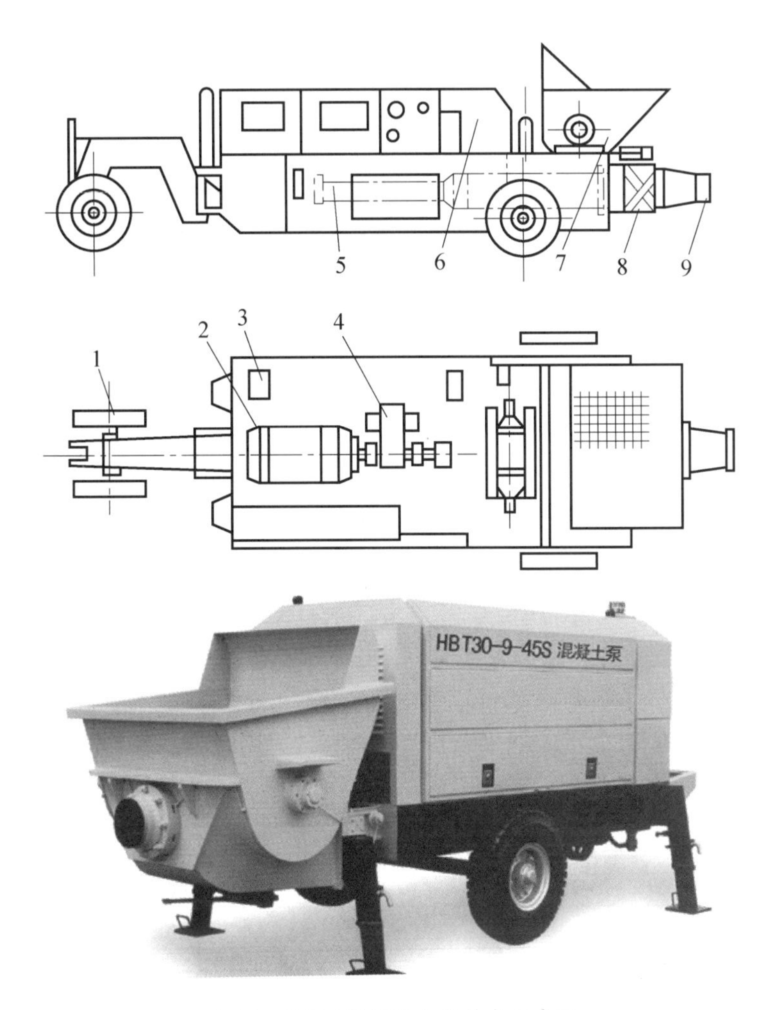

图 6.9 HB30 型混凝土泵总成示意图

1—机架及行走机构；2—电动机和电气系统；3—液压系统；4—机械传动系统；
5—推送机构；6—机罩；7—料斗及搅拌装置；8—分配阀；9—输送管道

2. 工作原理

液压活塞式混凝土泵通过压力油推动活塞，再通过活塞杆推动混凝土缸中的工作活塞压送混凝土。如图 6.10 所示为液压活塞式混凝土泵的泵送原理图。混凝土缸活塞与主液压活塞杆相连，在主液压缸压力油的作用下，做往复运动，一缸前进，另一缸则后退。混凝土缸出口与料斗连通，分配阀一端接出料口，另一端通过花键轴与摆臂连接，在摆动液压缸的作用下，可以左右摆动。泵送混凝土时，在主液压缸压力的作用下，混凝土缸活塞 7 前进，混凝土缸活塞 8 后退，同时在摆动液压缸的作用下，分配阀与混凝土缸连通，混凝土缸与料斗连通。混凝土活塞后退时，将料斗内的混凝土吸入混凝土缸；混凝土缸活塞前进时，将混凝土缸内的混凝土送入分配阀后排出。

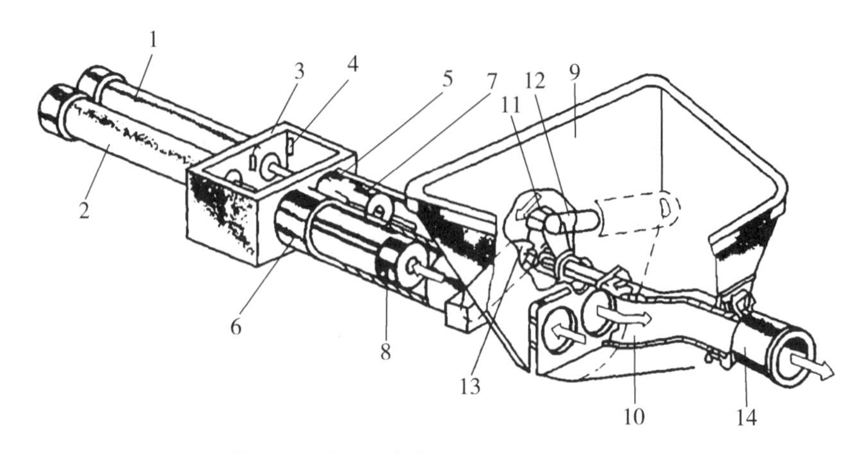

图 6.10　液压活塞式混凝土泵的泵送原理图

1、2—主液压缸；3—水箱；4—换向装置；5、6—混凝土缸；7、8—混凝土缸活塞；9—料斗；10—分配阀；11—摆臂；12、13—摆动液压缸；14—出料口

3. 性能指标

各类混凝土泵的基本参数见表 6-11。

表 6-11　混凝土泵主要技术性能

型　　号			HB8	HB15	HB30	HB30B	HB60
性能	排量		8	10～15	30	15～30	30～60
	最大输送距离/m	水平	200	250	350	420	390
		垂直	30	35	60	70	65
	输送管直径/mm		150	150	150	150	150
	混凝土坍落度/cm		5～23	5～23	5～23	5～23	5～23
	集料最大粒径/mm		卵石 50	卵石 50	卵石 50	卵石 50	卵石 50
			碎石 40	碎石 40	碎石 40	碎石 40	碎石 40
	输送管道的清洗方式		气洗	气洗	气洗	气洗	气洗
规格	混凝土缸数		1	2	2	2	2

【参考图文】

4. 使用注意事项

(1) 接好电源，检查电动机的转向是否正确，并检查液压油和搅拌减速器的油量是否够用、行程阀的油杯是否充满液压油、空气压轴机是否能正常工作等。

(2) 使手动换向阀保持在中间位置，将水箱注满清水。检查空气压缩机的离合器是否有效，并予以彻底分离，检查料斗有无杂物，检查联络设备是否完备等。

(3) 泵机必须放置在坚固平整的地面上，如必须在倾斜地面停放时，可用轮胎制动器卡住车轮，倾斜度不得超过 3°。气温较低时，空运转的时间应长些，要求液压油的温度升至 15℃以上后，才能正式投料泵送。泵送前应向料斗加入 10L 清水和 0.3m^3 水泥砂浆，如果管长超过 100m，应随布管延伸适当增加水和砂浆。

(4) 水泥砂浆注入料斗后，应使搅拌轴反转几周，让料斗内壁得到润滑，然后再正转，使砂浆经料斗喉部喂入分配阀箱体内。开泵时，不要把料斗内的砂浆全部泵出，应保留在料斗搅拌轴线以上，待混凝土加入料斗后再一起泵送。

(5) 混凝土泵送作业过程中，料斗中的混凝土平面应保持在搅拌轴线以上，供料跟不上时，要停止泵送。搅拌轴卡住不动时，要暂停泵送，及时排除故障。料斗网格上不得堆满混凝土，要控制供料流量，及时清除超粒径的骨料及异物。

(6) 发现进入料斗的混凝土有分离现象时，要暂停泵送，待混合均匀后再泵送。若骨料分离严重，料斗内灰浆明显不足时，应剔除部分骨料，另加砂浆重新搅拌。必要时，可打开分配阀阀窗，把料斗及分配阀内的混凝土全部清除。

(7) 供料中断时间，一般不宜超过 1h。停泵后应每隔 10min 做 2～3 个冲程反泵—正泵运动，再次投入泵送前应先搅拌。垂直向上泵送中断后再次泵送时，要先进行反泵，使分配阀内的混凝土吸回料斗，经搅拌后，再正泵泵送。混凝土泵送作业结束后，如管路装有止流管应插好止流插杆，防止垂直或向上倾斜管路中的混凝土倒流。

(8) 清洗前，拆去锥管，把直径为 152mm 的直管口部的混凝土掏出，接上气洗接头。接头内应事先塞好浸水海绵球，在接头上装进排气阀和压缩空气软管。管路末端装上安全盖，其孔口应朝下。若管路末端已是垂直向下或装有向下 90° 的弯管时，可不装安全盖。

6.4.3 混凝土输送泵车

1. 构造组成

混凝土输送泵车是在固定式混凝土输送泵基础上发展起来的具有自行泵送和浇筑摊铺混凝土综合能力的高效能的专用混凝土机械。

混凝土输送泵车主要由汽车底盘、双缸液压活塞式混凝土输送泵和液压折叠式臂架管道系统 3 部分组成，其外形结构如图 6.11 所示。

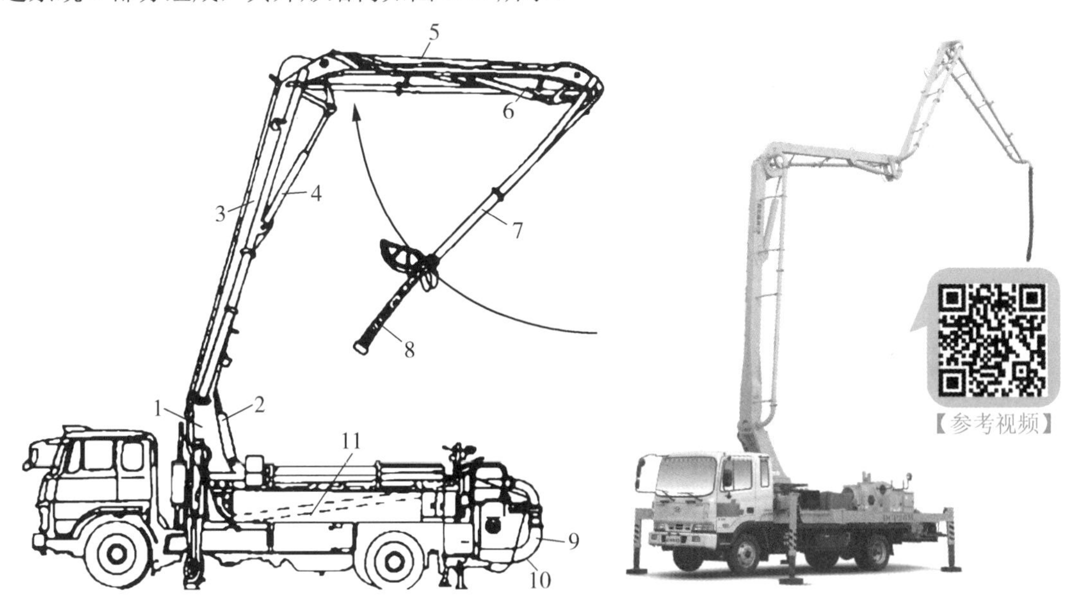

图 6.11 混凝土输送泵车的外形结构图

1—回转装置；2—变幅液压缸；3—第一节臂架；4—第二节臂调节液压缸；5—第二节臂架；6—第三节调节液压缸；7—第三节臂架；8—软管；9—输送管；10—混凝土泵；11—输送管

车架前部的旋转台上，装有三段式可折叠的液压臂架系统，它在工作时可进行变幅、曲折和回转三个动作。输送管道从装在泵车后部的混凝土泵出发，向泵车前方延伸，穿过转台中心的活动套环向上进入臂架底座，然后穿过各段臂架的铰接轴管，到达第三段臂架的顶端，在其上再接一段约 5m 长的橡胶软管。混凝土可沿管道一直输送到浇筑部位，由于旋转台和臂架系统可回转 360°，臂架变幅仰角为-20°～+90°，因而泵车有较大的工作范围，如图 6.12 所示。

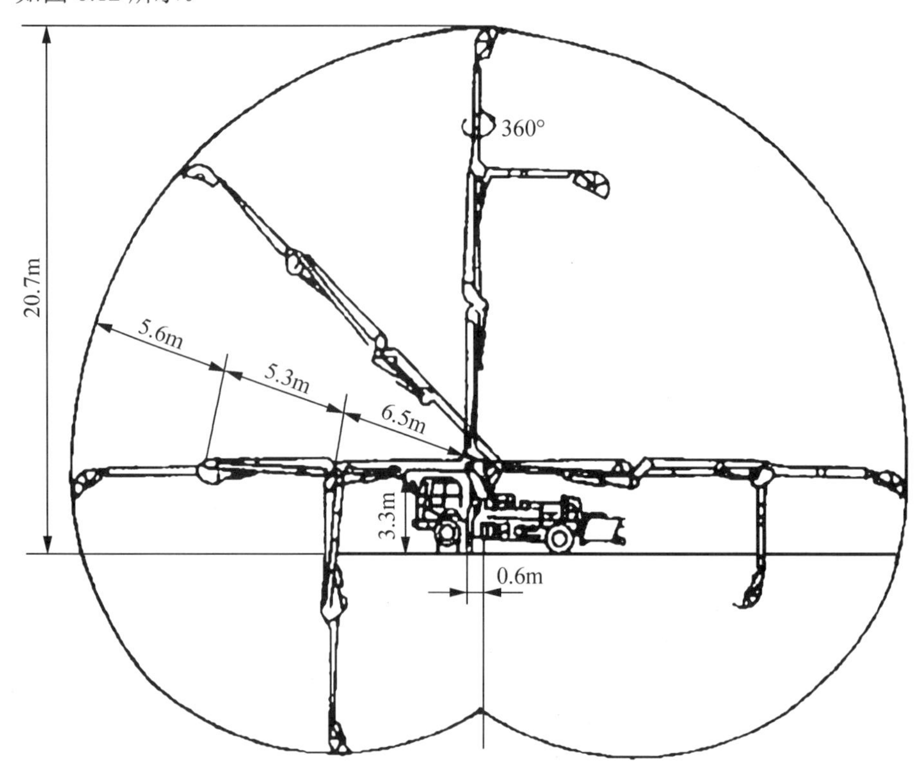

图 6.12　布料装置工作范围包络图

2. 性能指标

混凝土输送泵车主要技术性能指标见表 6-12。

表 6-12　混凝土输送泵车主要技术性能指标

型　号			B-HB20	IPF85B	HBQ60
性能	排量/(m^3/h)		20	10～85	15～70
	最大输送距离/m	水平	270 (管径 150)	310～750 (因管径而异)	340～500 (因管径而异)
		垂直	50(管径 150)	80～125 (因管径而异)	65～90 (因管径而异)
	容许集料的最大尺寸/mm		40(卵石) 50(碎石)	25～50 (因管径和集料种类而异)	25～50 (因管径和集料种类而异)
	混凝土坍落度适应范围/cm		5～23	5～23	5～23
规格	混凝土缸数		2	2	2

【参考图文】

3．使用注意事项

(1) 构成混凝土输送泵车的汽车底盘、内燃机、空气压缩机、水泵、液压装置等的使用，应执行有关规程中的规定。

(2) 泵车就位地点应平坦坚实，周围无障碍物，上空无高压输电线；混凝土输送泵车不得停放在斜坡上；混凝土输送泵车就位后，应支起支腿并保持机身的水平和稳定；当用布料杆送料时，机身倾斜度不得大于 3°；就位后，混凝土输送泵车应显示停车灯，避免碰撞。

(3) 作业前检查项目应符合下列要求：燃油、润滑油、液压油、水箱添加充足，轮胎气压符合规定，照明和信号指示灯齐全良好；液压系统工作正常，管道无泄漏；清洗水泵及设备齐全良好；搅拌斗内无杂物，料斗上保护网完好并盖严；输送管路连接牢固，密封良好。

(4) 布料杆所用配管和软管应按出厂说明书的规定选用，不得使用超过规定直径的配置，装接的软管应拴上防脱安全带。

(5) 伸展布料杆应按出厂说明书的顺序进行；布料杆升离支架后方可回转；严禁用布料杆起吊或拖拉物件；当布料杆处于全伸状态时，不得移动车身，作业中需要移动车身时，应将上段布料杆折叠固定，移动速度不得超过 10km/h。

(6) 不得在地面上拖拉布料杆前端软管；严禁延长布料杆所用配管和布料杆，当风力在 6 级及以上时，不得使用布料杆输送混凝土。

(7) 泵送前，当液压油温度低于 15℃时，应采用延长空运转时间的方法提高油温。

(8) 泵送时应检查泵和搅拌装置的运转情况，监视各仪器表和指示灯，发现异常，应及时停机处理；料斗中混凝土面应保持在搅拌轴中心线以上。

(9) 泵送混凝土应该连续作业，当应供料中断被迫暂停时，应按有关规定中的要求执行。

(10) 作业中，不得取下料斗上的格网，并应及时清除不合格的骨料或杂物。

(11) 泵送中当发现压力表上升到最高值、运转声音发生变化时，应立即停止泵送，并应采用反向运转方法排除管道堵塞；无效时，应拆管清洗。

(12) 作业后，应将管道和料斗内的混凝土全部输出，然后对料斗、管道等进行冲洗；当采用压缩空气冲洗管道时，管道出口端前方 10m 内严禁站人；作业后，不得用压缩空气冲洗布料杆配件，布料杆的折叠收缩应按规定顺序进行。

(13) 作业后，各部位操纵开关、调整手柄、手轮、控制杆、旋塞等均应复位，液压系统应卸荷，并应收回支腿，将车停放在安全地带，关闭门窗；冬季应放尽存水。

【参考图文】

6.4.4 混凝土输送泵的选用

随着建筑技术的发展和提高，对混凝土浇筑要求也越来越高，一方面是一次性混凝土浇筑量越来越大，另一方面是混凝土浇筑高度越来越高。因此，近几年来我国混凝土输送泵的技术发展较快。各种泵都有其独特的优点，应根据具体情况选择既符合施工要求，经济合理，技术性能又好的混凝土输送泵。

1．混凝土输送泵选用原则

(1) 以施工组织设计为依据选择混凝土输送泵，所选混凝土输送泵应满足施工方法和工程质量及大小。

(2) 所选混凝土输送泵应是技术先进，可靠性高，经济性好，工作效率高。

(3) 所选混凝土输送泵必须满足施工中单位时间内最大混凝土浇筑的要求和最高高度，最大水平距离要求，应有一定技术和生产能力储备，均衡生产能力为1.2～1.5倍。

(4) 应满足特殊施工条件要求。

(5) 应考虑企业对该项工程的资金投入能力和今后的发展方向及能力储备。

2．混凝土输送泵合理选择的步骤

(1) 所选混凝土输送泵首先应满足投入使用工程单位时间内泵送混凝土的最大量、泵送最远距离和最高高度要求，以此确定混凝土输送泵的最大泵送混凝土压力是选低压泵还是选高压泵。

(2) 所选混凝土输送泵应满足投入使用工程混凝土的要求，如混凝土的坍落度，粗骨料的最大粒径，砂石的级配，混凝土是低强度还是高强度。

(3) 所选混凝土输送泵应根据施工现场动力供给条件选用，若现场有系统电源供给，容量能满足要求，则以选用电动泵为宜，否则应选用柴油泵。

3．选型注意事项

(1) 初选混凝土输送泵，一定要先走访用户，详细了解实际使用情况。

(2) 一定要选用正规厂家批量生产的混凝土输送泵。

(3) 应与厂家直接签订购买合同，尽量减少中间环节，以便于维修服务。

因混凝土输送泵选型影响因素较多，选型时必须进行综合考虑。选型时既要从实际需要出发，又要有一定的技术储备，保证企业投入后有一定的发展后劲。

4．混凝土输送泵主要参数的选择

混凝土输送泵的主要参数有泵的最大输送量、泵送混凝土的额定压力及发动机的功率。在功率恒定的情况下，泵送距离或高度越小，混凝土的输送量就越大，直至达到最大值；反之，泵送距离或高度越大，混凝土的输送量就越小，直径达到最小值。所以在选择混凝土泵时，要同时根据上述3个参数进行选择。

1) 功率

$$N=\frac{Qp}{3.6\eta}=\frac{Qp}{3.6\times 0.7}=\frac{Qp}{2.5}$$

式中 N——所需，kW；

Q——泵的实际输送量，m^3/h；

P——实际泵送混凝土压力(泵出口处的压力)，MPa；

η——系统效率，一般取η=0.7。

2) 泵的输送量

泵的理论最大输送量取决于混凝土输送缸的内径和活塞的最大移动速度，是由设计确定的。而泵的实际输送量取决于发动机功率和泵送的距离或高度。

选择混凝土泵时，泵的实际输送量应能满足现场所需要的混凝土输送量。

现场所需要的混凝土输送量由浇筑量和泵的工作系数而定。

3) 泵送混凝土压力

泵的额定泵送混凝土压力取决于泵送系统各零部件的耐压强度和密封性能，由设计确定。泵的实际泵送混凝土压力取决于泵送阻力，即输送混凝土的水平距离或垂直高度，以及混凝土拌合物在输送管道中的流速和混凝土拌合物的品质。

5. 防止和排除混凝土泵的堵塞

堵管现象与混凝土的可泵性能、混凝土泵的性能及其使用等因素有关。

(1) 泵送施工对混凝土可泵性的要求。混凝土的可泵性是指在泵送压力作用下混凝土拌合物在管道中的通过能力。供泵送的混凝土拌合物除了应具有和易性的浇筑要求外，还应具有可泵性的要求。

① 混凝土拌合物与管壁之间的流动阻力要小。要求混凝土拌合物必须有足够的浆体，除填满骨料间所有的空隙外，还能让混凝土拌合物与管道内壁之间形成的薄浆层起润滑作用。

② 在接缝、弯道等局部阻碍区域，应不会因失水、失浆形成骨料沉积堵塞。要求混凝土拌合物必须具有良好的稳定性，减少离析和泌水。

从上可知，可泵性混凝土除了比非泵送混凝土适当增加水泥用量、坍落度和砂率外，还应严格控制骨料级配和最大骨料粒径，还要掺加添加剂和磨细粉煤灰。

【参考图文】

(2) 输送管铺设应尽可能平直，转弯半径要大，少用锥形管，接头要严密，以减少压力损失。

(3) 泵送前可先用适当的与混凝土成分相同的水泥浆或水泥砂浆润滑输送管内壁。

(4) 泵送工作应当连续作业。如需暂停时应每隔 5～10min 开泵一次，正反运转防止堵塞。

(5) 在泵送的过程中，集料斗内应有足够的混凝土拌合物，以防止吸入空气产生阻塞。

(6) 在冬季要采取保温防冻措施。夏季要对输送管进行遮盖、湿润、冷却。

知识链接

混凝土输送泵堵管的判断原则

堵管一般都有比较明显的征兆。从泵送油压来看，如果每个泵送冲程的压力峰值随冲程的交替而迅速上升，并很快达到设定压力值，正常的泵送循环自动停止，主油路溢流阀发出溢流响声，这时可以基本判定发生了堵管故障。另外可观察输送管状况，正常泵送时管道和泵机只产生轻微的后座振动，如果突然产生剧烈振动，尽管输送操作仍在进行，但管口不见混凝土流出，也表明发生了堵管。

6.5 混凝土搅拌输送车

混凝土搅拌输送车是一种用于长距离输送混凝土的机械设备。它是在载货汽车或专用运载底盘上安装的一种独特的混凝土搅拌装置，兼有载运和搅拌混凝土的双重功能，可以在运送混凝土的同时对其进行搅拌或扰动，以保证混凝土通过长途运输后，不会产生离析现象；在冬季远距离运输混凝土时也不致凝固，从而使浇筑后的混凝土质量得到保证。在发展商品混凝土中，混凝土搅拌输送车是生产一条龙的必备设备。

6.5.1 混凝土搅拌输送车的类型

混凝土搅拌运输车按运载底盘结构形式可分为自行式和拖挂式搅拌输送车。自行式为采用普通载重汽车底盘，拖挂式为采用专用拖挂式底盘。

混凝土搅拌运输车按搅拌装置传动形式可分为机械传动、全液压传动和机械-液压传动的混凝土搅拌运输车。

混凝土搅拌运输车按搅拌筒驱动形式可分为集中驱动和单独驱动的混凝土搅拌输送车。

混凝土搅拌运输车按搅拌容量大小可分为小型(搅拌容量为 3m^3 以下)、中型(搅拌容量为 3～8m^3)和大型(搅拌容量为 8m^3 以上)混凝土搅拌输送车。中型车较为通用，特别是容量为 6m^3 的最为常用。

混凝土搅拌输送车代号的表示方法见表 6-13。

表 6-13　混凝土搅拌输送车代号的表示方法

类	型	特　性	代　号	代号含义	主参数
混凝土搅拌输送车(JC)	自行式	飞轮取力	JC	集中驱动的飞轮取力搅拌输送车	搅拌输送容量/m^3
		前端取力(Q)	JCQ	集中驱动的前端取力搅拌输送车	
		单独驱动(D)	JCD	单独驱动的搅拌输送车	
		前端卸料(L)	JCL	前端卸料搅拌输送车	
		附带臂架和混凝土泵(B)	JCB	附带臂架和混凝土泵的搅拌输送车	
		附带皮带输送机(P)	JCP	附带皮带输送机的搅拌输送车	
		附带自行上料装置(Z)	JCZ	附带自行上料装置的搅拌输送车	
		附带搅拌筒倾翻机构(F)	JCF	附带搅拌筒倾翻机构的搅拌输送车	

6.5.2 混凝土搅拌输送车的构造组成

现以 JC6 型混凝土搅拌输送车为例，如图 6.13 所示，说明其构造。JC6 型搅拌输送车系搅动容量为 6m^3 的飞轮取力混凝土搅拌输送车，该车由上车(混凝土搅拌部分)和下车(汽车底盘部分)组成。上车由搅拌筒、传动系统、进出料装置、操纵系统和供水系统等组成。

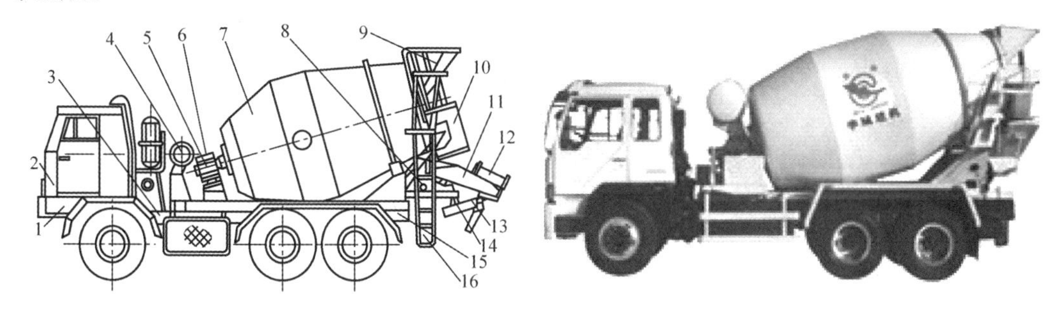

图 6.13　JC6 型混凝土搅拌输送车

1—液压泵；2—取力装置；3—油箱；4—水箱；5—液压马达；6—减速器；
7—搅拌筒；8—操纵机构；9—进料斗；10—卸料槽；11—出料斗；12—加长斗；
13—升降机构；14—回转机构；15—机架；16—爬梯

1. 搅拌筒

搅拌筒的形式为固定倾角斜置的反转出料梨形结构，如图 6.14 所示。

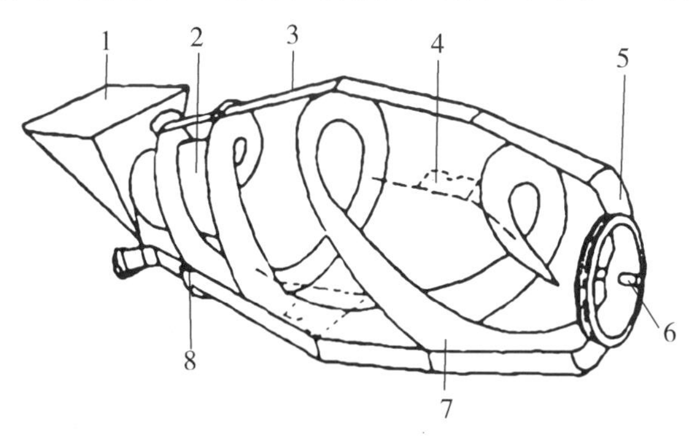

图 6.14　搅拌筒

1—加料斗；2—进料导管；3—壳体；4—辅助搅拌叶片；
5—链轮；6—中心轴；7—带状螺旋叶片；8—环形滚道

搅拌筒通过底端中心轴和环形滚道支撑在机架上的调心轴承和一对支承滚轮。搅拌筒内焊有相隔 180° 的螺旋形叶片两条，在叶片的顶部焊有耐磨钢丝。当搅拌筒正转时，物料落入筒的下部进行搅拌，当搅拌筒反转时，已拌好的混凝土则沿着螺旋叶片向外卸出。

2. 传动系统

混凝土搅拌输送车的传动系统普遍采用液压-机械传动形式。

3．操纵系统

搅拌筒的正转、反转、停止、加速等动作均由操纵手柄来加以控制。

4．供水系统

搅拌输送车的供水系统用于给搅拌系统供水和清洗搅拌装置，用水一般由搅拌站供应。

6.5.3 混凝土搅拌输送车的技术性能

混凝土搅拌输送车的生产厂和机型越来越多，现以产量较多的机型为例，对比其主要技术性能见表6-14。

表6-14 混凝土搅拌输送车主要技术性能

型号		SDX5265GJBJC6	JGX5270GJB	JCD6	JCD7
搅拌筒几何容量/L		12660	9500	9050	11800
最大搅动容量/L		6000	6090	6090	7000
最大搅拌容量/L		4500	—	5000	—
搅拌筒倾卸角/(°)		13	16	16	15
搅拌筒转速/(r/min)	装料	0～16	0～16	1～8	6～10
	搅拌	—	—	8～12	1～3
	搅动	—	—	1～4	—
	卸料	—	—	—	8～14
供水系统	供水方式	水泵式	压力水箱式	压力水箱式	气送或电泵送
	水箱容量/L	250	250	250	800
搅拌驱动方式		液压驱动	液压驱动	F4L912柴油机驱动	液压驱动前端取力

6.5.4 混凝土搅拌输送车的使用注意事项

【参考视频】

(1) 操作前，必须进行全面检查。检查汽车各部件是否正常，特别是转向和制动机构是否灵敏可靠，轮胎气压是否合乎标准；检查搅拌系统是否连续紧固，机构位置是否正确，运转中是否会发生卡滞等现象。当确认机械各部均属完好时，方可启动机械。

(2) 各部液压油的压力应按规定要求，不能随意改动。液压油的油量、油质、油温应达到要求，所有油路各部件无渗漏现象。搅拌运输时，装载混凝土的重量不能超过允许载重量。

(3) 搅拌车在露天停放时，装料前应先将搅拌筒反转，使筒内的积水和杂物排出，以保证运输混凝土的质量。

(4) 搅拌车在公路上行驶时，加长斗必须反转，放置在出料斗上并固定，再转至与车身垂直部位，用销轴固定在机架上，防止由于不固定而引起摆动并打伤行人或影响车辆运行。

(5) 搅拌车通过桥、洞、库等设施时，应注意通过高度及宽度，以免发生碰撞事故。

(6) 混凝土搅拌输送车的工作装置连续运转时间不应超过 8h。若 16h 或 24h 连续工作，则会迅速缩短机器使用寿命。搅拌车运送混凝土的时间，不得超过搅拌站规定的时间，若中途发现水分蒸发，应适当加水，以保证混凝土的质量。运送混凝土途中，搅拌筒不得停转，以防止混凝土产生初凝及离析现象。搅拌筒由正转变为反转时，必须先将操纵手柄放置于中间位置，待搅拌筒停转后，再将操纵手柄放至反转位置。

(7) 混凝土搅拌输送车上水箱要经常保持装满，以防急用。冬季停车时，要将水箱和供水系统的水放尽。出料斗根据使用需要，不够长时可自行接长。装料时，最好先向筒内加少量水，使进料流畅，并可防止粘料。用于搅拌混凝土时，必须在搅拌筒内先加入总水量 2/3 的水，然后再加入骨料和水泥进行搅拌。

【参考图文】

(8) 司机下班前，要清洗搅拌筒和车身表面，以防混凝土凝结在筒壁、叶片及车身上，此外，还要对机械进行清洗、维修及换机油等辅助工作。机器在露天停放时，要遮盖好有关部位，以防止各运动部位因风吹日晒而生锈、失灵。

知识链接

混凝土搅拌运输车的三种作业方法

1. 湿料输送

对已完成搅拌的混凝土进行输送。先将输送车开至预拌工厂的搅拌机出料口下，搅拌筒以进料速度运转进行加料，加料完毕后送至施工现场。在运输途中，搅拌筒对混凝土不断地慢速搅动。

2. 搅拌混凝土

如配料站无搅拌机，输送车可作搅拌机使用，把经过称量的各种成分混合料按一定的加料顺序加入搅拌筒，搅拌后再输送至施工现场。

3. 干料输送

把已经称量的砂、石子和水泥等干料装入搅拌筒内，在输送车抵达施工现场前加水进行搅拌，搅拌完成后再反转出料。

6.6 混凝土振动器

混凝土振动器是一种通过振动装置产生连续振动而对浇筑的混凝土进行振动密实的机具。混凝土拌合物在振动时，其内部的各个颗粒在一定的位置上产生振动，从而使颗粒之间的摩擦力和黏着力急剧地下降，集料在重力的作用下相互滑动，重新排列，集料之间的间隙由砂浆所填充，气泡被挤出，使混凝土达到密实的效果。

6.6.1 混凝土振动器的作用及分类

1．混凝土振动器的作用

用混凝土搅拌机拌和好的混凝土浇筑构件时，必须先排除其中的气泡后再进行捣实，使混凝土结合密实，消除混凝土的蜂窝、麻面等现象，以提高其强度，保证混凝土构件的质量。混凝土振动器就是一种借助动力通过一定装置作为振源产生频繁的振动，并使这种振动传给混凝土，以振动捣实混凝土的设备。

2．混凝土振动器的分类

混凝土振动器的种类繁多，按传递振动的方式分为插入式内部振动器、附着式外部振动器、平板式振动器和振动台等，如图 6.15 所示；按振动器的动力源分为电动式、内燃式和风动式三种，以电动式应用最广；按振动器的振动频率分为低频式、中频式和高频式三种；按振动器产生振动的原理分为偏心式和行星式两种。

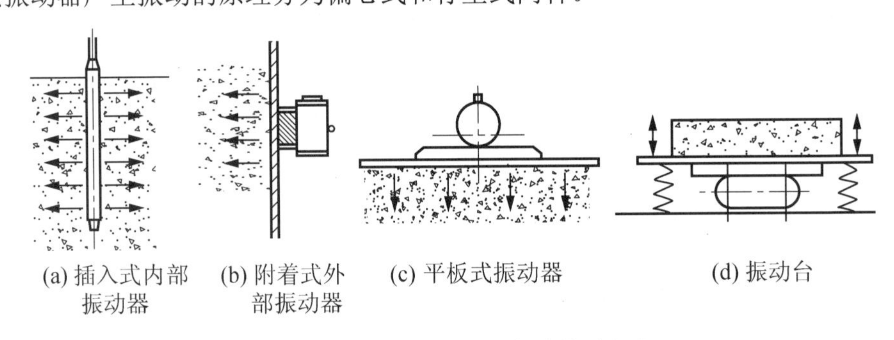

图 6.15　混凝土振动器的振动传递方式

6.6.2 混凝土振动器的构造组成

1．插入式振动器的构造

(1) 电动偏心插入式混凝土振动器，是由电动机通过软轴驱动偏心式振动子，在振动棒体内旋转，产生惯性离心力以振动器捣实混凝土。其结构和工作原理如图 6.16 所示。

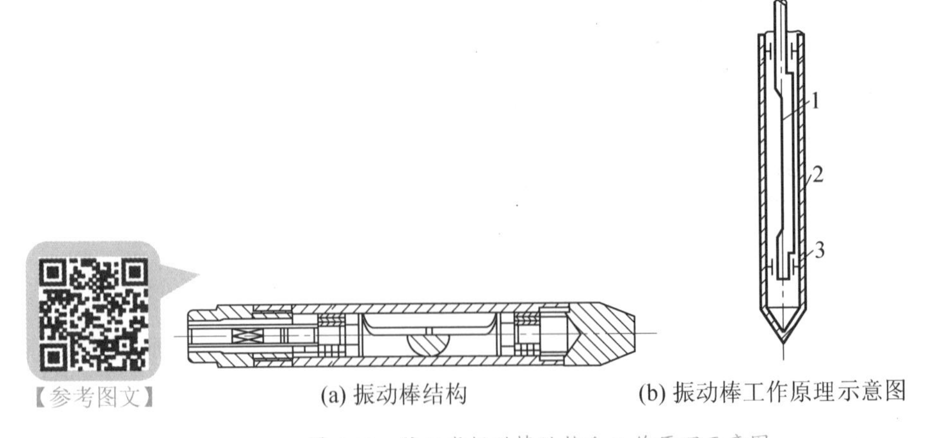

图 6.16　偏心式振动棒结构和工作原理示意图

1—偏心轴；2—套管；3—轴承

(2) 电动软轴行星插入式混凝土振动器一般采用高频、外滚、软轴连接方式，主要由振动棒、软轴、防逆装置、电动机、电器开关、电动机底座等部分组成。其外形结构如图 6.17 所示。

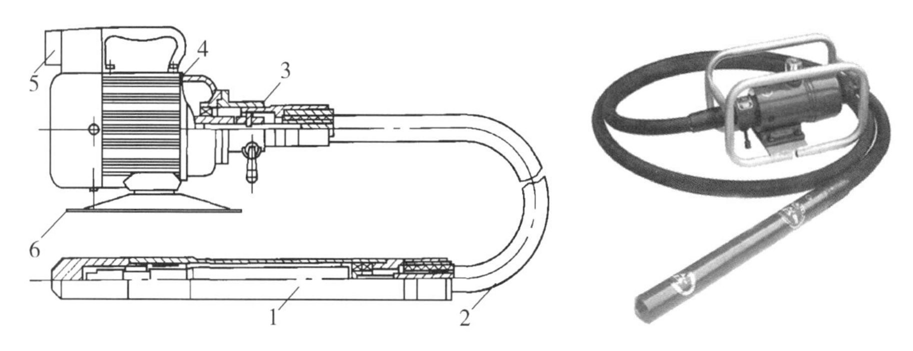

图 6.17　电动软轴行星插入式振动器

1—振动棒；2—软轴；3—防逆装置；4—电动机；5—电源开关；6—电动机底座

2. 附着式振动器的构造

附着式振动器是依靠其底部螺栓或其他锁紧装置固定在模板、滑槽、料斗、振动导管等上面，间接将振动波传递给混凝土或其他被振密的物料，作为振动输送、振动给料或振动筛分之用。它按其动力及频率的不同，有多种规格，但其构造基本相同，都是由主机和振动装置组合而成的，如图 6.18 所示。

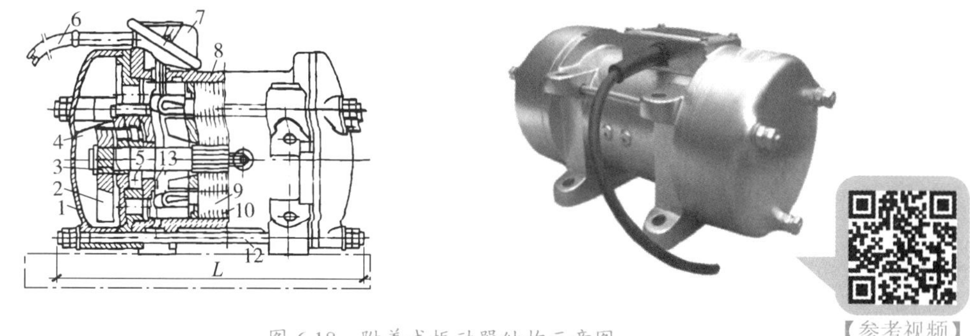

图 6.18　附着式振动器结构示意图

1—端盖；2—偏心振动子；3—平键；4—轴承压盖；5—滚动轴承；6—电缆；7—接线盒；8—机壳；9—转子；10—定子；11—轴承座盖；12—螺栓；13—轴

3. 平板式振动器的构造

平板式振动器又称为表面振动器，它直接浮放在混凝土表面上，可移动地进行振捣作业。工作时，电动机旋转，固定在转子轴上的偏心块便产生周期变化的离心力，促使电机振子振动，并将振动传给振板，振板再将振动传递给混凝土，从而达到捣实的目的，其构造如图 6.19 所示。

4. 混凝土振动台的构造

混凝土振动台又称台式振动器，它是混凝土拌合料的振动成形机械。ZT3 型振动台由上部框架、下部框架、支撑弹簧、电动机、齿轮同步器、振动子等组成，如图 6.20 所示。

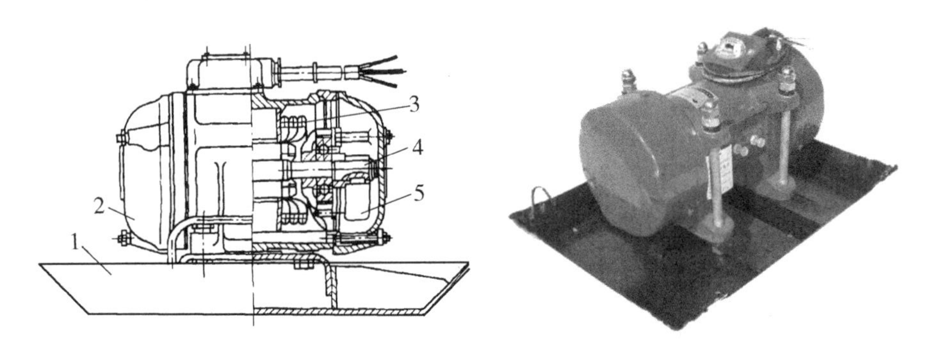

图 6.19 平板式振动器外形结构

1—底板；2—外壳；3—定子；4—转子轴；5—偏心振动子

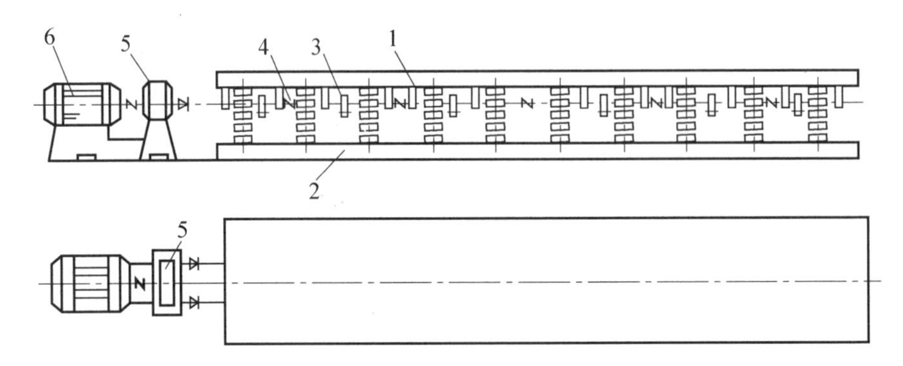

图 6.20 ZT3 型振动台结构示意图

1—上部框架；2—下部框架；3—振动子；4—支撑弹簧；5—齿轮同步器；6—电动机

6.6.3 混凝土振动器的性能指标

混凝土振动器主要技术性能指标见表 6-15～表 6-17。

表 6-15 插入式混凝土振动器主要技术性能指标

形式	型号	振动棒(器)					软轴、软管	
		直径/mm	长度/mm	频率/(次/min)	振动力/kN	振动幅/mm	软轴直径/mm	软管直径/mm
电动软轴行星式	ZN25	26	370	15500	2.2	0.75	8	24
	ZN35	36	422	1300～14000	2.5	0.8	10	30
	ZN45	45	460	12000	3～4	1.2	10	30
	ZN50	51	451	12000	5～6	1.15	13	36
	ZN60	60	450	12000	7～8	1.2	13	36
	ZN70	68	460	11000～12000	9～10	1.2	13	36

续表

形式	型号	振动棒(器)					软轴、软管	
		直径/mm	长度/mm	频率/(次/min)	振动力/kN	振动幅/mm	软轴直径/mm	软管直径/mm
电动软轴偏心式	ZPN18	18	250	17000	—	0.4	—	—
	ZPN25	26	260	15000	—	0.5	8	30
	ZPN35	36	240	14000	—	0.8	10	30
	ZPN50	48	220	13000	—	1.1	10	30
	ZPN70	71	400	6200	—	2.25	13	36

表 6-16　附着式振动器主要技术性能指标

型　号	附着台面尺寸(长×度)/mm	空载最大激振力/kN	空振振动频率/Hz	偏心力矩/(N · cm)
ZF18-50(ZF1)	215×175	1.0	47.5	10
ZF55-50	600×400	5	50	—
ZF80-50(ZW-3)	336×195	6.3	47.5	70
ZF100-50(ZW-13)	700×500	—	50	—
ZF150-50(ZW-10)	600×400	5～10	50	5～100
ZF180-50	560×360	8～10	48.2	170
ZF220-50(ZW-20)	400×700	10～18	47.3	100～200
ZF300-50(YZF-3)	650×410	10～20	46.5	220

表 6-17　平板式振动器主要技术性能指标

型　号	振动平板尺寸(长×度)/mm	空载最大激振力/kN	空振振动频率/Hz	偏心力矩/(N · cm)
ZB55-50	780×468	5.5	47.5	55
ZB75-50(B-5)	500×400	3.1	47.5	50
ZB110-50(B-11)	700×400	4.3	48	65
ZB150-50(B-15)	400×600	9.5	50	85
ZB220-50(B-22)	800×500	9.8	47	100
ZB300-50(B-22)	800×600	13.2	47.5	146

6.6.4 混凝土振动器的使用

1．插入式振动器的使用

(1) 使用时，前手应紧握在振动棒上端约 50cm 外，以控制插点；后手扶正管，前后手相距 40～50cm，使振动棒自然沉入混凝土内。切忌用力硬插或斜推振动器。振动方向有直插和斜插两种，如图 6.21 所示。

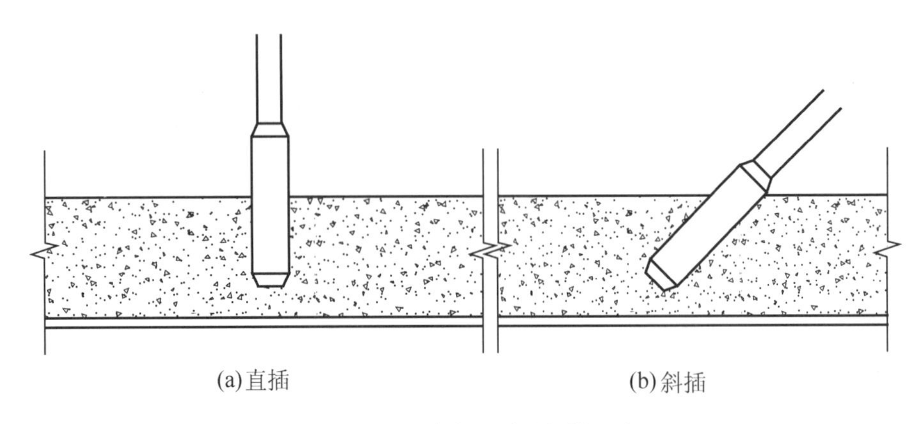

图 6.21 插入式振动器的振捣方法

(2) 混凝土分层浇筑时，每层的厚度不应超过振动棒长的 1.25 倍，在振动上一层混凝土时，要将振动棒插入下一层混凝土中约 5cm，如图 6.22 所示，使上下混凝土结合成一个整体。振动上层混凝土要在下层混凝土初凝前进行。

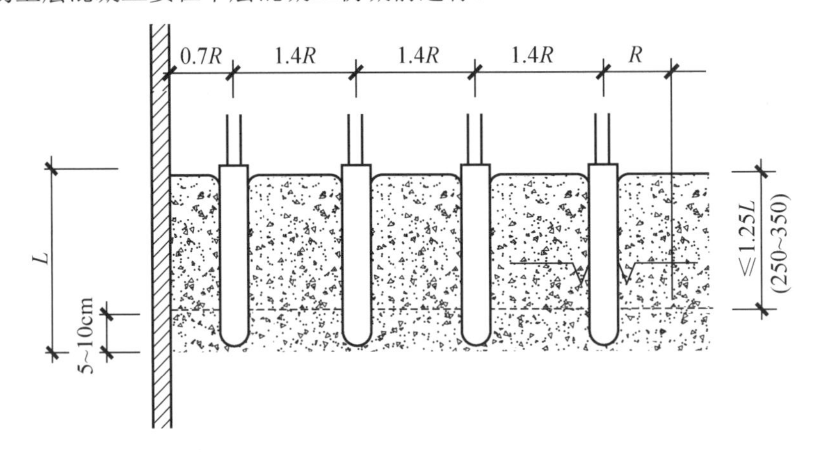

图 6.22 插入式振动器的插入深度

(3) 振动器插点排列要均匀，可按“行列式”或“交错式”的次序移动，如图 6.23 所示。两种排列形式不宜混用，以防漏振。普通混凝土的移动间距不宜大于振动器作用半径的 1.5 倍；轻骨料混凝土的移动间距不宜大于振动器作用半径的 1 倍。振动器距离模板不应大于作用半径的 1/2，并应避免碰撞钢筋、模板、芯管及预埋件等。

2. 附着式振动器的使用

(1) 附着式振动器的有效作用深度约为 25cm，如构件较厚时，可在构件对应两侧安装振动器，同时进行振捣。

(2) 在同一模板上同时使用多台附着式振动器时，各振动器的频率须保持一致，两面的振动器应错开位置排列。其位置和间距视结构形状、模板坚固程度、混凝土坍落度及振动器功率大小，经试验确定。一般每隔 1～1.5m 设置一台振动器。

(3) 当结构构件断面较深、较狭窄时，可采用边浇筑边振捣的方法。但对于其他垂直构件须在混凝土浇筑高度超过振动器的高度时，方可开动振动器进行振捣。振捣的延续时间以混凝土成一水平面，且无气泡出现时方可停止振捣。

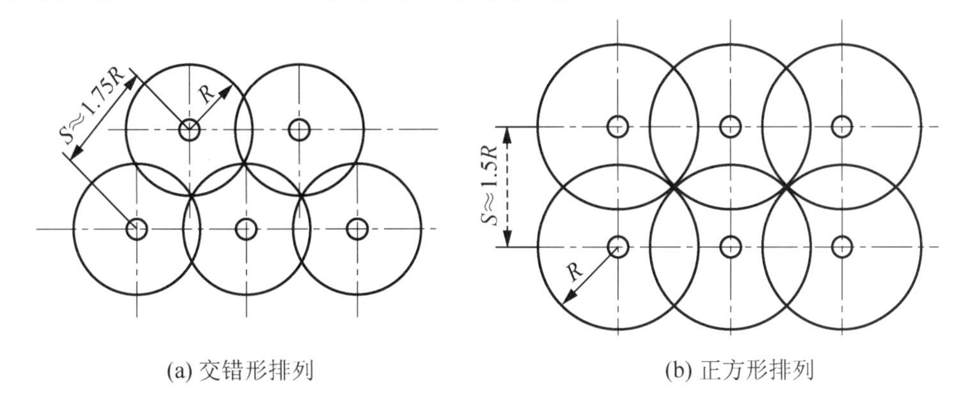

(a) 交错形排列　　(b) 正方形排列

图 6.23　插入式振动器两相邻插点排列图

3. 平板振动器的使用

(1) 平板振动器在每一位置上连续振动的时间，一般情况约为 25～40s，以混凝土表面均匀出现清浆为准。移动时应成排依次振捣前进。前后位置和排与排之间应保证振动器的平板覆盖已振实部分的边缘，一般重叠 3～5cm 为宜，以防漏振。移动方向应与电动机转动方向一致。

(2) 平板振动器的有效作用深度。在无筋或单筋平板中为 20cm；在双筋平板中约为 12cm。因此，混凝土厚度一般不超过振动器的有效作用深度。

(3) 大面积的混凝土楼地面，可采用两台振动器以同一方向安装在两条木杠上，通过木杠的振动，使混凝土密实，但两台振动器的频率应保持一致。

(4) 振捣带斜面的混凝土时，振动器应由低处逐渐向高处移动，以保证混凝土密实。

4. 振动台的使用

(1) 振动台是一种强力振动设备，应安装在牢固的基础上，地脚螺栓应有足够强度并拧紧，同时在基础中间必须留有地下坑道，以便调整和维修。

(2) 使用前要进行检查和试运转。检查机件是否完好，所有紧固件特别是轴承座螺栓、偏心块螺栓、电动机和齿轮箱螺栓等，必须紧固牢靠。

(3) 振动台不宜空载长时运转。作业中必须安置牢固可靠的模板并锁紧夹具以保证模板及混凝土和台面一起振动。

(4) 齿轮因承受高速重负荷，故需要有良好的润滑和冷却。齿轮箱内油面应保持在规定的水平面上，工作时温升不得超过 70℃。

6.6.5 混凝土振动器的合理选择

选用混凝土振捣机械的总原则是根据混凝土的施工工艺确定的，换句话说，就是应该根据混凝土的组成特性(如骨料粒径、粒形、级配、水灰比和稠度等)以及施工条件(如建筑物的类别、规模和结构物的形状、断面尺寸大小和宽窄、钢筋和稀密程度、操作方式方法、动力来源等具体情况)，选用合适的结构形式和合理的工作参数(如振动频率、振幅和振动

加速度)的振动器；同时还应根据振动器的结构特点、制造和供应条件、使用寿命、维修配套和功率消耗等技术经济指标因素进行合理选择。

1. 动力形式的合理选择

建筑施工普遍采用电动式振动器，当工地附近只有单相电源时，应选用单相串激电动机的振动器；有三相电源时，则可选用各种电动式振动器。在有瓦斯的工作环境，必须选择风动式振动器，以保证安全。如果在远离城镇、没有电源的临时性工程施工，可以选用内燃式振动器。

2. 结构形式的合理选择

大面积混凝土基础的柱、梁、墙、厚度较大的板，以及预制构件的捣实工作，可选用插入式振动器；钢筋稠密或混凝土较薄的结构，以及不宜使用插入式振动器的地方，可选用附着式振动器；表面积大而平整的结构物，如地面、屋面、道路路面等，通常选用平板式振动器。而钢筋混凝土预制构件厂生产的空心板、平板及厚度不大的梁柱构件等，则选用振动台可收到快速而有效的捣实效果。

3. 插入式振动器的合理选择

振动器的振动频率是影响捣实效果的重要因素，只有振动器的振动频率与混凝土颗粒的自振频率相同或相近，才能达到最佳捣实效果。由于颗粒的共振频率取决于颗粒的尺寸，尺寸大的自振频率较低，尺寸小的自振频率较高，故对于骨料颗粒大而光滑的混凝土，应选用低频、振幅大的插入式振动器。

干硬性混凝土则应选用高频振动器，能改善振实效果，增加液化作用，扩大捣实范围，缩短捣实时间，但不适用于流动度较大的混凝土，否则混凝土将会产生离析现象。根据建筑施工的混凝土成分，选用高频振动器是比较合适的。插入式振动器的结构多采用软轴式，轻便灵活，可单人携带使用，对上下楼层或狭隘场所通道等均能适应，转移十分方便，很适合于基层建筑施工单位使用。

知识链接

混凝土插入式振动器安全操作规程

(1) 插入式振动器的电动机电源上，应安装漏电保护装置，接地或接零应安全可靠。

(2) 操作人员应经过用电教育，作业时应穿绝缘胶鞋和戴绝缘手套。

(3) 电缆线应满足操作所需的长度。电缆线上不得堆压物品或让车辆挤压，严禁用电缆线拖拉或吊挂振动器。

(4) 使用前，应检查各部位并确认连接牢固，旋转方向正确。

(5) 振动器不得在初凝的混凝土、地板、脚手架和干硬的地面上进行试振，在检修或作业间断时，应断开电源。

(6) 作业时，振动棒软管的弯曲半径不得小于 500mm，并不得多于两个弯，操作时应将振动棒垂直地沉入混凝土，不得用力硬插、斜推或让钢筋夹住棒头，也不得全部插入混凝土中，插入深度不应超过棒长的 3/4，不宜触及钢筋、芯管及预埋件。

(7) 振动棒软管不得出现断裂，当软管使用过久使长度增长时，应及时修复或更换。

(8) 振捣器应保持清洁，不得有混凝土黏结在电动机外壳上妨碍散热。

(9) 作业停止需移动振动器时，应先关闭电动机，再切断电源，不得用软管或电缆拖拉电动机。

(10) 作业完毕，应将电动机、软管、振动棒清理干净，并应按规定要求进行保养作业。振动器存放时，不得推压软管，应平直放好，并对电动机采取防潮措施。

1. 自落式搅拌机和强制搅拌机在混凝土拌和原理方面有何不同？各适宜搅拌什么种类的混凝土？

2. 常用混凝土搅拌机的类型有哪些？其型号如何表示？

3. 混凝土搅拌机的技术参数包括哪些？如何计算？

4. 如何合理使用混凝土搅拌机？

5. 混凝土搅拌楼的类型有哪些？

6. 如何合理选用混凝土泵？

7. 如何防止和预防混凝土泵堵塞？

8. 混凝土振动器的作用是什么？如何分类？各自有什么特点？各自适用何种场合？

9. 如何合理选择混凝土振动器？

【参考答案】

专题 7 装修机械

教学目标

了解装饰机械的类型和工作原理；熟悉混凝土的配料方法；掌握灰浆搅拌机、灰浆泵、地面抹光机、水磨石机、切割机、电钻、电锤、喷枪的构造、类型和特点；熟悉灰浆搅拌机、水磨石机等的使用和安全操作规程。

能力要求

能够在建筑装饰施工过程中正确选择选用和合理使用灰浆搅拌机、灰浆泵、地面抹光机、水磨石机、切割机、电钻、电锤、喷枪等装饰机械。

引言

长期以来，建筑装修(饰)工程一直靠手工操作，不仅工程质量难以保证，而且拖延了工期。在装饰工程施工过程中，抹、喷、锯、刨、钻、磨、钉等是采用的主要方法，而这些施工方法只有用相应的先进机械(具)来完成，才能有效地保证装修(饰)设计的要求，并取得良好的装饰效果。装饰工程施工机械(具)是保证装饰工程质量、提高劳动生产率、减轻体力劳动的重要手段。

7.1 概　　述

建筑装饰装修，是指为使建筑物、构建物的内空间、外空间达到一定的环境质量要求使用建筑装饰装修材料，对建筑物、构筑物的外表和内部进行修饰处理的工程建筑活动。建筑物、构筑物一般都是由地基基础、主体结构和装饰装修三部分组成的，其室内、室外装饰装修都依附于建筑物、构建物主体，都是建筑工程不可分割的重要组成部分。

建筑物主体结构工程完成，并经验收合格后，需要对建筑物内外表面进行装修(饰)，凡在装修(饰)工程中所使用的各种机械(具)，统称为装修(饰)机械。

装修(饰)工程主要包括：灰浆、石灰膏的制备，灰浆的输送，抹灰，水磨石地面、墙裙、踏步的磨光，地面结渣的清除，壁板的钻孔以及内外墙面的装饰等。装修(饰)工程的特点是工程技术复杂、劳动强度大，传统上多依靠手工操作，工效低，大型机械的使用不方便，因此发展小型的、手持式的轻便机具是装修(饰)工程机械化的理想途径。

常用的装修(饰)机械主要有以下几类。

(1) 灰浆制备及输送机械，包括灰浆材料加工机械、灰浆搅拌机、灰浆泵、灰浆喷射器等。

(2) 涂料机械，包括涂料喷刷机、涂料弹涂机等。

(3) 地面修整机械，包括地面抹光机、水磨石机、地板刨平机、地板磨光机等。

【参考图文】

(4) 装修平台及吊篮，包括装修升降平台、装修吊篮等。

(5) 手持机具，包括各种手动饰面机、打孔机、切割机等。

7.2 灰浆制备机械

灰浆制备机械是在抹灰工程中用于加工抹灰用的原材料和制备灰浆的机械，包括灰浆搅拌机和淋灰机等。

7.2.1 灰浆搅拌机

1. 灰浆搅拌机的分类

灰浆搅拌机是将砂、水及胶合材料均匀地搅拌成为灰浆、砂浆的机械。灰浆搅拌机按生产方式分为周期式和连续式；按搅拌方式分为单卧轴式和立轴式；按安装方式分为移动式和固定式；按卸料方式分为活门卸料式和倾翻卸料式。人们通常采用周期式、单卧轴式和移动式灰浆搅拌机。

2．灰浆搅拌机的工作原理

灰浆搅拌机的工作原理与强制式混凝土搅拌机相同。工作时，搅拌筒固定不动，而靠固定在搅拌轴上的叶片的旋转来搅拌物料。

3．灰浆搅拌机的构造组成

如图 7.1 所示为整装式活门卸料灰浆搅拌机，该机是灰浆搅拌机中比较有代表性的一种，主要规格为325L，并安装铁轮或轮胎形成移动式。该机具有自动进料斗和量水器，机架既为支撑，又是进料斗的滚轮轨道，料筒内沿其中心纵横线方向装有一根转轴，转轴上装有搅拌叶片，叶片的安装角度除了能保证均匀地拌和以外，还必须使砂浆不因拌叶的搅动而飞溅。量水器为虹吸式，可自动量配拌和用水。转轴由筒体两端的轴承支撑，并与减速器输出轴相连，由电动机通过 V 形带驱动。卸料活门由手柄来启闭，拉起手柄可使活门开启，推压手柄可使活门关闭。进料斗的升降机构由上轴、制动轮、卷筒、离合器等组成，并由手柄操纵。

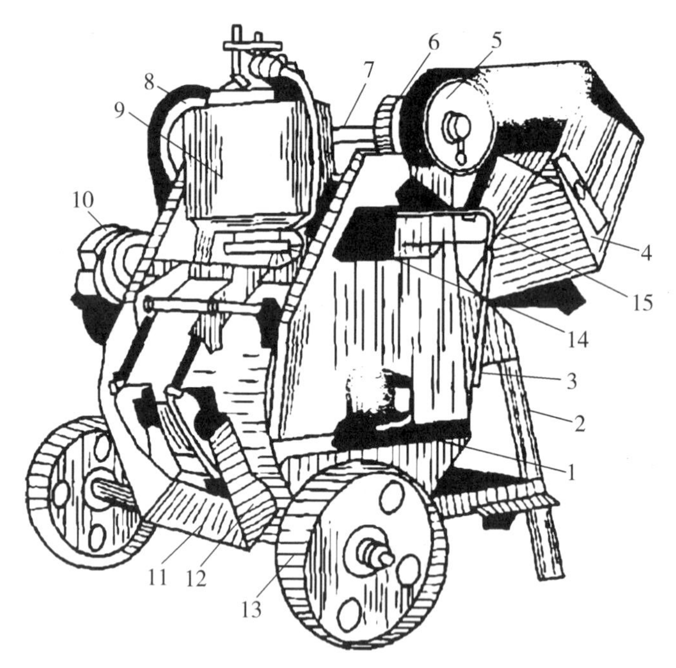

图 7.1 整装式活门卸料灰浆搅拌机

1—装料筒；2—机架；3—料斗升降手柄；4—进料斗；
5—制动轮；6—卷筒；7—上轴；8—离合器；9—量水器；
10—电动机；11—卸料门；12—卸料手柄；13—行走轮；14—三通；15—给水手柄

活门卸料灰浆搅拌机的典型代表还有 UJZ-325 型灰浆搅拌机(图 7.2)、LHJ-A 型灰浆搅拌机(图 7.3)等。

4．灰浆搅拌机的性能指标

灰浆搅拌机主要技术性能指标见表 7-1。

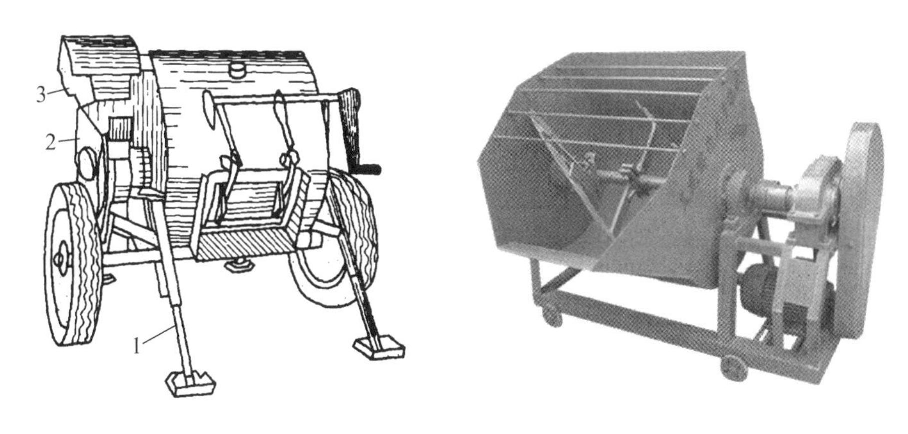

图 7.2 UJZ-325 型灰浆搅拌机

1—支撑；2—减速器；3—电动机

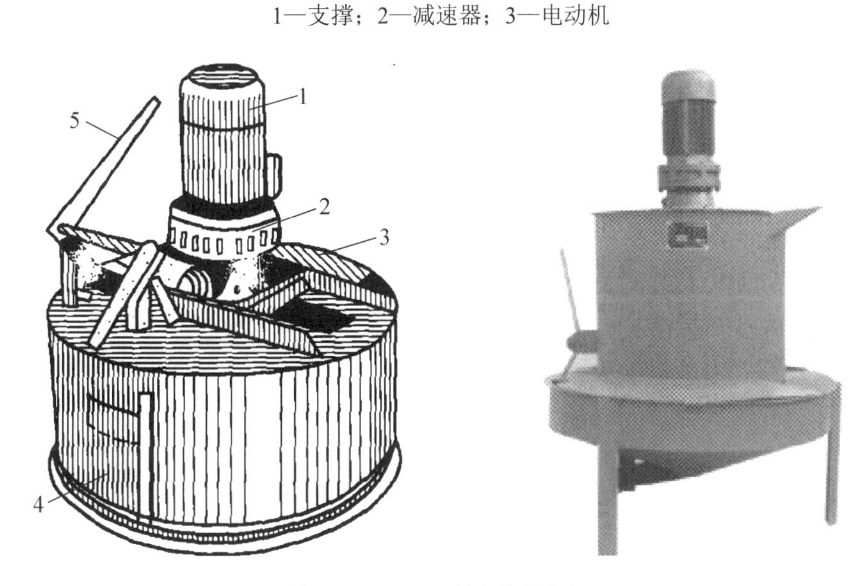

图 7.3 LHJ-A 型灰浆搅拌机

1—电动机；2—行星摆线针轮减速器；3—搅拌筒；4—出料活门；5—活门启闭手柄

表 7-1 灰浆搅拌机技术性能指标

性能指标	类型				
	UJ100	UJZ200	UJZ200A	UJZ200B	UJZ325
搅拌筒容量/m^3	0.100	0.200	0.200	0.200	0.325
搅拌叶片转速/(r/min)	30	25～30	29	34	30
搅拌时间/(min/次)	2	1.5～2	2	2	3～4
生产率/(m^3/h)	1.5	3	3	3	6

5. 灰浆搅拌机的注意事项

(1) 为保证搅拌机的正常工作，使用前应认真检查拌叶是否存在松动现象，如有应予紧固，因为拌叶松动容易打坏滚筒，甚至损坏转轴。

(2) 必须检查整机的润滑情况，拌和机的主轴承由于转速不高，一般均采用滑动轴承，由于轴承边口易于侵入尘屑和灰浆而加速磨损，故此处应特别注意保持清洁。

(3) 作业前应检查并确认传动机构、工作装置、防护装置等牢固可靠，三角胶带松紧度适当，搅拌叶片和筒壁间隙为3～5mm，搅拌轴两端密封良好。

(4) 启动后，应先空运转，检查搅拌叶片旋转方向正确，方可加料加水，进行搅拌作业，加入的砂应过筛。

(5) 运转中，严禁用手或木棒等伸进搅拌筒内，或在筒口清理灰浆。

(6) 作业中，当发生故障不能继续搅拌时，应立即切断电源，将筒内灰浆倒出，排除故障后方可使用。

(7) 作业后，应清除机械内外灰浆和积料，用水清洗干净。

7.2.2 淋灰机

1. 淋灰机的构造组成

淋灰机是制造石灰膏的机械，如图7.4所示，主要由电动机、V形带传动装置、筒体、底筛、进出料口、机架和破碎机构等构成。

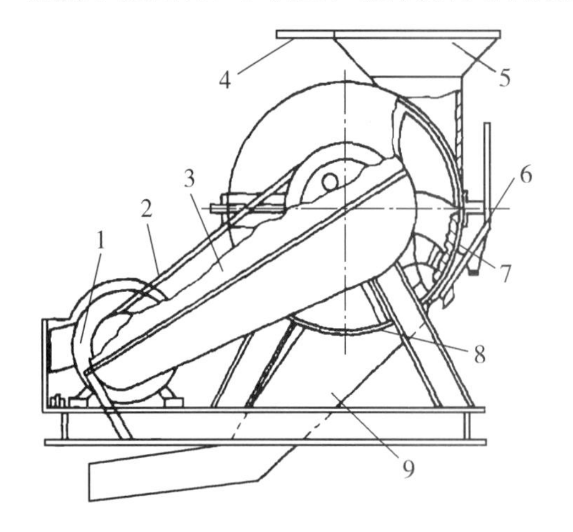

图 7.4　CF1-16 型粉碎淋灰机的外形与结构

1—电动机；2—V形带传动装置；3—防护罩；4—淋水管；
5—进料斗；6—底筛开启机构；7—衬板；8—底筛；9—出料斗

2. 淋灰机的工作原理

主轴旋转时带动甩锤，对加入筒体中的生石灰块进行锤击，被粉碎的石灰与淋水管注入的水发生化学反应生成石灰浆，石灰浆经底筛过滤后由出料斗流入石灰池中，石灰熟化的基本反应也完成，在池中再经过一定时间的反应与沉淀后，形成质地细腻、松软洁白的石灰膏，作为砂浆的配合料和墙体粉饰用料。

3. 淋灰机的性能指标

淋灰机的主要技术性能指标见表 7-2。

表 7-2　淋灰机的主要技术性能指标

性能指标	类型	
	L16	UL2
筒体尺寸/mm	ϕ600×450	ϕ500×450
进料口尺寸/mm	380×280	380×280
工作装置转速/(r/min)	720	720
生产率/(t/班)	16	16
白灰利用率/(%)	95	97
转速/(r/min)	1440	1440

4. 淋灰机的使用

(1) 使用前应平整停机场地，并开出排浆沟槽，机械安装要平稳、牢固，进料口应朝上风方向。

(2) 工作时先启动机械，待运转平稳后，再加水和进料，注意用水量要适当，以保持浆液畅流为宜。

(3) 大块石灰块应先敲碎再加入为宜。

(4) 工作中要注意机械的运转情况，如发现机械有异常振动现象和特殊响声时，应及时停机，检查筒内锤头、锤轴、衬板和传动装置等是否发生松脱现象。

(5) 工作后及时冲洗机械的内外，避免黏结的石灰膏浆干燥后不易清除，保持筛孔不被堵塞。

7.3　灰浆喷涂机械

灰浆喷涂机械是对建筑物的内外墙面和天棚等进行连续喷涂抹灰的专用机械设备。它包括灰浆输送泵、喷枪、喷灰机械手和灰浆联合机等。灰浆联合机是近年来从国外引进，经过消化、改进而研制成功的，是集搅拌、泵送、喷涂于一体的新型机械。

7.3.1 柱塞式灰浆泵

柱塞式灰浆泵是利用活塞的往复运动，将进入泵缸中的泵浆直接压送进去，并经管道输送到使用地点的一种泵。柱塞式灰浆泵的活塞与灰浆直接接触，活塞容易磨损，缸内的密封盘也容易损坏，易造成漏浆故障，降低功效。但因其结构简单，制造与维修容易，故仍在使用。

1．构造组成

单柱塞式灰浆泵的结构如图 7.5 所示。单柱塞式灰浆泵结构是由泵缸、柱塞、吸入阀、压出阀、进料机构和传动机构组成的。

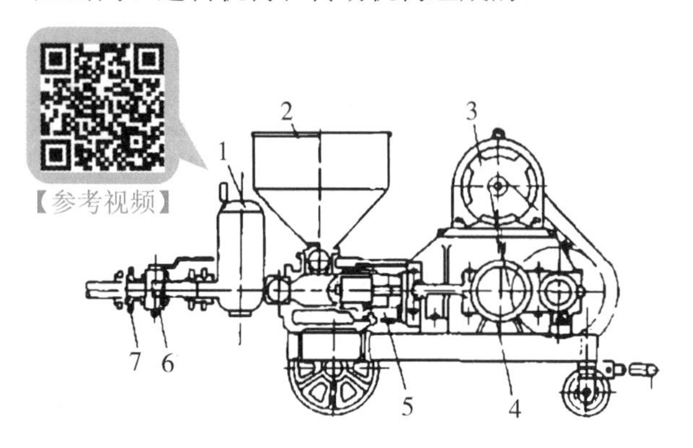

图 7.5　单柱塞式灰浆泵

1—气罐；2—料斗；3—电动机；4—减速器；5—曲柄连杆机构；6—柱塞缸；7—吸入阀

2．工作原理

柱塞式灰浆泵的工作原理如图 7.6 所示，作业时，电动机通过三角带传动机构和圆柱齿轮减速机构使曲轴旋转带动活塞做往复直线运动。当柱塞做压入冲程时，将排出阀挤开，泵室内的灰浆被压入空气室；与此同时，由于泵室内压力增大而将吸入阀关闭；当柱塞做吸入冲程时，泵室内呈真空状态，此时空气室的压力大于泵室的压力，排出阀关闭，吸入阀开启，灰浆将吸入泵室内。这样，柱塞每做一次往复运动，都将一部分灰浆压入空气室内，进入空气室里的灰浆越聚越多，空气室里灰浆体积增大，空气的体积被压缩，空气的压力逐渐增大，在压力表上的指针可显示出压力大小的数值。由于压力增大，灰浆受到空气压力的作用，从输浆管道压出去。阀罩是限制排出阀球与吸入阀球的行程位置的零件，当灰浆从阀口流出时，限位阀使阀球留在阀口附近位置，以免阀球随灰浆流走，当灰浆的压力增大时就能立即封住阀口。

3．性能指标

柱塞式灰浆泵的技术性能指标见表 7-3。

表 7-3　柱塞式灰浆泵技术性能指标

型　式	立　式	卧　式	双　缸		
型号	HB6-3	HP-013	HK3.5-74	UB3	8P80
泵送排量/(m^3/h)	3	3	3.5	3	1.8～4.8
垂直泵送高度/m	40	40	25	40	＞80
水平泵送距离/m	150	150	150	150	400
工作压力/(MPa)	1.5	1.5	1.0	0.6	5.0
电动机功率/kW	4	7	5.5	4	16

4．使用注意事项

(1) 柱塞式灰浆泵必须安装在平稳的基础上。输送管路的布置应尽可能短直，弯头越小越好。输送管道的接头连接必须紧密，不得渗漏。垂直管道要固定牢靠，在所有生产管道上不得踩压，以防造成堵塞。

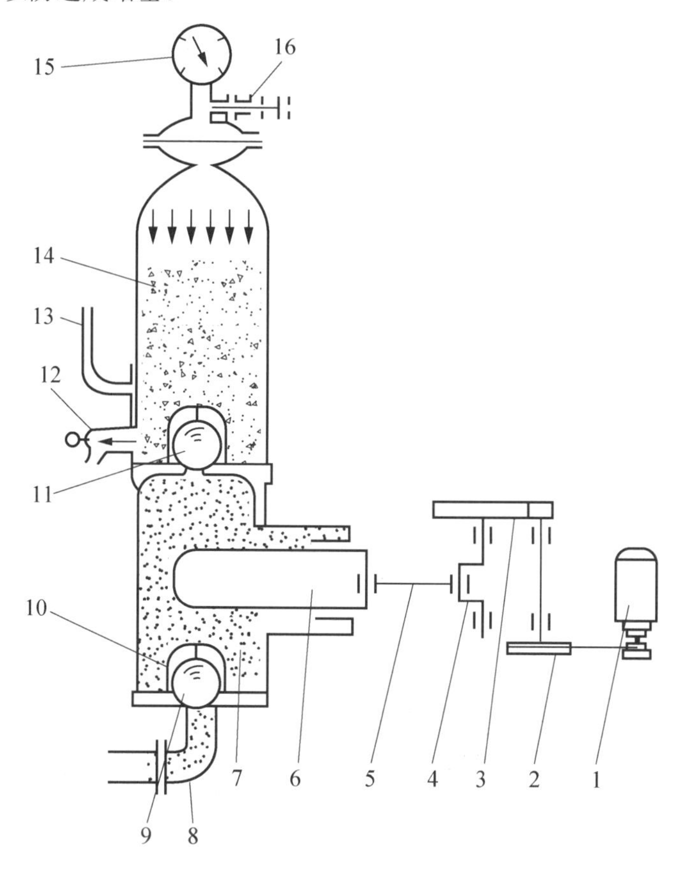

图 7.6 柱塞式灰浆泵工作原理图

1—电动机；2—带轮；3—减速齿轮组；4—曲轴；5—连杆；6—柱塞；
7—泵室；8—进浆弯管；9—吸入阀；10—阀罩；11—排出阀；12—回浆阀；
13—输浆管道；14—空气室；15—压力表；16—安全装置

(2) 泵送前，应检查并确认球阀是否完好，泵内是否有干硬灰浆等物；各部件、零件是否紧固牢靠；安全阀是否调整到预定的安全力。检查完毕应先用水进行泵送试验，以检查各部位有无渗漏。

(3) 泵送时一定要先开机后加料，先用石膏润滑输送管道，再加入 12cm 稠度的灰浆，最后加进 8～12cm 的灰浆。

(4) 在泵送过程中要随时观察压力表的泵送压力是否正常，如泵送压力超过预调的 1.5MPa 时，要反向泵送，使管道的部分灰浆返回料斗，再缓慢泵送。

(5) 泵送过程不宜停机，如必须停机时，每隔 4～5min 要泵送一次，以防灰浆凝固。如灰浆供应不及时，应尽量让料斗装满灰浆，然后把三通阀手柄扳到回料位置，使灰浆在泵与料斗内循环，保持灰浆的流动性。

(6) 每天泵送结束时，一定要用石灰膏把输送管道里的灰浆全部泵送出来，然后用清水把浆泵和输送管道清洗干净。

7.3.2 挤压式灰浆泵

1. 构造组成

挤压式灰浆泵也称为挤压式喷涂机，是近年来发展成功的一种新型变量灰浆泵，是在大型挤压式混凝土泵的基础上，向小型化发展而产生的，主要用于喷涂抹灰工作，其特点是结构简单、操作方便、使用可靠，喷涂质量好(喷涂层均匀、密实、黏结性能和抗渗性能均较高)，而且效率较高。不仅可向墙面喷涂普通砂浆，还可以喷涂聚合物水泥浆、纸筋浆、干粘石砂浆。使用时不受结构物的种类、表面形状限制，适用于建筑、矿山、隧道等工程的大面积内外墙底敷层、外墙装饰面、内墙罩面等喷涂工作，是一种较为理想的喷涂机械，此外它还可以用于强制灌浆和垂直、水平输浆。

挤压式灰浆泵主要由变极式电动机、变速箱、减速器、链传动装置、滚轮架和滚轮以及挤压胶管等构成，如图 7.7 所示。

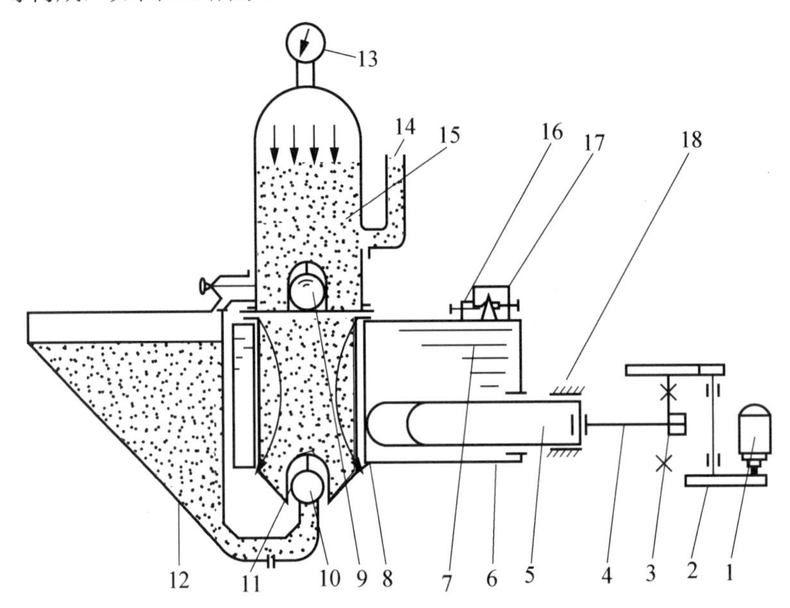

图 7.7　圆柱形隔膜挤压式灰浆泵构造示意图

1—电动机；2—减速装置；3—曲轴；4—连杆；5—活塞；
6—泵室；7—水；8—圆柱形隔膜；9—排出阀；10—吸入阀；11—阀罩；12—料斗；
13—压力表；14—回浆阀；15—空气室；16—安全阀；17—盛水斗；18—支承环座

2. 工作原理

当滚轮架旋转时，架上的 3 个滚轮便依次挤压胶管，使管中的灰浆产生压力，而沿胶管向前运动，滚轮压过后，胶管由自身的弹性复原，使筒内产生负压，灰浆即被吸入。滚轮架不停地旋转，胶管便连续地受到挤压，从而使灰浆源源不断地输送到喷嘴处，再借助压缩空气喷涂到工作面上。挤压式灰浆泵的启动、停机、回浆运转均由喷嘴处或机身处的按钮控制，其工作原理如图 7.8 所示。

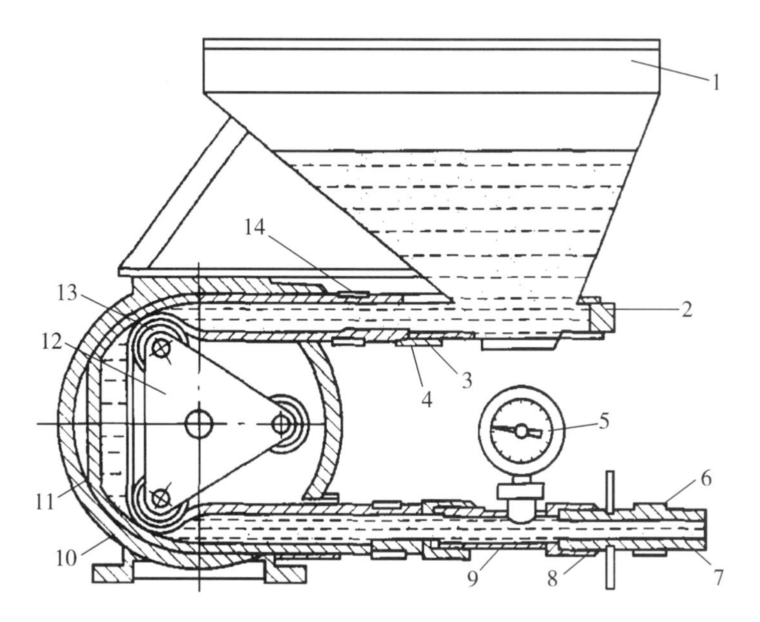

图 7.8 挤压式灰浆泵的工作原理示意图

1—料斗；2—放料室；3、8、9—连接管；4—橡胶垫圈；5—压力表；
6、14—胶管卡箍；7—输送胶管；10—鼓轮形壳；11—挤压胶管；12—滚轮架；13—挤压滚轮

3. 性能指标

挤压式灰浆泵的性能指标见表 7-4。

表 7-4 挤压式灰浆泵的性能指标

性能指标		型号					
		UBJ0.8	UBJ1.2	UBJ1.8	UBJ2	SJ-1.8	JHP-2
泵送排量/(m^3/h)		0.2、0.4、0.8	0.3～1.5	0.3、0.9、1.8	2	0.8～1.8	2
泵送距离	垂直/m	25	25	30	20	30	30
	水平/m	80	80	80	80	80	100
工作压力/MPa		1.0	1.2	1.5	1.5	0.4～1.5	1.5
挤压胶管内径/mm		32	32	38	38	38/50	38
输送胶管内径/mm		25	25/32	25/32	38	38/50	38
功率/kW		0.4～1.5	0.6～2.2	1.3～2.2	2.2	2.2	3.7

4. 使用注意事项

(1) 使用前，应先接好输送管道，往料斗加注清水，启动灰浆泵，当输送胶管出水时，应折起胶管，待升到额定压力时停泵，观察各部位应无渗漏现象。

(2) 作业前，应先用水再用白灰膏润滑输送管道后方可加入灰浆开始泵送。

(3) 料斗加满灰浆后，应停止振动，待灰浆从料斗泵送完，再加新灰浆振动筛料。

(4) 在泵送过程中应注意观察压力表。当压力迅速上升，有堵管现象时，应反转泵送 2～3 转，使灰浆返回料斗，经搅拌后再泵送。当多次正反泵仍不能畅通时，应停机检查，排除堵塞。

(5) 工作间歇，应先停止送灰，后停止送气，并应防止气嘴被灰堵塞。

(6) 作业后，应将泵机和管路系统全部清洗干净。

7.3.3 喷浆机

1. 构造组成与工作原理

(1) 电动喷浆机。电动喷浆机如图 7.9 所示，其喷浆原理与手动的相同，不同的是柱塞往复运动由电动机经蜗轮减速器和曲柄连杆机构(或偏心轮连杆)来驱动。这种喷浆机有自动停机电气控制装置，在压力表内安装电接点，当泵内压力超过最大工作压力时(通常为 1.5～1.8MPa)，表内的停机接点啮合，控制线路使电动机停止。压力恢复常压后，表内的启动接点接合，电动机又恢复运转。

另一种电动喷浆机即离心式电动喷浆泵如图 7.10 所示，依靠转轮的旋转离心力，将进入转轮孔道中心的色浆液甩出，产生压力后，由喷雾头喷出。这种喷浆机的工作原理与离心喷浆泵相似，不同的是简化了结构，提高了转速。

图 7.9　电动喷浆机

【参考视频】

图 7.10　离心式电动喷浆泵

(2) 手动喷浆机。手动喷浆机体积小，可一人搬移位置，使用时一人反复推压摇杆，一人手持喷杆来喷浆，因不需要动力装置，具有较大的机动性，其工作原理如图 7.11 所示。

当推拉摇杆时，连杆推动框架使左、右两个柱塞交替在各自的泵缸中往复运动，连续将料筒中的浆液逐次吸入左、右泵缸和逐次压入稳定罐中。稳压罐使浆液获得 8～12 个大气压(1MPa 左右)的压力，在压力作用下，浆液从出浆口经输浆管和喷雾头呈散状喷出。

(3) 喷杆。喷杆如图 7.12 所示，由气阀、输浆胶管、中间管、喷雾头等组成，其中喷雾头由喷头体、喷头芯、喷头片等组成。

2. 性能指标

喷浆机的性能指标见表 7-5。

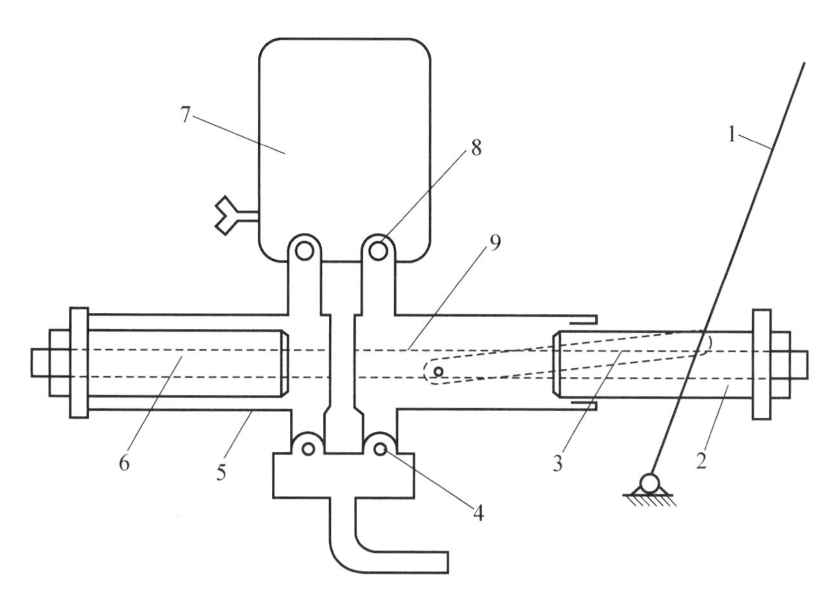

图 7.11　手动喷浆机的工作原理图

1—摇杆；2、6—左、右柱塞；3—连杆；
4—进浆阀；5—泵体；7—稳定罐；8—出浆阀；9—框架

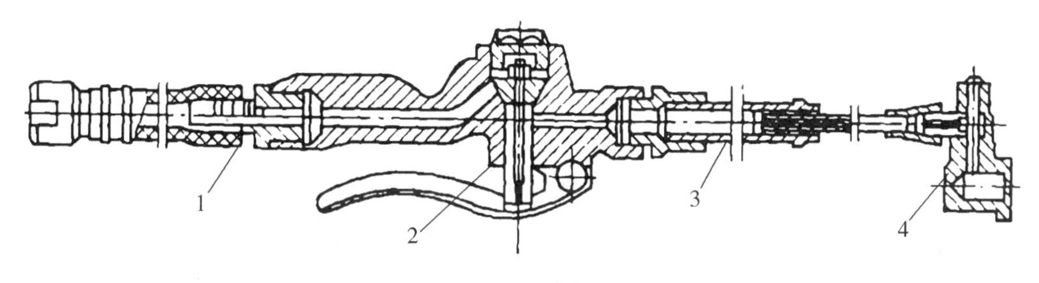

图 7.12　喷杆

1—气阀；2—输浆胶管；3—中间管；4—喷雾头

表 7-5　喷浆机的性能指标

性能指标	型号				
	双联手动喷浆机(PB-C 型)	自动喷浆机			内燃式喷雾机(WFB-18A 型)
		高压式(GP400 型)	PB1 型(ZP-1)	回转式(HPB 型)	
生产率/(m^3/h)	0.2～0.45	—	0.58	—	—
工作压力/MPa	1.2～1.5	4	1.2～1.5	6～8	—
最大压力/MPa	—	18	1.8	—	—
最大工作高度/m	30	—	30	20	7
最大工作半径/m	200	—	200	—	10
活塞直径/mm	32	—	32	—	—
活塞往复次数/(次/min)	30～50	—	75	—	—

3. 使用注意事项

(1) 石灰浆的密度应为 1.06～1.10g/cm^3。

(2) 喷涂前，应对石灰浆采用 60 目筛网过滤两遍。

(3) 喷嘴孔径宜为 2.0～2.8mm；当孔径大于 2.8mm 时，应及时更换。

(4) 泵体内不得无液体干转。在检查电动机旋转方向时，应先打开料桶开关，让石灰浆流入泵体内部后，再开动电动机带泵旋转。

(5) 作业后，应往料斗注入清水，开泵清洗直到水清为止，再倒出泵内积水，清洗疏通喷头座及滤网，并将喷枪擦洗干净。

(6) 长期存放前，应清除前、后轴承座内的石灰浆积料，堵塞进浆口，从出浆口注入机油约 50mL，再堵塞出浆口，开机运转约 30s，使泵体内润滑防锈。

7.3.4 高压无气喷涂机

高压无气喷涂机是利用高压泵提供的高压涂料，经过喷枪的特殊喷嘴，把涂料均匀雾化，实现高压无气喷涂工艺的新型设备。按其动力源可分为气动、电动、内燃三种；按涂料泵构造可分为活塞式、柱塞式、隔膜式三种。

1. 构造组成

高压无气喷涂机如图 7.13 所示，主要由高压涂料泵、柱塞油泵、喷枪、电动机等组成。

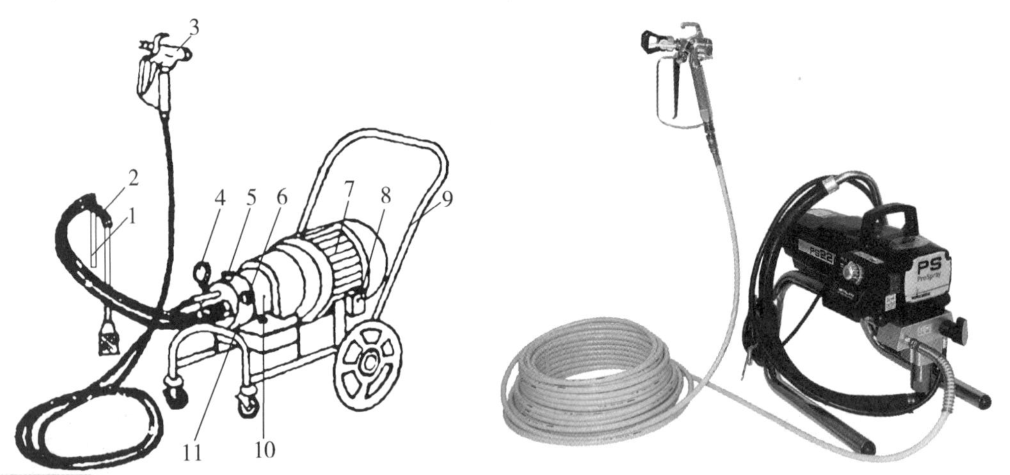

【参考视频】

图 7.13 PWD8 型高压无气喷涂机外形结构

1—排料管；2—吸料管；3—喷枪；4—压力表；5—单向阀；6—解压阀；
7—电动机；8—开关；9—小车；10—柱塞油泵；11—涂料泵

2. 工作原理

由电动机直接带动偏心轴旋转，并推动柱塞做高速往复运动。工作中柱塞不直接和涂料接触，而是通过液压油去推挤一个高强度的塑料隔膜。吸入冲程时，隔膜回缩，吸入阀打开，直接从料斗或吸入系统的管道里吸入涂料，使涂料进入挤压腔内；压出时，隔膜膨起，涂料增压并打开输出阀，将高压涂料送入喷枪。在高压下，涂料通过越来越窄小的喷嘴出口，被雾化成微小的颗粒。

3. 性能指标

高压无气喷涂机的技术性能指标见表 7-6。

表 7-6 高压无气喷涂机的技术性能指标

性能指标	型号			
	PWD-8	PWD-8L	DGP-1	PWD-1.5
最大压力/MPa	25	25	18.3	25.5
最大流量/(L/min)	8.3	8.3	1.8	1.5
最大喷涂黏度/(Pa · s)	500	800	—	—
涂料最大粒径/mm	0.3	0.3	—	—
最大接管长度/m	90	90	—	—
同时喷涂枪数/把	2	2	1	1

4. 使用注意事项

(1) 机器启动前要使调压阀、卸压阀处于开启状态。

(2) 在喷涂燃点为 21℃以下的易燃涂料时，必须接好地线，严防火灾。泵机不得和被喷涂物放在同一房间里，周围严禁明火。

(3) 喷涂中发生喷枪堵塞现象时，应先将枪关闭，将喷嘴手柄旋转 180℃，再开枪用压力涂料排除堵塞物。

(4) 不许用手指试高压射流。喷涂间歇时，要随手关闭喷枪安全装置，防止无意打开伤人。

(5) 高压软管的弯曲半径不得小于 25cm，不得在尖锐的物体上用脚踩高压软管。

(6) 作业中停歇时间较长时，要停机卸压，将喷枪的喷嘴部位放入溶剂里。每天作业结束后，必须彻底清洗喷枪。

7.4 地面修整机械

地面修整机械主要用来加工和修整水泥地面、水磨石地面、木地板平面，主要达到光滑平整的目的。常用的地面修整机械有水磨石机、地面抹光机、地板刨平面、地板磨光机等。

7.4.1 水磨石机

水磨石机是修整地面的主要机械。根据不同的作业对象和要求，可分为单盘旋转式和双盘对转式；根据形式不同，也可分为小型侧卧式和立面式。水磨石机主要用于大面积水磨石地面的磨平、磨光作业。小型侧卧式主要用于墙裙、踢脚线、楼梯踏步、浴池等小面积地面的磨平、磨光作业；立面式主要用于各种混凝土、水磨石的墙壁、墙围的磨光作业。

1．构造组成

单盘旋转式水磨石机的外形结构如图 7.14 所示，主要由传动轴、夹腔帆布垫、连接盘及砂轮座等组成。磨盘为三爪形，有 3 个三角形磨石均匀地装在相应槽内，用螺钉固定。橡胶垫使传动具有缓冲性。

双盘对转式水磨石机的外形结构如图 7.15 所示，其适用于大面积磨光，具有两个转向相反的磨盘，由电动机经传动机构驱动，结构与单盘旋转式类似。

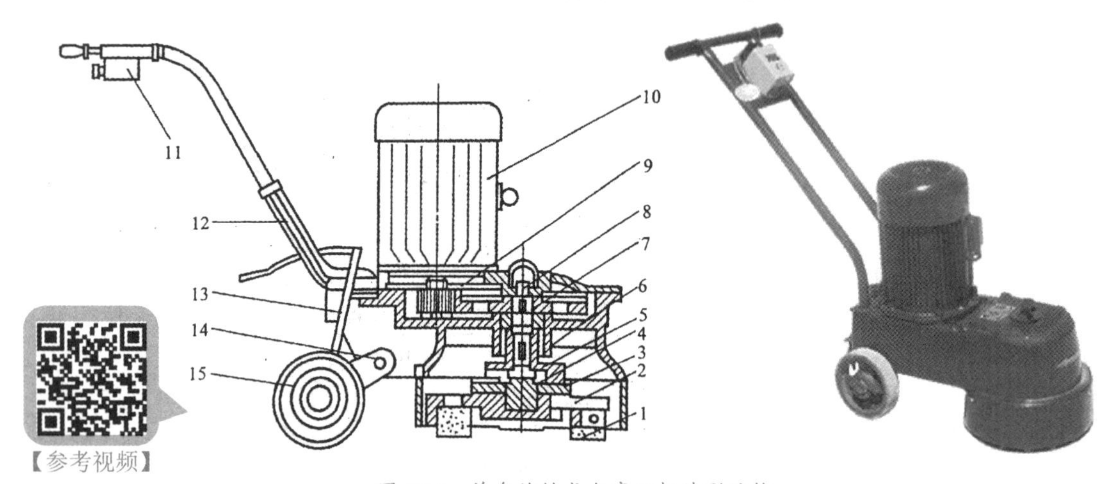

图 7.14　单盘旋转式水磨石机外形结构

1—磨石；2—砂轮座；3—夹腔帆布垫；4—弹簧；5—连接盘；6—橡胶密封；7—大齿轮；8—传泵轮；9—电机齿轮；10—电动机；11—开关；12—扶手；13—升降齿条；14—调节架；15—走轮

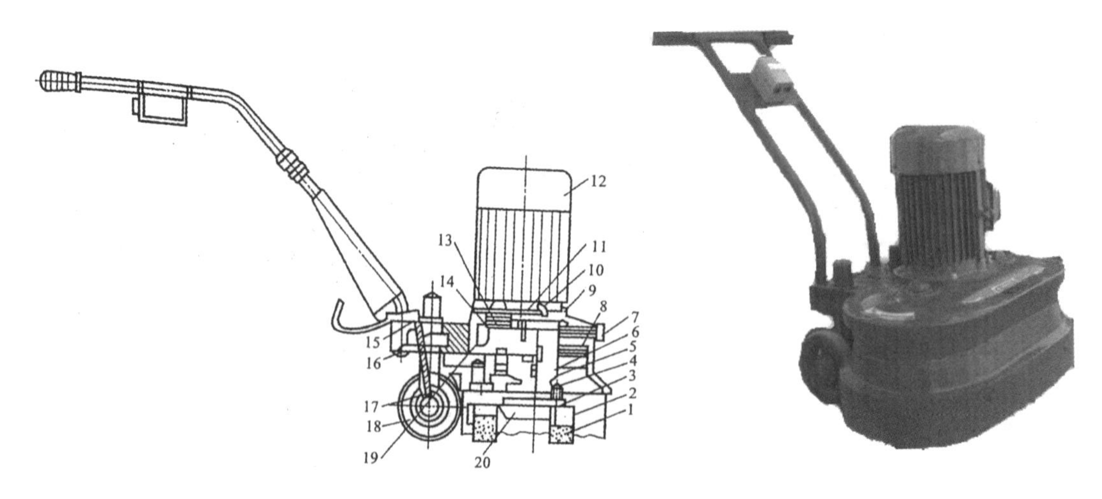

图 7.15　双盘对转式水磨石机外形结构

1—V 砂轮；2—磨石座；3—连接橡皮；4—连接盘；5—接合密封圈；6—油封；7—主轴；8—大齿轮；9—主轴；10—闷头盖；11—电机齿轮；12—电动机；13—中间齿轮轴；14—中间齿轮；15—升降齿条；16—齿轮；17—调节架；18—行走轮；19—台座；20—磨体

2．性能指标

水磨石机的技术性能指标见表 7-7。

表 7-7　水磨石机的技术性能指标

型　　号	技 术 指 标		
	磨盘转速/(r/min)	磨削直径/mm	生产效率/(m^2/h)
DMS350	294	350	4.5
2MD300	392	360	10～15
2MD350	285	345	14～15
SM240	2000	240	10～35
JMD350	1800	350	28～65
SM340	—	360	6～7.5

【参考图文】

3．使用注意事项

(1) 当混凝土强度达到设计强度的 70%～80%时，为水磨石机最适宜的磨削时机，强度达到 100%时，虽能正常有效工作，但磨盘寿命有所降低。

(2) 使用前，要检查各紧固件是否牢固，并用木锤轻击砂轮，应发出清脆声音，表明砂轮无裂纹，方能使用。

(3) 手压扶把，使磨盘离开地面后启动电机，待运转正常后，缓慢地放下磨盘进行作业。

(4) 作业时必须经常通水，进行助磨和冷却，用水量可调至工作面不发干为宜。

(5) 根据地面的粗细情况，应更换磨石。如去掉磨块，换上蜡块用于地面打蜡。

(6) 更换新磨块前应先在废水磨石地坪上或废水泥制品表面先磨 1～2h，待金刚石切削刃磨出后再投入工作面作业，否则会有打掉石子现象。

7.4.2 地面抹光机

地面抹光机用于水泥砂浆或混凝土的地面、楼板、屋面找平层以及预制件等表面的抹平压光，按动力分为电动式和内燃式，按结构分为单头式和多头式。

1．构造组成

如图 7.16 所示为地面抹光机的外形示意图。它是由传动部分、抹刀及机架等所组成的。

2．工作原理

使用时，电动机通过 V 带驱动抹刀转子，在转动的十字架底面上装有 2～4 片抹刀，抹刀倾斜方向与转子旋转方向一致，抹刀的倾角与地面呈 10°～15°。使用时，先握住操纵手柄，启动电动机，抹刀片随之旋转而进行水泥地面抹光工作。抹第一遍时，要求能起到抹平与出浆的作用，如有低凹不平处，应找补适量的砂浆，再抹第二遍、第三遍。

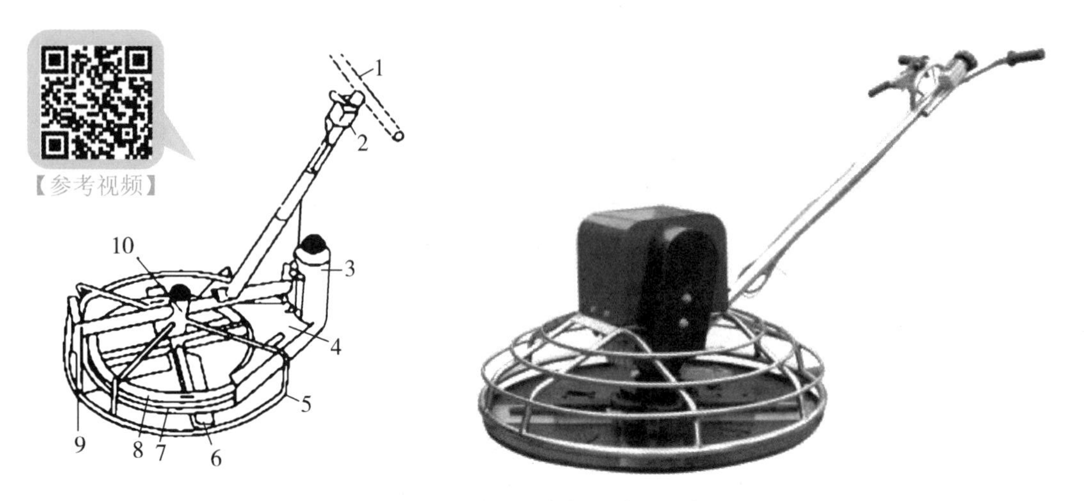

图 7.16　地面抹光机的外形示意图

1—手柄；2—电气开关；3—电动机；4—防护罩；
5—护圈；6—抹刀；7—三角带；8—抹刀转子；9—配重；10—轴承架

3．性能指标

地面抹光机的主要技术性能指标见表 7-8。

表 7-8　地面抹光机的主要技术性能指标

形　式	型　号	抹　刀　数	转速/(r/min)	抹头直径/mm
单头	DM60	4	90	600
	DM69	4	90	600
	DM85	4	45/90	850
双头	SDM650	6	120	370
	SDM1	2×3	120	370
	SDM68	2×3	100/120	370

4．使用注意事项

(1) 底层细石混凝土摊铺平整合乎质量要求后，铺洒面层水泥干砂浆并刮平，当干砂浆渗湿后稍具硬度，将抹刀板旋转时地面不呈明显刀片痕迹，方可开机运转。

(2) 操作时应有专人收放电缆线，防止被抹刀板破坏或拖坏已抹好的地面。

(3) 第一遍抹光时，应从内角往外纵横重复抹压，直至压平、压实、出浆为止。第二遍抹光时，应由外墙一侧开始向门口倒退抹压，直至光滑平整无抹痕为止。

(4) 作业结束后，用水洗掉黏附在抹光机上的砂浆。存放前，应在抹板与连接盘螺钉上涂抹润滑脂。

(5) 使用一定时期后，应在抹板支座上的 4 个油嘴加注润滑脂。减速齿轮油应随季节变化更换。

7.5 手持机具

手持机具主要是运用小容量电动机，通过传动机构驱动工作装置的一种手提式或携带式小型机具。手持机具用途广泛、使用方便、能提高装饰质量和速度，是装饰机械的重要组成部分，近年来发展很快。

手持机具按照动力划分，有电动机具、气动机具两类，施工中较多采用电动机具；按照工作部分的运动性质划分，有旋转式机具、往复式机具、冲击式机具等多种。

7.5.1 饰面机具

常用饰面机具有弹涂机、各种喷枪以及气动剁斧机等。

1. 弹涂机

弹涂机能将多种色浆弹在墙面上，适用于建筑物内、外墙及顶棚的彩色装饰。电弹涂机由电动机、弹涂器弹头、电开关、手柄、控制箱等主要部件组成。控制箱通过电源插头与弹涂机接通。弹涂机的结构如图 7.17 所示。

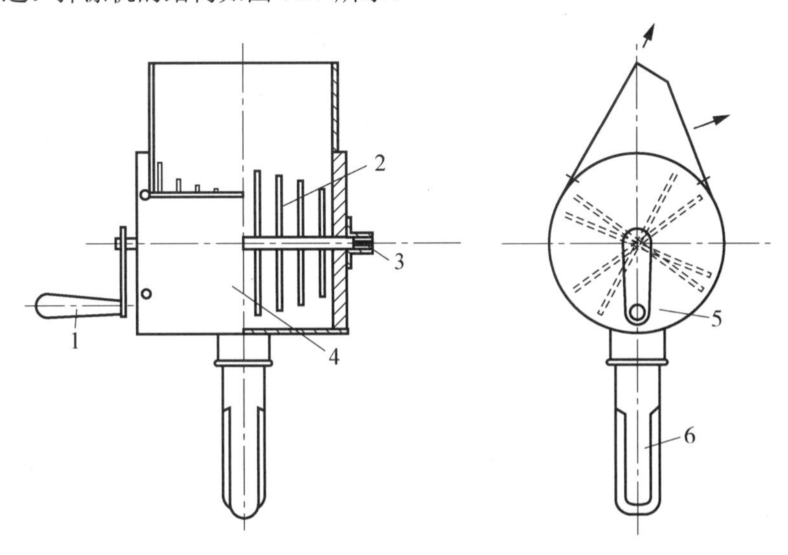

图 7.17 弹涂机结构简图

1—摇把；2—弹棒；3—接电动软轴；4—筒子；5—摇把；6—把手

弹涂机的技术性能指标见表 7-9。

表 7-9　弹涂机的技术性能指标

型号	操作电压/V	电机转速/(r/min)	弹涂棒转速/(r/min)	生产效率/(m²/h)
DT120A	12	1500	300～400	8
DT120B	15	3000	60～500	10
DJ110B	16	3000	60～500	10

2. 喷枪

喷枪可以分为灰浆用喷枪和涂料用喷枪。

1) 灰浆用喷枪

灰浆用喷枪一般用低碳钢板或铝合金板经焊接而成，其头部安装有喷嘴。这种喷枪将灰浆输送管和高压空气输送管组合在一起，使灰浆在高压空气的作用下，从喷嘴中均匀地喷涂到墙面的基层上。

根据构造和功能不同，灰浆用喷枪又分为普通喷枪和万能喷枪两种。

(1) 普通喷枪。图 7.18(a)所示为普通喷枪的构造，它主要由灰浆管、高压空气管、阀门和喷嘴等组成。普通喷枪只适合白灰砂浆的喷涂，其喷嘴的规格有 10mm、12mm 和 14mm 3 种，可以根据喷浆时的技术要求选定使用。

(2) 万能喷枪。图 7.18(b)所示为万能喷枪的构造，这种喷枪比普通喷枪多了两段锥形管，万能喷枪能够借助于高压空气将石灰砂浆、水泥砂浆或混合砂浆等均匀地喷到墙面上。

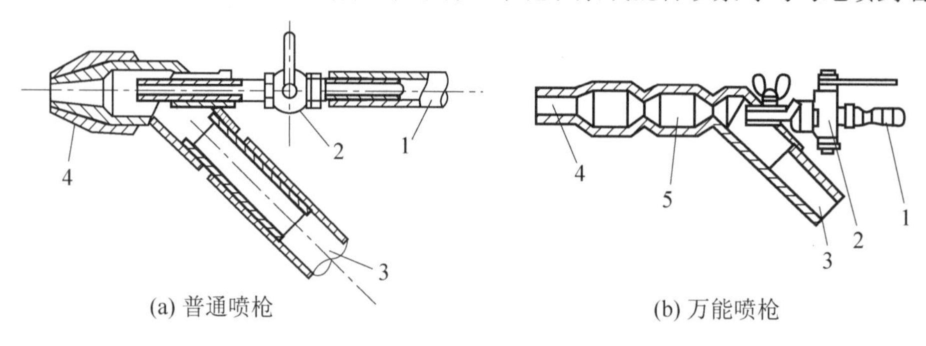

(a) 普通喷枪　(b) 万能喷枪

图 7.18　喷枪

1—压缩空气管；2—空气阀门；3—灰浆管；4—喷嘴；5—混合室

2) 涂料(油漆)用喷枪

如图 7.19 所示为涂料(油漆)用喷枪的外形，由涂料罐、喷射器、涂料上升管和手柄等组成。盖的上方有弓形扣和三翼形螺母各一只。三翼形螺母左转，可以将弓形扣顶向上方，此时，弓形扣的缺口部分将贮料罐两侧的拉杆上提而拉紧，使喷枪盖紧盖在贮料罐上。作业时，扣紧扳手后，高压空气即从进气管经进气阀门进入喷射器头部的空气室，此时控制喷涂输出量的顶针也随着扳手后退，空气室的压缩空气流入喷嘴，使喷嘴部分形成负压，贮料罐内的涂料被大气压力压入涂料上升管而喷嘴出口处遇到高压空气，吹料罐内的涂料被大气压力压入涂料上升管而涌向喷嘴，喷嘴出口处遇到高压空气，就被吹散成雾状而黏附在墙面上。喷射器的头部有可调整喷涂面积的刻度盘，可以根据作业要求随时进行调整。

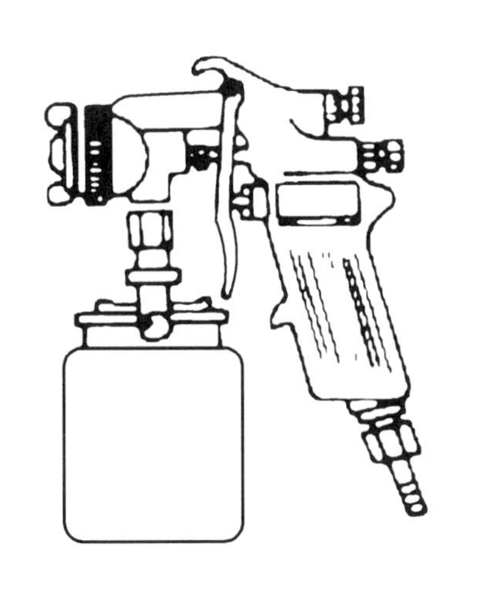

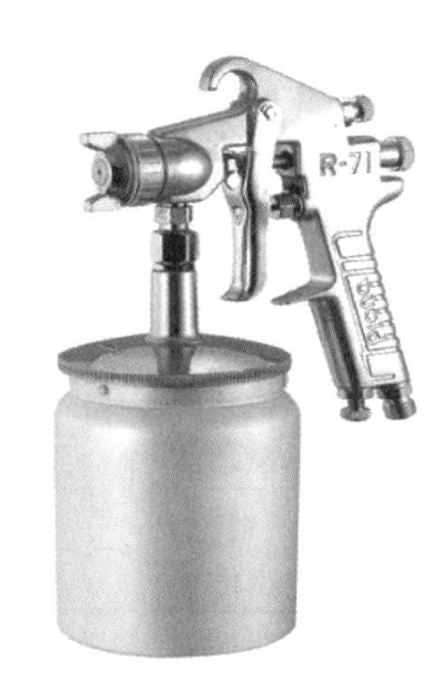

图 7.19　涂料(油漆)用喷枪外形图

7.5.2 打孔机具

常用的打孔机具有电锤及各种电钻等。

1．电锤

电锤(图 7.20)是一种在钻削的同时兼有锤击功能的小型电动机具，国外又称为冲击电钻。电锤由单相串激式电动机、传动装置、曲轴、连杆、活塞机构、离合器、刀夹机构和操作手柄等组成，适合在砖、石、混凝土等脆性材料上进行打孔、开槽、粗糙表面、安装膨胀螺栓、固定管线等作业。

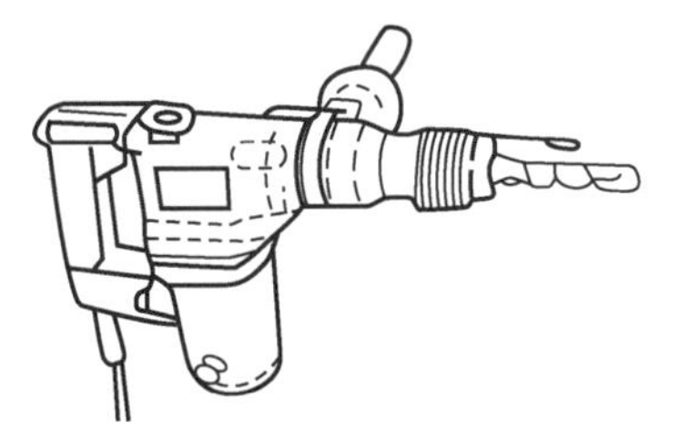

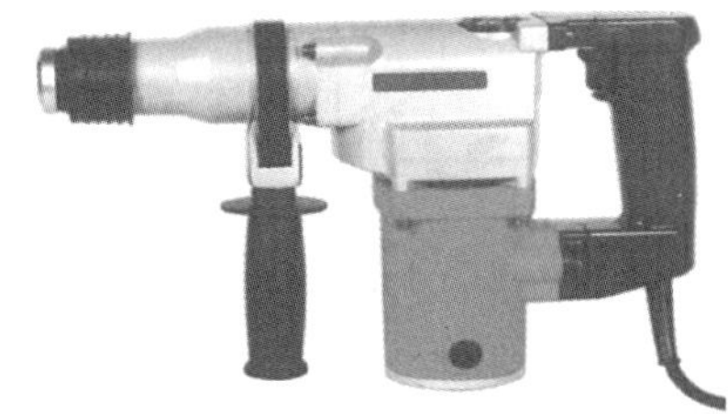

图 7.20　电锤外形图

电锤的旋转运动是同电动机经一对圆柱斜齿轮传动和一对螺旋锥齿轮减速来带动钻杆旋转的。当钻削出现超载时，保险离合器使钻杆旋转打滑，不会使电动机过载和零件损失。电锤的冲击运动，是电动机旋转，经一对齿轮减速带动曲轴，然后通过连杆、活塞销带动压气活塞在冲击活塞缸中做往复运动来冲击活塞缸中的锤杆，锤杆以较高的冲击频率打击工具端部，进而造成钻头向前冲击完成的。电锤的这种旋转加冲击的复合钻孔运动，要比单一的钻孔运动钻削效率高得多，因为冲击运动可以冲碎钻孔部位的硬物，并且还能钻削一般电钻不能钻削的孔眼，因而在装饰工程中砖和混凝土等硬基底钻孔广泛应用这种机具。

国产 JIZC-22 型电锤是具有代表性的产品，其技术性能指标见表 7-10。这种电锤的随机配件有钻孔深度限位杆、侧手柄、防尘罩、注射器和整机包装手提箱等。

表 7-10　JIZC-22 型电锤的技术性能指标

性能指标		取　值
电压/V		110、115、120、127、200、220、230、240
输入功率/W		520
空载转速/(r/min)		800
满载冲击频率/(次/min)		3150
钻孔直径/mm	混凝土	22
	钢	13
	木材	30

2. 电钻

电钻是一种体积小、重量轻、使用灵敏、操作简单和携带方便的小型电动机具，适合对金属材料、塑料或木材等装饰构件钻孔，其外形构造如图 7.21 所示，主要由外壳、电动机、传动机构、钻头和电源连接装置等组成。手电钻所用的电动机有交直流两用串激式、三相中频、三相工频和直流永弹磁式。其中交直流两用串激式的电钻构造较简单，容易制造，且体积小、重量轻，在装饰工程施工中应用最为广泛。

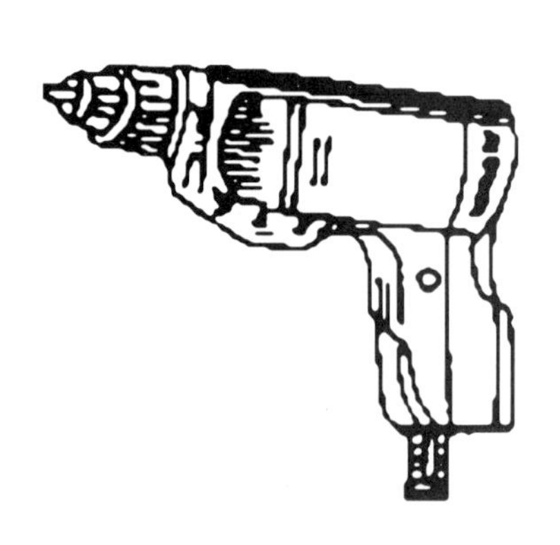

图 7.21　电钻

从技术性能上看，手电钻有单速、双速、四速和无级调速这几种。其中，双速电钻为齿轮变速。在装饰工程中用手电钻钻孔的孔径多在 13mm 以下，钻头可以直接卡固在钻头夹内。若需钻削 13mm 以上孔径的孔时，则还要加装莫氏锥套筒。手电钻的规格是以最大钻孔直径来表示的。国产交直流两用电钻的技术性能指标见表 7-11。

表 7-11　国产交直流两用电钻的技术性能指标

电钻规格/mm	额定转速/(r/min)	额定转矩/(N·m)
4	≥2200	0.4
6	≥1200	0.9
10	≥700	2.5
13	≥500	4.5

续表

电钻规格/mm	额定转速/(r/min)	额定转矩/(N · m)
16	≥400	7.5
19	≥330	8.0
23	≥250	8.6

7.5.3 切割机具

1. 电锯

电锯又称为手提式木工电锯，由串激电动机、凿形齿复合锯片、导尺、护罩、机壳和操纵手柄等组成，其外形如图 7.22 所示。手提式木工电锯主要用于木材横纵截面的锯切以及胶合板、塑料板、石膏板的锯割，具有锯切效率高、锯切质量好、节省材料和安全可靠等优点，是建筑物室内细木装饰工程中使用最多的小型手持电动机具之一。

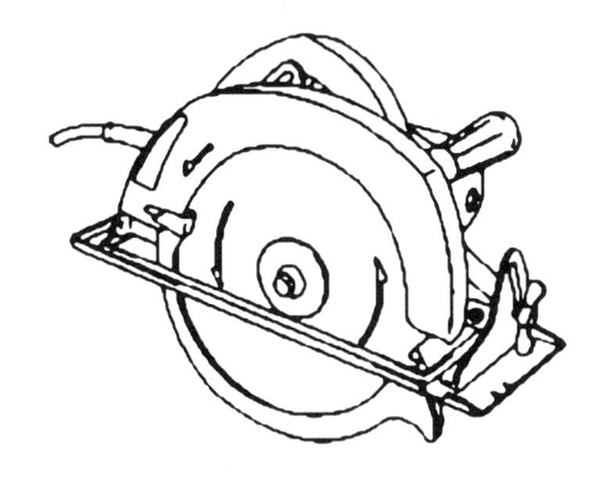

图 7.22 电锯外形图

国产手提式电锯的型号和主要技术性能见表 7-12。

表 7-12 国产手提式电锯的型号和主要技术性能表

型　　号	锯片直径/mm	最大切削深度/mm		额定功率/W		空载转速/(r/min)
		45°	90°	输　　入	输　　出	
5600NB	160	36	55	800	500	4000
5800N	180	43	64	900	540	4500
5800NB	180	43	64	900	540	4500
5900N	235	58	84	1750	1000	4100

【参考视频】

2. 砂轮切割机

砂轮切割机又称为无齿锯，是一种小型、高效的电动切割机具。砂轮切割机利用砂轮磨削的原理，将薄片砂轮作为切削刀具，对各种金属型材料进行切割下料，其切割速度快，切断面光滑、平整，垂直度高，且生产效率高。若将薄片砂轮换装上合金锯片，还可以用来切割木材或塑料等。在建筑装饰施工中，砂轮切割机多用于金属内外墙板、铝合金门窗安装和金属龙骨吊顶等装饰作业的切割下料。

根据构造和功能的不同，可将砂轮切割机分为单速型和双速型两种，这两种砂轮切割机都是由电动机、动力切割头、可旋转的夹钳底座、转位中心调速机构及砂轮切割片等组成的。双速型砂轮切割机还增设了变速机构。

图 7.23(a)所示为单速砂轮切割机的外形。作业时，将要切割的材料装卡在可换夹钳上，接通电源，电动机驱动三角带传动机构带动切割头砂轮片高速回转，操作者按下手柄，砂轮切割头随着向下送进而切割材料。这种砂轮切割机构造简单，但只有一种工作速度，只能作为切割金属材料之用。

图 7.23(b)所示为双速型砂轮切割机的外形。双速型砂轮切割机采用锥形齿轮传动，增设了变速机构，可以变换出高速和低速两种工作速度。双速型若使用高速，需配装直径为 300mm 的切割砂轮片，可用于切割钢材和有色金属等金属材料；若使用低速，需配装直径为 300mm 的木工圆锯片，用于切割木材和硬质塑料等非金属材料。再有，双速型砂轮切割机的砂轮中心可以在 50mm 范围内做前后移动；底座可以在 0°～45°的范围内做任意角度的调整，于是加强了切割的功能。而单速型砂轮切割机的动力头与底座是固定的，不能前后移动。

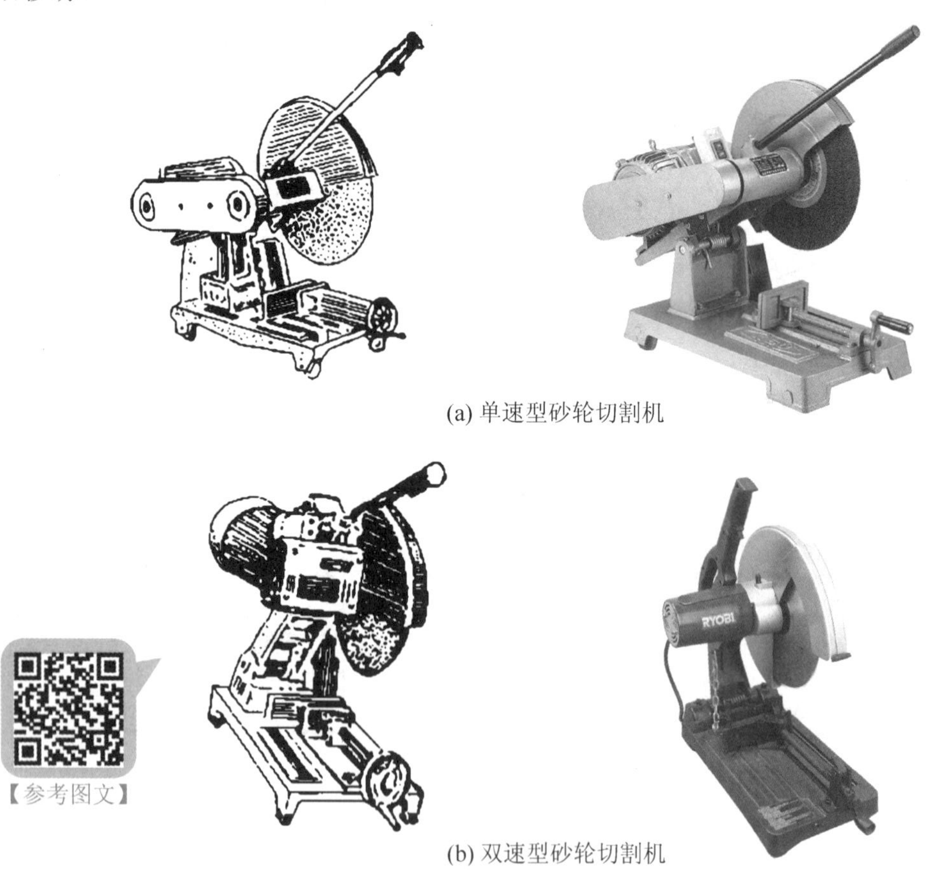

(a) 单速型砂轮切割机

(b) 双速型砂轮切割机

图 7.23　砂轮切割机外形图

砂轮切割机的主要技术性能指标见表 7-13。

表 7-13　砂轮切割机的主要技术性能指标

性能指标	J3G-400 型	J3GS-300 型
额定电压/V	380	380
额定功率/kW	2.2	1.4
转速/(r/min)	2880	2880
级数	单速	双速
切割线速度/(m/min)	60(砂轮片)	18(砂轮片)，32(圆锯片)
夹钳可转角度/(°)	0，15，30，45	0～45
切割中心调整量/(mm)	50	—

7.5.4 铆接紧固机具

铆接紧固机具主要有拉铆枪、射钉枪、气动蚊钉枪等。

拉铆枪用于各种结构件的铆接作业，铆件美观牢固，能达到一定的气密或水密性要求，对封闭构造或盲孔均可进行铆接。拉铆枪有电动和气动两种，电动因使用方便而被广泛采用。

射钉枪是进行直接紧固技术的一种先进工具，能将射钉直接射入钢板、混凝土、砖石等基础材料里，无须再做准备工作(如钻孔、预埋等)，能使构件获得牢固固接。射钉枪按其结构分为高速、低速两种。高速射钉枪是靠弹膛里的火药爆发气体的能量直接推动射钉，以 500m/s 的速度射出，这种枪威力大，但射入深度不易控制；低速射钉枪的发射管里有活塞装置，弹药爆发气体的能量推动活塞，活塞再推动射钉以 100m/s 的速度射出，射钉固接深度可通过活塞行程加以控制。

1．构造组成

射钉枪、拉铆枪结构图分别如图 7.24 和图 7.25 所示。

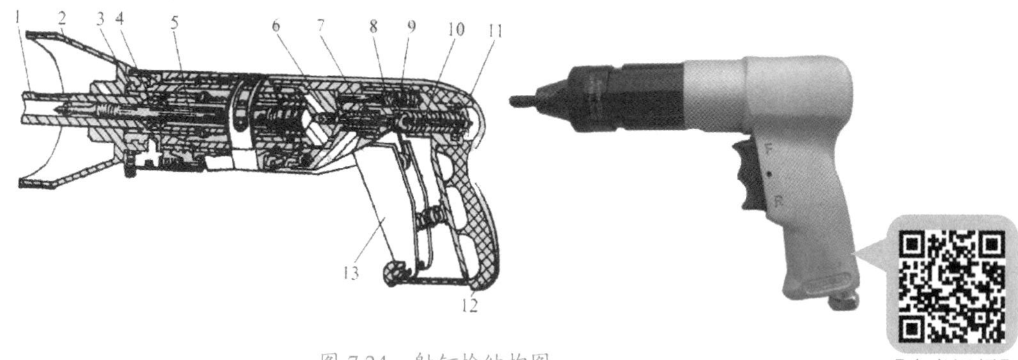

图 7.24　射钉枪结构图

1—钉管；2—护罩；3—机头外壳；4—制动环；5—活塞；
6—弹膛组件；7—击针；8—击针回簧；9—挡板；10—击针簧；
11—端帽；12—枪尾体外套；13—扳机

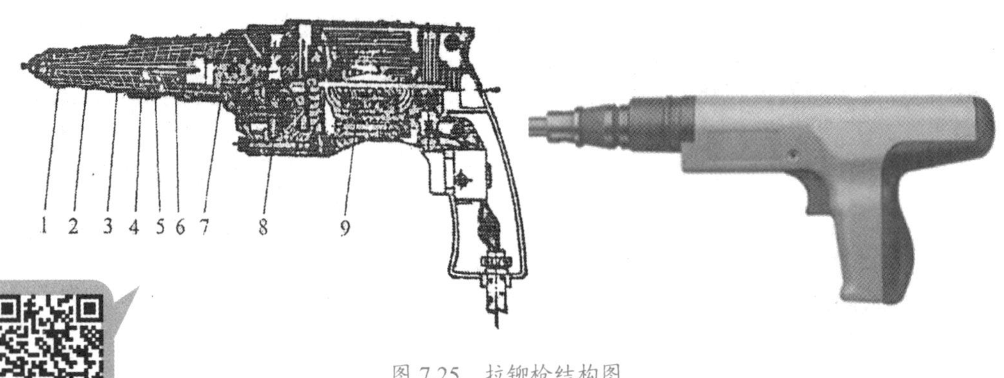

【参考视频】

图 7.25　拉铆枪结构图

1—卡爪；2、5—弹簧；3—拉铆杆；4—芯棒；6—螺纹离合块；
7—内螺纹主轴；8—齿轮副；9—电动机

2．使用注意事项

1) 拉铆枪

(1) 根据选定的铆钉配用的铆钉轴来选用拉铆头子，其孔径与铆钉轴应匹配合适。

(2) 被铆接物体上的铆钉孔要与铆钉滑配合，不得太松，否则会影响铆接强度和质量。

(3) 进行铆接时，如遇铆钉轴未拉断，可重复扣动扳机，直到铆钉轴拉断为止。切忌强行扭撬，以免损伤机件。

(4) 作业中要随时防止拉铆头子或并帽松动，发现松动要立即将并帽拧紧，否则会失去精度调节，影响操作。

(5) 拉铆枪的离合器、滚珠轴承和齿轮等要保持清洁和润滑良好，定期添换润滑脂。

2) 射钉枪

(1) 装钉子。把选用的钉子装入钉管，并用与枪钉管内径相配的通条，将钉子推到底部。

(2) 装射壳。把射钉枪的前半部转动到位，向前拉；断开枪身，弹壳便自动退出。

(3) 装射钉弹。把射钉弹装入弹膛，关上射钉枪，拉回前半部，顺时针方向旋转到位。

【参考图文】

(4) 击发。将射钉枪垂直地紧压于工作面上，扣动扳机击发，如有弹不发火，重新把射钉枪垂直紧压于工作面上，扣扳机再击发。如经两次扣动扳机子弹还不击发，应保持原射击位置数秒钟，然后再将射钉弹退出。

(5) 在使用结束时或更换零件，以及断开射钉枪之前，射钉枪不准装射钉弹。

(6) 严禁用手掌推压钉管。

习　题

1．装饰机械主要包括哪些类型？

2. 简述灰浆搅拌机的注意事项。
3. 简述挤压式灰浆泵的工作原理及过程。
4. 简述水磨石机的类型及使用注意事项。
5. 气动铆接紧固机具有哪几种？使用时应注意什么？

【参考答案】

专题8 施工机械的使用管理

教学目标

了解施工机械使用管理的基本要求；了解建筑施工机械资产管理及维修分类；掌握建筑施工机械选型的原则及方法。

能力要求

能够在建筑施工过程中掌握施工机械管理的基本要求，能够正确、合理地对建筑工程施工中各类施工机械进行管理。

引言

随着工程施工机械化程度的提高，施工机械设备已成为施工现场的重要设备，由于工程规模的不断扩大和施工工艺的提高，其在建筑施工中的地位越来越突出，其产品质量和安全性能如何，直接关系到施工安全生产。但是目前施工现场使用的施工机械设备的产品质量和使用情况不容乐观，有的保险和限位等安全装置不齐全或失灵，有的机械设备长期维护不当，有的在安装、使用过程中违章指挥、违章操作，致使施工机械设备存在严重的安全隐患，甚至造成重大、特大事故。因此，加强施工机械设备的管理，对控制和减少机械设备事故，保护作业人员的人身安全，提高企业经济效益，具有重要的意义。

8.1 施工机械使用管理基本要求

8.1.1 机械操作人员素质要求

施工机械是由操作人员直接掌握的，机械使用的好坏，生产效率的高低，都取决于操作人员的高度责任心和熟练的操作技术，因此，必须做好下列工作。

(1) 所有机械操作人员都应经过专业技术培训，按应知应会要求进行考核，合格者获得操作证，凭证操作机械。

(2) 新工人在独立使用机械时，必须经过对机械的结构性能、安全操作、维护要求等方面的技术知识教育和实际操作及基本功的培训。

(3) 坚持定人、定机，建立岗位责任制及交接班制度。

(4) 合理配备机械操作和维修人员，根据机械类和作业班次，按定额配备技术等级符合机械技术要求的操作和维修人员。

(5) 严格执行机械使用安全技术规程和使用监督检查制度，定期开展机械使用检查评比活动。

8.1.2 机械的维护保养

按时做好机械的维护保养，是保证机械正常运行、延长使用寿命的必要手段。为此，在编制施工生产计划的同时，要按规定安排机械保养时间，保证机械按时保养。机械使用中发生故障，要及时排除，严禁带病运行和只使用不保养的做法。

(1) 汽车和以汽车底盘为底车的建筑机械，在走合期公路行驶速度不得超过 30km/h，工地行驶速度不得超过 20km/h，载重量应减载 20%～25%，同时在行驶中应避免突然加速。

(2) 电动机械在走合期内应减载 15%～20%运行，齿轮箱也应采用黏度较低的润滑油，走合期满应检查润滑油的状况，必要时应更换(如装有新齿轮，或全部更换润滑油)。

(3) 机械上原定不得拆卸的部位走合期内不应拆卸，机械走合时应有明显的标志。

(4) 入冬前应对操作使用人员进行冬季施工安全教育和冬季操作技术教育，并做好防寒检查工作。

(5) 对冬季使用的机械要做好换季保养工作，换用适合本地使用的燃油、润滑油和液压油等油料，并安装保暖装置。凡带水工作的机械、车辆，停用后应将水放尽。

(6) 机械启动后，先低速运转，待仪表显示正常后再提高转速和负荷工作。内燃发动机应有预热程序。

(7) 机械的各种防冻和保温措施不得遗漏。冷却系统、润滑系统、液压传动系统及燃

料和蓄电池，均应按各种机械的冬季使用要求进行使用和养护。机械设备应按冬季启动、运转、停机清理等规程进行操作。

8.1.3 机械的合理使用

在机械化施工中，机械的选用是否合理，将直接关系到施工进度、质量和成本，是优质、高产、低耗地完成施工生产任务和充分发挥机械效能的关键。

1．编制机械使用计划

根据施工组织设计编制机械使用计划，编制时采用分析、统筹、预测等方法，计算机械施工的工程量和施工进度，作为选择调配机械类型、台数的依据，以尽量避免大机小用，早要迟用，既要保证施工需要，又不使机械停置或不能充分发挥其效率。

2．通过经济分析选用机械

市政工程配备的施工机械，不仅有机种上的选用，还有机型、规格上的选择。在满足施工生产要求的前提下，对不同类型的机械施工方案，从经济性进行分析比较，即将几种不同的方案，计算单位实物工程量的成本费，取其最小者为经营最佳方案，对于同类型的机械施工方案，如果其规格、型号不相同，也可以进行分析比较，按经营性择优选用。

3．合理组合机械的原则

机械施工是多台机械的联合作业，合理的组合和配套，才能最大限度地发挥每台机械的效能。合理组合机械的原则有以下五个方面。

(1) 尽量减少机械组合的机械种类。机械组合的机械种类越多，其作业效率会越低，影响作业的概率就会增多，如组合机械中有一种机械发生故障，将影响整个组合作业。

(2) 注意机械能力适应的组合。在流水作业中使用组合机械时，必须对组合的各种机械能力进行平衡。如果作业能力不平衡，会出现一台或几台机械能力过剩，发挥不出机械的正常效率。

(3) 机械组合要配套和系列化，在组织机械化施工中，不仅要注意机械配套，而且要注意分成几个系列的机械组合，同时平行地进行施工，以免组合中一台机械损坏造成全面停工。

(4) 组合机械应尽可能地简化机型，以便于维修和管理。

(5) 尽量选用具有多种作业装置的机械，以利于一机多用，提高机械利用率。

8.1.4 机械的正确使用

正确使用机械是机械使用管理的基本要求，它包括技术合理和经济合理两方面的内容。

(1) 技术合理，就是按照机械性能、使用说明书、操作规程以及正确使用机械的各项技术要求使用机械。

(2) 经济合理，就是在机械性能允许的范围内，能充分发挥机械的效能，以较低的消耗获得较高的经济效益。

根据技术合理和经济合理的要求，机械的正确使用主要应达到以下三个要求。

(1) 高效率。机械使用必须使其生产能力得以充分发挥。在综合机械化组合中，至少应使其主要机械的生产能力得以充分发挥。机械如果长期处于低效运行状态，那就不是合理使用的主要表现。

(2) 经济性。在机械使用已经达到高效率时，还必须考虑经济性的要求。使用管理的经济性，要求在可能的条件下，使单位实物工程量的机械使用费成本最低。

(3) 机械非正常损耗防护。机械正确使用追求的高效率和经济性必须建立在不发生非正常损耗的基础上，否则就不是正确使用，而是拼机械，吃老本。机械的非正常损耗是指由于使用不当而导致出现机械早期磨损、事故损坏以及各种机械技术性能受到损害或缩短机械使用寿命等现象。

以上三个要求是衡量机械是否做到正确使用的主要标志。要达到上述要求的因素是多方面的，有施工组织设计方面和人的因素，也有各种技术措施方面的因素。

8.1.5 机械的工作参数

1. 工作容量

施工机械的工作容量常用机械装置的尺寸、作用力(功率)和工作速度来表示，如挖掘机和铲运机的斗容量，推土机的铲运尺寸等。

2. 生产率

施工机械的生产率是指单位时间(小时、台班、月、年)机械完成的工程数量。生产率的表示可分以下三种。

(1) 理论生产率。它是指机械在设计标准条件下，连续不停工作时的生产率。理论生产率只与机械的形式和构造有关，与外界的施工条件无关。一般机械技术说明书上的生产率就是理论生产率，是选择机械的一项参数。

施工机械的理论生产率，通常按下式表示

$$Q_L = 60A$$

式中 Q_L——机械每小时的理论生产率；

A——机械 1min 内所完成的工作量。

(2) 技术生产率。它是指机械在具体施工条件下，连续工作的生产率，考虑了工作对象的性质和状态以及机械能力发挥的程度等因素。这种生产率是可以争取达到的生产率，用下式表示

$$Q_w = 60AK_w$$

式中 Q_w——机械每小时的技术生产率；

K_w——工作内容及工作条件的影响系数，不同机械所含项目不同。

(3) 实际生产率。它是指机械在具体施工条件下，考虑了施工组织及生产时间的损失等因素后的生产率，可用下式表示

$$Q_z = 60AK_w k_B$$

式中 Q_z——机械每小时的实际生产率；

k_B——机械生产时间利用系数。

3. 动力

动力是驱动各类施工机械进行工作的原动力。施工机械动力包括动力装置类型和功率。

4．工作性能参数

施工机械的主要参数，一般列在机械的说明书上，选择、计算和运用机械时可参照查用。

8.1.6 施工机械需要量的计算

施工机械需要量是根据工作量、计划时段内的台班数、机械的利用率和生产率来确定的，可用下式计算

$$N = p / (WQk_B)$$

式中 N——需要机械的台数；

P——计划时段应完成的工程量，m^3；

W——计划时段内的台班数；

Q——机械的台班生产率，m^3/台班；

k_B——机械的利用率。

对于施工工期长的大型工程，以年为计划时段。对于小型和工期短的工程，或特定的在某一时段内完成的工程，可根据实际需要选取计划时段。

机械的台班生产率可根据现场实测确定，或者根据类似工程中使用的经验确定。机械的生产率也可根据制造厂家推荐的资料，但须持谨慎态度。采用理论公式计算时，应当仔细选取有关参数，特别要注意影响生产率最大的时间利用系数值。

8.2 施工机械使用管理基本制度

8.2.1 “三定”责任制

“三定”制度是指在机械设备使用中定人、定机、定岗位责任的制度。“三定”制度把机械设备使用、维修、保养等各环节的要求都落实到具体人身上，是一项行之有效的基本管理制度。

“三定”制度的主要内容包括坚持人机固定的原则，实行机长负责制和贯彻岗位责任制。

人机固定就是把每台机械设备和它的操作者相对固定下来，无特殊情况不得随意变动。当机械设备在企业内部调拨时，原则上人随机走。

机长负责制：对于操作人员按规定应配两人以上的机械设备，应任命一人为机长并全面负责机械设备的使用、维护、保养和安全。若一人使用一台或多台机械设备，该人就是这些机械设备的机长。对于无法固定使用人员的小型机械，应明确机械所在班组长为机长，即企业中每一台机械设备，都应明确对其负责的人员。

岗位责任制包括机长负责制和机组人员负责制，并对机长和机组人员的职责做出详细和明确的规定，做到责任到人。机长是机组的领导者和组织者，全体机组人员都应听从其指挥，服从其领导。

1．“三定”制度的形式

根据机械类型的不同，定人定机有下列三种形式。

(1) 单人操作的机械，实行专机专责制，其操作人员承担机长职责。

(2) 多班作业或多人操作的机械，均应组成机组，实行机组负责制，其机组长即为机长。

(3) 班组共同使用的机械以及一些不宜固定操作人员的设备，应指定专人或小组负责保管和保养，限定具有操作资格的人员进行操作，实行班组长领导下的分工负责制。

2．“三定”制度的作用

(1) 有利于保持机械设备良好的技术状况，有利于落实奖罚制度。

(2) 有利于熟练掌握操作技术和全面了解机械设备的性能、特点，便于预防和及时排除机械故障，避免发生事故，充分发挥机械设备的效能。

(3) 便于做好企业定编定员工作，有利于加强劳务管理。

(4) 有利于原始资料的积累，便于提高各种原始资料的准确性、完整性和连续性，便于对资料的统计、分析和研究。

(5) 便于单机经济核算工作和设备竞赛活动的开展。

3．“三定”制度的管理

(1) 机械操作人员的配备，应由机械使用单位选定，报机械主管部门备案；重点机械的机长，还要经企业分管机械的领导批准。

(2) 机长或机组长确定后，应由机械使用单位任命，并应保持相对稳定，不要轻易更换。

(3) 企业内部调动机械时，大型机械原则上做到人随机调，重点机械则必须人随机调。

4．操作人员职责

(1) 努力钻研技术，熟悉本机的构造原理、技术性能、安全操作规程及保养规程等，达到本等级应知应会的要求。

(2) 正确操作和使用机械，发挥机械效能，完成各项定额指标，保证安全生产，降低各项消耗。对违反操作规程可能引起危险的指挥，有权拒绝并立即报告。

(3) 精心保管和保养机械，做好例保和一保作业，使机械经常处于整齐清洁、润滑良好、调整适当、紧固件无松动等良好技术状态。保持机械附属装置、备品附件、随机工具等完好无损。

(4) 及时正确填写各项原始记录和统计报表。

(5) 严格执行岗位责任制及各项管理制度。

5．机长职责

机长是不脱产的操作人员，除履行操作人员职责外，还应做到以下几个方面。

(1) 组织并督促检查全组人员对机械的正确使用、保养和保管，保证完成施工生产任务。

(2) 检查并汇总各项原始记录及报表，及时准确上报。组织机组人员进行单机核算。

(3) 组织并检查交接班制度执行情况。

(4) 组织本机组人员的技术业务学习，并对他们的技术考核提出意见。

(5) 组织好本机组内部及兄弟机组之间的团结协作和竞赛。

拥有机械的班组长，也应履行上述职责。

8.2.2 交接制度

1. 机械设备调拨的交接

(1) 机械设备调拨时，调出单位应保证机械设备技术状况的完好，不得拆换机械零件，并将机械的随机工具、机械履历书和交接技术档案一并交接。

(2) 如遇特殊情况，附件不全或技术状况很差的设备，交接双方先协商取得一致后，按双方协商的结果交接，并将机械状况和存在的问题、双方协商解决的意见等报上级主管部门核备。

(3) 机械设备调拨交接时，原机械驾驶员向双方交底，原则上规定机械操作人员随机调动，遇不能随机调动的驾驶员应将机械附件、机械技术状况、原始记录、技术资料做出书面交接。

(4) 机械交接时必须填写交接单，对机械状况和有关资料逐项填写，最后由双方经办人和单位负责人签字，作为转移固定资产和有关资料转移的凭证，机械交接单一式四份。

2. 新机械的交接

(1) 按机械验收试运转规定办理。

(2) 交接手续同上。

3. 机械使用的班组交接和临时替班的交接

(1) 按规定的主要内容。

① 交接生产任务完成情况。

② 交接机械运转、保养情况和存在的问题。

③ 交接随机工具和附件情况。

④ 交接燃油消耗和准备情况。

⑤ 交接人填写本班的运转记录。

(2) 交接记录应交机械管理部门存档，机械管理部门应及时检查交接制度执行情况。

(3) 由于交接不清或未办交接造成的机械事故，按机械事故处理办法对当事人双方进行处理。

8.2.3 机械设备调动制度

1. 机械设备调动

机械设备调动是指公司下属单位之间固定资产管理、使用、责任、义务权限的变动，资产权仍归公司所有。机械设备调动工作的运作，由公司决定、项目组执行，具体实施包括以下几个方面。

(1) 公司物资设备部根据公司生产会议或公司领导的决定，向调出单位下达机械设备调令，一式四份，调出单位、调入单位、物资设备部、财务部门各一份。

(2) 调入、调出单位机械主管或机管人员，双方联系，确定实施调运的若干细节。

(3) 双方必须明确的几个问题。

① 调出单位。

必须保证调出设备应该具备的机械状况及技术性能。

调出设备的技术资料(说明书、履历书、保修卡、各种证费等)、专用工具、随机附件等必须向调入单位交代清楚，并填写机械交接单，一式两份，存档备查。

调出单位为该设备购进的专用配件，可有偿转给调入单位，调入单位在无特殊原因的条件下必须接收。

因失保失修造成的调动设备技术低下，资值不符，调出单位应给予修复后才能调出。若调出单位确有困难，双方可本着互尊、互让、互利的原则，确定修复的项目、部位、费用，并由调出单位一次性付给调入单位，再由调入单位负责修复。

机械设备严重资值不符，双方不能达成协议的，可由公司组成鉴定小组裁决。公司裁决小组成员有组长、副组长和成员。

组长：公司主管生产副经理。

副组长：物资设备部经理。

成员：物资设备部人员 2～3 名及调出、调入单位机械主管。

调动发生后，调出单位机械财务部门方可销账、销卡。

② 调入单位。

主动与调出单位联系调动事宜。

支付调动运输费及有关间接费用。

办理 A 类设备随机操作人员的人事调动手续。

机械、财务建账、建卡。

负责把完善的两份调令返还给公司物资设备部。

调入、调出单位有不统一的意见时，应由公司仲裁。

2. 固定资产的转移

(1) 当办完对公司以外的机械交接手续后，调出单位填写“资产调拨单”转公司机械设备部门一份，再转入调入单位。物资设备部及时销除台账，财务科销除财务账。

(2) 公司项目间机械设备调动手续办妥后，公司及项目机械部门只做台账及财务账增减工作。

(3) 凡调出公司以外的机械设备均要填写“固定资产调拨单”。

8.2.4 凭证操作制度

(1) 为了加强对施工机械使用和操作人员的管理，更好地贯彻“三定”责任制，保障机械合理使用，安全运转，凡施工机械操作人员，都要经过该机种的技术考核合格后，取得操作证，方可独立操作该种机械。如要增加考核合格的机种，可在操作证上列出增加操作的机种。

(2) 技术考核方法主要是现场实际操作，同时进行基础理论考核。考核内容主要是熟悉本机种操作技术，懂得本机种的技术性能、构造、工作原理和操作、保养规程，以及进

行低级保养和故障排除，同时要进行体格检查。对考核不合格人员，应在合格人员指导下进行操作，并努力学习，争取下次考核合格。经3次考核仍不合格者，应调换其他工作。

(3) 操作证每年组织一次审验，审验内容是操作人员的健康状况和奖惩、事故等记录，审验结果填入操作证有关记事栏。未经审验或审验不合格者，不得继续操作机械。

(4) 凡是操作下列施工机械的人员，都必须持有关部门颁发的操作证：起重机、外用施工梯、混凝土搅拌机、混凝土泵车、混凝土搅拌站、混凝土输送泵、电焊机、电工等作业人员及其他专人操作的专用施工机械。

(5) 凡符合条件的人员，经培训考试合格，取得合格证后方可独立操作机械设备。

8.3 机械安全管理与事故预防

机械设备是国家的重要财富，是生产的基本物质手段，其状况的好坏，直接关系到以后能否维持扩大再生产。因此，预防机械事故、保障机械安全运转，是机械管理部门的重要任务和常抓不懈的工作，也是保持机械完好、提高机械利用率、保障人民生命财产安全的大事。

8.3.1 机械安全管理

1. 建立健全安全生产责任制

机械安全生产责任制是企业岗位责任制的重要内容之一。由于机械的安全直接影响施工生产的安全，所以机械的安全指标应列入企业经理的任期目标。企业的经理是企业机械的总负责人，应对机械安全负责。根据“管生产的同时必须管安全”的原则，对企业各级领导、各职能部门、直到每个施工生产岗位上的职工，都要根据其工作性质和要求，明确规定对机械安全的责任。

落实机械安全责任制，首先要组织落实，企业安全管理部门既要管理施工生产的安全，又要管理机械的安全，两者是不可分割的。机械管理部门也要有专人管理机械安全。基层要有专职或兼职的机械安全员，形成机械安全管理网。其次是内容落实，各项安全要求和责任要落实到各项制度规定中，落实到每个人的身上，以保证安全责任制的贯彻执行。

2. 编制安全施工技术措施

编制机械施工方案时，应有保证机械安全的技术措施。对于重型机械的拆装、重大构件的吊装，超重、超宽、超高物件的运输，以及危险地段的施工等，都要编制安全施工、安全运行的技术方案，以确保施工、生产和机械的安全。

在机械保养、修理中，要制定安全作业技术措施，以保障人身和机械安全。在机械及附件、配件等保管中也应制定相应的安全制度。特别是油库和机械库要制定更严格的安全制度和安全标志，确保机械和油料的安全保管。

3. 贯彻执行机械使用安全技术规程

《建筑机械使用安全技术规程》是原建设部制定和颁布的标准。它是根据机械的结构和运转特点以及安全运行的要求规定机械使用和操作过程中必须遵守的事项、程序及动作等基本规则，是机械安全运行、安全操作的重要保障。机械施工和操作人员认真执行本规程，可保证机械的安全运行，防止事故的发生。

4. 开展机械安全教育

机械安全教育是企业安全生产教育工作的重要内容，主要是针对专业人员进行具有专业特点的安全教育工作，所以也叫专业安全教育。各种机械的操作人员，必须进行专业技术培训和机械使用安全技术规程的学习。专业安全教育也作为取得操作证的主要考核内容。

5. 认真开展机械安全检查活动

机械安全检查的内容：一是机械本身的故障和安全装置的检查，主要是消除机械故障和隐患，确保安全装置灵敏可靠；二是机械安全施工生产的检查，主要是检查施工条件、施工方案、措施是否能确保机械安全施工生产。同时，可在机械安全活动中开展百日无事故、安全运行标兵等竞赛活动。此外，还包括机械安全监督检查制的贯彻执行。

8.3.2 机械事故的分类

1. 按机械事故的性质分类

1) 责任事故

(1) 因养护不良、驾驶操作不当，造成翻、倒、坠、断、扭、烧、裂等情况，引起机械设备的损坏。

(2) 修理质量差，未经严格检验出厂后发生，如因配合不当而烧坏轴和轴承，发动机、变速器等装配不当而损坏总成等。

(3) 不属于正常磨损的机件损坏。

(4) 因操作不当造成的间接损失，如起重机摔坏起吊物件等。

(5) 丢失重要的随机附件等。

2) 非责任事故

(1) 因突然发生的自然灾害，如台风、地震、山洪、雪崩等确属意想不到无法防范而造成的机械损坏的。

(2) 属于原厂制造质量低劣而发生的机件损坏，经鉴定属实的。

2. 按机械损坏程度和损失价值分类

根据机械损坏程度和损失价值进行分类，《全民所有制施工企业机械设备管理规定》中将机械事故分为一般事故、大事故和重大事故三类。

一般事故：机械直接损失价值在 1000～5000 元的。

大事故：机械直接损失价值在 5000～20000 元的。

重大事故：机械直接损失价值在 20000 元以上的。

直接损失价值按机械损坏后修复至原正常状态时所需的工、料费用计算。

8.3.3 机械事故的预防

1. 机械事故预防的基本措施

(1) 加强思想教育，广泛开展安全教育，使机械人员牢固树立“安全第一”的思想，加强机械管理，保证安全生产。

(2) 各级领导要把安全生产当作大事来抓，经常深入基层，抓事故苗头，掌握预防事故的规律，宣传爱机、爱车的好人好事，树立先进典型。

(3) 机械驾驶操作人员必须严格遵守安全技术操作规程和其他有关安全生产的规定，机动车驾驶员除遵守安全技术操作规程外，还要严格遵守交通法规，非机动车驾驶员不准驾驶机动车，非机械驾驶员不准操纵机械。

(4) 机械工人必须经过必需的培训，懂得机械技术性能、操作规程、保养规程，掌握操作技术，经考试合格方可操作机械。

(5) 定期开展安全工作检查，形成一个“安全意义大家讲，事故苗头大家抓，安全措施大家定”的氛围，把事故消灭在萌芽中。

2. 做好机械的防冻、防洪、防火工作

1) 机械防冻

(1) 在每年冰冻前 15～20 天，要布置和组织一次检查机械的防冻工作，进行防冻教育，解决防冻设备，落实防冻措施。特别是对停置不用的设备，要逐台进行检查，放尽发动机积水，同时加以遮盖，防止雨雪水渗入，并挂上“水已放尽”的木牌。

(2) 驾驶员在冬季驾驶机械和车辆时，必须严格按机械防冻的规定办理，不准将机车的放水工作交给他人代放。

(3) 加用防冻液的机车，在加用前要检查防冻液的质量，确认质量可靠后方可加用。

(4) 机械调运时，必须将机内的积水放尽，以免运输过程中冻坏机械。

2) 机械防洪

(1) 每年雨季到来前一个月，对于在河下作业、水上作业和在低洼地施工或存放的机械，都要在汛期到来之前进行一次全面的检查，采取有效措施，防止机械被洪水冲毁。

(2) 在雨季开始前，对于露天存放的停用机械，要上盖下垫，防止雨水进入而锈蚀损坏。

3) 机械防火

(1) 机械驾驶员必须严格遵守防火规定，做到提高警惕，消灭明火，发现问题及时解决。

(2) 存放机械的场地内要配备消防设施，禁止无关人员入内。

(3) 机械车辆的停放，必须排列整齐，留出足够的通道，禁止乱停乱放，以防发生火灾时堵塞道路。

8.3.4 机械事故的处理

1. 机械事故的调查

机械事故发生后，操作人员应立即停机，保持事故现场，并向单位领导和机械主管人员报告。单位领导和机械主管人员应会同有关人员立即前往事故现场。如涉及人身伤亡或

有扩大事故损失等情况，应首先组织抢救。

对已发生的事故，当事单位领导要组织有关人员进行现场检查和周密调查，听取当事人和旁证人的申述，详细记录事故发生的有关情况及造成的后果，作为分析事故的依据。

2. 机械事故的分析

机械事故处理的关键在于正确地分析事故原因。一般事故和大事故由事故单位负责人组织有关人员，在机械管理部门参加下进行现场分析；重大事故由企业机械技术负责人组织机械、安技部门和事故有关人员进行分析。事故分析的基本要求有以下几个方面。

(1) 要重视并及时进行事故分析。分析工作进行得越早，原始数据越多，分析事故原因的根据就越充分。要保存好分析的原始证据。

(2) 如需拆卸发生事故机械的部件时，要避免使零件再产生新的损伤或变形等情况。

(3) 分析事故时，除注意发生事故部位外，还要详细了解周围环境，多访问有关人员，以便得出真实的情况。

(4) 分析事故应以损坏的实物和现场实际情况为主要依据，进行科学的检查、化验，对多方面的因素和数据仔细分析判断，不得盲目推测，主观臆断。

(5) 机械事故往往是多种因素造成的，分析时必须从多方面进行，确有科学根据时才能做出结论，避免由于结论片面而引起不良后果。

(6) 根据分析结果，填写事故报告单，确定事故原因、性质、责任者、损失价值、造成后果和事故等级等，提出处理意见和改进措施。

3. 机械事故处理的原则和方法

(1) 机械事故发生后，如有人员受伤，要迅速抢救受伤人员，在不妨碍抢救人员的条件下，注意保留现场，并迅速报告领导和上级主管部门，进行妥善处理。

(2) 事故不论大小应如实上报，并填写事故报告单。

(3) 事故发生后，肇事单位必须认真对待，并按“四不放过”的原则进行教育。

(4) 在处理机械事故过程中，对肇事者的处理，贯彻以教育为主处罚为辅的原则，根据情节轻重、态度好坏、初犯或屡犯给予不同的处分或罚金。

(5) 在机械事故处理完毕后，应把事故的详细情况录入机械档案。

特别提示

尽管国家和企业对安全工作非常重视，但每年还是有成百上千的机械事故不断发生。操作人员的安全意识薄弱是事故发生的根本性原因。要想降低机械事故的发生率，提高大家的安全意识是非常重要的。

案例 8-1

1999 年 9 月 12 日某住宅楼工地一台 QTZ40 型塔式起重机在安装过程中整机发生倾覆，造成 2 人死亡、1 人重伤的重大设备伤亡事故。

事故经过

1999 年 9 月 12 日下午 2:00 左右，某住宅楼工程正在安装一台 QTZ40 型塔式起重机。该塔式起重机独立高度 32m，臂长 42m，已安装到 25m 标高。在调试时与距离本塔机 58.6m

处的另一台同标高的 QTZ5012 塔机相撞，约 1 小时后，QTZ40 塔机整体倾覆，塔机上 3 人坠落地面，2 人落在地面住宅楼地基桩基础钢筋上当场死亡，另 1 人重伤，塔机钢结构严重损坏，经济损失达 60 多万元。这是一起塔机安装质量出现问题引发的重大伤亡事故。

专家点评

1. 调查结果

(1) 《使用说明书》规定混凝土基础的尺寸为 4m×4m×1.4m，经实际测量后发现该塔机的混凝土基础为 3m×3m×1.4m，其重量仅为原设计重量的 56.25%。

(2) 《使用说明书》规定混凝土基础下方地基的地基承载力为 0.2MPa，现场混凝土基础下为淤泥，地基承载力仅达 0.06～0.07MPa，且未做任何加强处理。

(3) 距塔机混凝土基础边缘东 1m、南 2.5m 处装有 1 个长流水的自来水龙头，造成水渗入塔机基础下，严重降低了地基的承载力。

2. 事故原因

经综合分析，导致本事故发生的直接原因是混凝土基础尺寸小于《使用说明书》规定的尺寸；间接原因为地基受到水浸泡，使地基的承载力不能满足塔机抗倾覆整体稳定性的要求，而且塔机安装高度与相邻塔机的安装高度相等，调试回转时两机发生碰撞从而引发事故。

3. 事故教训

(1) 塔机安装要严格按拆装方案和程序办事，首先地基基础必须达到《使用说明书》规定的地基承载力能满足塔机抗倾翻稳定性的要求。塔机安装单位应根据施工单位提供的塔机施工平面布置图与地质资料，审查塔机所在位置下方的地基承载力是否达到塔机《使用说明书》规定的要求，并由施工项目部和监理单位签字、盖章确认具体数据。能满足要求的则可安装，不满足的则应按《塔式起重机设计规范》(GB/T 13752—1992)及现场地基承载力实际状况计算并校核塔机的抗倾翻稳定性。如不能满足，则可通过加大混凝土基础的面积，或增设桩基础等方法，由施工各方商议决定塔机混凝土基础的制作方案。这是安装塔机的关键项，一定要严格把关。

(2) 塔机基础不可浸泡在水中，四周应有排水措施，这是一般常识和基本要求，但此现场塔机旁就有一水龙头长期流水，使塔机的混凝土基础长期浸泡在水中，并使地基的地基承载力大大降低，同时降低了塔机的抗倾翻能力。

(3) 塔机的混凝土基础通常为正方形，但该塔机的混凝土基础做成长方形，且平面尺寸减小，使塔机的抗倾翻能力大大降低。这是千万要注意的事情，不能随心所欲，据现场反映双方未签订任何合同等手续，拆装队为抢工程项目，而随意抢做基础安装塔式起重机。目前在激烈的市场经济竞争中，还是必须以安全生产的大局为重，拆装塔机必须按有关的规范、规程、标准执行，决不能马虎大意。

案例 8-2

在上海某基础公司总承包、某建设分承包公司分包的轨道交通某车站工程工地上，分承包单位进行桩基旋喷加固施工。上午 5 时 30 分左右，1 号桩机(井架式旋喷桩机)机操工王某、辅助工冯某、孙某 3 人在 C8 号旋喷桩桩基施工时，辅助工孙某发现桩机框架上部

6m 处油管接头漏油，在未停机的情况下，由地面爬至框架上部去排除油管漏油故障(桩机框架内径 650×350)。由于天雨湿滑，孙某爬上机架后不慎身体滑落框架内档，被正在提升的内压铁挤压受伤，事故发生后，地面施工人员立即爬上桩架将孙某救下，并送往医院急救，经抢救无效孙某于当日 7 时死亡。本起事故的直接经济损失约为 15.5 万元。

事故直接原因

辅工孙某在未停机的状态下，擅自爬上机架排除油管漏油故障，因天雨湿滑，身体滑落井架式桩机框架内档，被正在提升的动力头压铁挤压致死。孙某违章操作，是造成本次事故的直接原因。

事故间接原因

(1) 机操工王某，作为 C8 号旋喷桩机的机长，未能及时发现异常情况并采取相应措施。

(2) 总承包单位对分承包单位日常安全监控不力，安全教育深度不够，并且对分承包单位施工超时作业未及时制止，对分承包队伍现场监督管理存在薄弱环节。

事故主要原因

分承包项目部对现场安全管理落实不力，对职工安全教育不力，安全交底和安全操作规程未落实到实处；施工人员工作时间长(24 小时分两班工作)造成施工人员身心疲劳、反应迟缓，是造成本次事故的主要原因。

8.4 施工机械的修理管理

8.4.1 施工机械的修理制度

1. 机械修理方式

施工机械的修理制度经历了漫长的演变过程，最初的机械设备维修制度是事后维修。所谓事后维修是指当机械设备出现了故障才去修理，只要机械设备不出故障，就一直使用下去。随着施工生产机械化程度的日益提高，机械设备的突发性故障对生产的影响很大，甚至会导致生产的重大损失，事后维修制已无法适应施工生产发展的需要。同时，人们在维修的技术理论研究方面，也有了明显的进步，对机械设备的磨损和损坏规律的认识有了重要突破，于是便产生了计划预期检修制和预防检修制的修理制度以及预知维修制度。

(1) 计划预期检修制。计划预期检修制是典型的定期修理制度，它的主要特征是定期保养、计划修理，其指导思想是养修并重、预防为主。

(2) 定期检查、按需修理维修制。定期检查、按需修理维修制也称为定检定项维修制，是预防检修制的维修制度。

(3) 预知维修制度。预知维修不仅强调机械的可靠性和维修性设计，而且为了减少机械寿命周期费用、提高机械效率，还强调机械经济效益。

2. 机械维修分类

根据机械维修内容、要求以及工作量的大小，将机械维修工作划分为大修、项修、小修。其作业内容比较见表 8-1。

表 8-1　作业内容

标准要求	类别		
	大修	项修	小修
拆卸分解程度	全面拆卸	对需修总成部分拆卸分解	拆卸有故障的部位和零件
修复范围和程度	检查、调整基础件，更换或修复所有磨损超限零件	对需修总成进行修复，更换修理不合格件的零件	更换和修理不能使用的零部件
质量要求	按大修工艺规程和技术标准检查验收	按预定修复总成要求验收	按机械完好标准验收
表面要求	表面除去全部旧漆，打光、喷漆或刷漆	局部补漆	不进行

(1) 大修。大修是指机械大部分零件，甚至某些基础件即将达到或已经达到极限磨损程度，不能正常工作，经过技术鉴定，需要进行一次全面彻底的恢复性修理，使机械的技术状况和使用性能达到规定的技术要求，从而延长其使用寿命。

(2) 项修。项修是项目修理的简称，是以机械技术状态的检测诊断为依据，对机械零件磨损接近极限而不能正常工作的少数或个别总成，有计划地进行局部恢复性修复，以保持机械各总成使用期的平衡，延长整机的大修间隔期。

(3) 小修。小修是指机械使用和运行中突然发生的故障损坏和临时故障的修理，又称故障修理。对于实行点检制的机械，小修的工作内容主要是针对日常点检和定期检查发现的问题，进行检查、调整、更换或修复失效的零件，恢复机械的正常功能。对于实行定期保养制的机械，小修的工作内容主要是根据已掌握的磨损规律，更换或修复在保养间隔期内失效或即将失效的零件，并进行调整，以保持机械的正常工作能力。

3. 检修周期

计划检修的周期是根据机械零件磨损规律及零件配合使用寿命，用统计的方法确定。由于计划检修周期的影响因素很多，各地区、各部门确定方法也不尽相同。

8.4.2 施工机械修理作业的组织

机械修理作业应根据生产规模、技术水平、承修机械类型，以及配件、材料的供应能力等具体条件选用。

1. 机械修理作业的基本方法

机械修理作业的基本方法分为就机修理法和总成互换修理法。

1) 就机修理法

就机修理法是指在整个修理过程中，将零件从机械上拆下，进行清洗、检验、修理或更换不能修复的零件，最后分别组装部件或总成，重新装回原机，直到原机全部修复。

2) 总成互换修理法

总成互换修理法是指机械修理过程中，除原有机架就机修理外，将其余已损坏的部件、总成从机械上拆下，换用预先修好的总成或部件装配成整机出厂。

2. 机械修理作业的方式

机械修理的作业方式一般分为定位作业法和流水作业法。

1) 定位作业法

定位作业法是指机械的拆卸和装配都固定在一定的工作位置上完成，拆卸后，组合件或总成的修理作业，可分散到各专业组进行。

2) 流水作业法

流水作业法是指机械的拆卸和装配都在流水线上进行。流水线可分为连续流水和间歇流水两种。前者指机械的拆卸和装配是在始终流动着的流水线上进行的；而后者则是每流到某一工位时停歇一段时间，待完成规定的作业后，继续流到下一工位。

3. 机械修理作业的劳动组织

机械修理作业的劳动组织一般分为综合作业法和专业分工作业法。

1) 综合作业法

综合作业法是指整个机械的修理作业，除部分零件的修配加工由专业车间或专业组去完成外，其余所有修理和装配工作，都由一个修理工组单独完成。

2) 专业分工作业法

专业分工法是将机械修理作业，按工种、部位、总成等划分为若干个作业单元，每个单位的修理作业固定由专业工组承担。作业单元分得越细，专业化程度就越高。

习　题

1. 建筑施工机械使用管理的基本制度包括哪些？

2. 简述机械事故处理的原则和方法。

3.【背景】2002 年 4 月 24 日，在某中建局总包、广东某建筑公司清包的动力中心及主厂房工程工地上，动力中心厂房正在进行抹灰施工，现场使用一台 JGZ350 型混凝土搅拌机用来拌制抹灰砂浆。上午 9 时 30 分左右，由于从搅拌机出料口到动力中心厂房西北侧现场抹灰施工点约有 200m 的距离，两台翻斗车进行水平运输，加上抹灰工人较多，造成砂浆供应不上，工人在现场停工待料。身为抹灰工长的文某非常着急，到砂浆搅拌机边督促拌料。因文某本人安全意识不强，趁搅拌机操作工去备料而不在搅拌机旁的情况下，私自违章开启搅拌机，且在搅拌机运行过程中，将头伸进料口边查看搅拌机内的情况，被正在爬升的料斗夹到其头部后，人跌落在料斗下，料斗下落后又压在文某的胸部，造成头部大量出血。事故发生后，现场负责人立即将文某急送医院，经抢救无效，于当日上午 10 时左右死亡。根据背景资料，分析案例所涉事故产生的原因。

【参考答案】

参 考 文 献

[1] 周立新．中小型建筑机械[M]．北京：中国建筑工业出版社，1993．
[2] 孙大伟．建筑机械[M]．北京：中国劳动保障出版社，1993．
[3] 哈尔滨建筑工程学院，等．混凝土机械和桩工机械[M]．北京：中国建筑工业出版社，1982．
[4] 潘全祥．机械员[M]．北京：中国建筑工业出版社，2005．
[5]《机械员一本通》编委会．机械员一本通[M]．北京：中国建材工业出版社，2007．
[6] 王刚领．机械员工作实务手册[M]．长沙：湖南大学出版社，2008．
[7] 李启月．工程机械[M]．长沙：中南大学出版社，2007．
[8] 张青．工程机械概论[M]．北京：化学工业出版社，2009．
[9] 张清国，等．建筑工程机械[M]．重庆：重庆大学出版社，2004．
[10] 张海涛，等．建筑工程机械[M]．武汉：武汉大学出版社，2009．
[11] 范俊祥．塔式起重机[M]．北京：中国建材工业出版社，2004．
[12] 张伦．土方机械[M]．北京：中国建筑工业出版社，1992．
[13] 朱学敏．土方工程机械[M]．北京：机械工业出版社，2003．
[14] 朱学敏．起重机械[M]．北京：机械工业出版社，2007．
[15] 朱学敏．混凝土、钢筋加工机械[M]．北京：机械工业出版社，2003．
[16] 朱学敏．桩工、水工机械[M]．北京：机械工业出版社，2003．
[17] 纪士斌．建筑机械基础[M]．北京：清华大学出版社，2009．
[18] 王进．施工机械概论[M]．北京：人民交通出版社，2004．
[19] 黄士基．土木工程机械[M]．北京：中国建筑工业出版社，2000．
[20] 高文安．建筑施工机械[M]．武汉：武汉理工大学出版社，2000．
[21] 曹善华．建筑施工机械[M]．上海：同济大学出版社，2008．

北京大学出版社高职高专土建系列教材书目

序号	书名	书号	编著者	定价	出版时间	配套情况
	“互联网+”创新规划教材					
1	建筑构造(第二版)	978-7-301-26480-5	肖　芳	42.00	2016.1	ppt/APP/二维码
2	建筑装饰构造(第二版)	978-7-301-26572-7	赵志文等	39.50	2016.1	ppt/二维码
3	建筑工程概论	978-7-301-25934-4	申淑荣等	40.00	2015.8	ppt/二维码
4	市政管道工程施工	978-7-301-26629-8	雷彩虹	46.00	2016.5	ppt/二维码
5	市政道路工程施工	978-7-301-26632-8	张雪丽	49.00	2016.5	ppt/二维码
6	建筑三维平法结构图集	978-7-301-27168-1	傅华夏	65.00	2016.8	APP
7	建筑三维平法结构识图教程	978-7-301-27177-3	傅华夏	65.00	2016.8	APP
8	建筑工程制图与识图(第2版)	978-7-301-24408-1	白丽红	34.00	2016.8	APP/二维码
9	建筑设备基础知识与识图(第2版)	978-7-301-24586-6	靳慧征等	47.00	2016.8	二维码
10	建筑结构基础与识图	978-7-301-27215-2	周　晖	58.00	2016.9	APP/二维码
11	建筑构造与识图	978-7-301-27838-3	孙　伟	40.00	2017.1	APP/二维码
12	建筑工程施工技术(第三版)	978-7-301-27675-4	钟汉华等	66.00	2016.11	APP/二维码
13	工程建设监理案例分析教程(第二版)	978-7-301-27864-2	刘志麟等	50.00	2017.1	ppt
14	建筑工程质量与安全管理(第二版)	978-7-301-27219-0	郑　伟	55.00	2016.8	ppt/二维码
15	建筑工程计量与计价——透过案例学造价(第2版)	978-7-301-23852-3	张　强	59.00	2014.4	ppt
16	城乡规划原理与设计(原城市规划原理与设计)	978-7-301-27771-3	谭婧婧等	43.00	2017.1	ppt/素材
17	建筑工程计量与计价	978-7-301-27866-6	吴育萍等	49.00	2017.1	ppt/二维码
18	建筑工程计量与计价(第3版)	978-7-301-25344-1	肖明和等	65.00	2017.1	APP/二维码
19	市政工程计量与计价(第三版)	978-7-301-27983-0	郭良娟等	59.00	2017.2	ppt/二维码
20	高层建筑施工	978-7-301-28232-8	吴俊臣	65.00	2017.4	ppt/答案
21	建筑施工机械(第二版)	978-7-301-28247-2	吴志强等	35.00	2017.5	ppt/答案
22	市政工程概论	978-7-301-28260-1	郭　福等	46.00	2017.5	ppt/二维码
	“十二五”职业教育国家规划教材					
1	★建筑工程应用文写作(第2版)	978-7-301-24480-7	赵立等	50.00	2014.8	ppt
2	★土木工程实用力学(第2版)	978-7-301-24681-8	马景善	47.00	2015.7	ppt
3	★建设工程监理(第2版)	978-7-301-24490-6	斯　庆	35.00	2015.1	ppt/答案
4	★建筑节能工程与施工	978-7-301-24274-2	吴明军等	35.00	2015.5	ppt
5	★建筑工程经济(第2版)	978-7-301-24492-0	胡六星等	41.00	2014.9	ppt/答案
6	★建设工程招投标与合同管理(第3版)	978-7-301-24483-8	宋春岩	40.00	2014.9	ppt/答案/试题/教案
7	★工程造价概论	978-7-301-24696-2	周艳冬	31.00	2015.1	ppt/答案
8	★建筑工程计量与计价(第3版)	978-7-301-25344-1	肖明和等	65.00	2017.1	APP/二维码
9	★建筑工程计量与计价实训(第3版)	978-7-301-25345-8	肖明和等	29.00	2015.7	
10	★建筑装饰施工技术(第2版)	978-7-301-24482-1	王　军	37.00	2014.7	ppt
11	★工程地质与土力学(第2版)	978-7-301-24479-1	杨仲元	41.00	2014.7	ppt
	基础课程					
1	建设法规及相关知识	978-7-301-22748-0	唐茂华等	34.00	2013.9	ppt
2	建设工程法规(第2版)	978-7-301-24493-7	皇甫婧琪	40.00	2014.8	ppt/答案/素材
3	建筑工程法规实务	978-7-301-19321-1	杨陈慧等	43.00	2011.8	ppt
4	建筑法规	978-7-301-19371-6	董伟等	39.00	2011.9	ppt
5	建设工程法规	978-7-301-20912-7	王先恕	32.00	2012.7	ppt
6	AutoCAD 建筑制图教程(第2版)	978-7-301-21095-6	郭　慧	38.00	2013.3	ppt/素材
7	AutoCAD 建筑绘图教程(第2版)	978-7-301-24540-8	唐英敏等	44.00	2014.7	ppt
8	建筑 CAD 项目教程(2010 版)	978-7-301-20979-0	郭　慧	38.00	2012.9	素材
9	建筑工程专业英语(第二版)	978-7-301-26597-0	吴承霞	24.00	2016.2	ppt
10	建筑工程专业英语	978-7-301-20003-2	韩薇等	24.00	2012.2	ppt
11	建筑识图与构造(第2版)	978-7-301-23774-8	郑贵超	40.00	2014.2	ppt/答案
12	房屋建筑构造	978-7-301-19883-4	李少红	26.00	2012.1	ppt
13	建筑识图	978-7-301-21893-8	邓志勇等	35.00	2013.1	ppt
14	建筑识图与房屋构造	978-7-301-22860-9	贠禄等	54.00	2013.9	ppt/答案
15	建筑构造与设计	978-7-301-23506-5	陈玉萍	38.00	2014.1	ppt/答案
16	房屋建筑构造	978-7-301-23588-1	李元玲等	45.00	2014.1	ppt
17	房屋建筑构造习题集	978-7-301-26005-0	李元玲	26.00	2015.8	ppt/答案
18	建筑构造与施工图识读	978-7-301-24470-8	南学平	52.00	2014.8	ppt
19	建筑工程识图实训教程	978-7-301-26057-9	孙伟	32.00	2015.12	ppt

序号	书名	书号	编著者	定价	出版时间	配套情况
20	建筑工程制图与识图(第 2 版)	978-7-301-24408-1	白丽红	34.00	2016.8	APP/二维码
21	建筑制图习题集(第 2 版)	978-7-301-24571-2	白丽红	25.00	2014.8	
22	建筑制图(第 2 版)	978-7-301-21146-5	高丽荣	32.00	2013.3	ppt
23	建筑制图习题集(第 2 版)	978-7-301-21288-2	高丽荣	28.00	2013.2	
24	◎建筑工程制图(第 2 版)(附习题册)	978-7-301-21120-5	肖明和	48.00	2012.8	ppt
25	建筑制图与识图(第 2 版)	978-7-301-24386-2	曹雪梅	38.00	2015.8	ppt
26	建筑制图与识图习题册	978-7-301-18652-7	曹雪梅等	30.00	2011.4	
27	建筑制图与识图(第二版)	978-7-301-25834-7	李元玲	32.00	2016.9	ppt
28	建筑制图与识图习题集	978-7-301-20425-2	李元玲	24.00	2012.3	ppt
29	新编建筑工程制图	978-7-301-21140-3	方筱松	30.00	2012.8	ppt
30	新编建筑工程制图习题集	978-7-301-16834-9	方筱松	22.00	2012.8	
		建筑施工类				
1	建筑工程测量	978-7-301-16727-4	赵景利	30.00	2010.2	ppt/答案
2	建筑工程测量(第 2 版)	978-7-301-22002-3	张敬伟	37.00	2013.2	ppt/答案
3	建筑工程测量实验与实训指导(第 2 版)	978-7-301-23166-1	张敬伟	27.00	2013.9	答案
4	建筑工程测量	978-7-301-19992-3	潘益民	38.00	2012.2	ppt
5	建筑工程测量	978-7-301-13578-5	王金玲等	26.00	2008.5	
6	建筑工程测量实训(第 2 版)	978-7-301-24833-1	杨凤华	34.00	2015.3	答案
7	建筑工程测量(附实验指导手册)	978-7-301-19364-8	石　东等	43.00	2011.10	ppt/答案
8	建筑工程测量	978-7-301-22485-4	景　铎等	34.00	2013.6	ppt
9	建筑施工技术(第 2 版)	978-7-301-25788-7	陈雄辉	48.00	2015.7	ppt
10	建筑施工技术	978-7-301-12336-2	朱永祥等	38.00	2008.8	ppt
11	建筑施工技术	978-7-301-16726-7	叶　雯等	44.00	2010.8	ppt/素材
12	建筑施工技术	978-7-301-19499-7	董　伟等	42.00	2011.9	ppt
13	建筑施工技术	978-7-301-19997-8	苏小梅	38.00	2012.1	ppt
14	建筑施工机械	978-7-301-19365-5	吴志强	30.00	2011.10	ppt
15	基础工程施工	978-7-301-20917-2	董　伟等	35.00	2012.7	ppt
16	建筑施工技术实训(第 2 版)	978-7-301-24368-8	周晓龙	30.00	2014.7	
17	◎建筑力学(第 2 版)	978-7-301-21695-8	石立安	46.00	2013.1	ppt
18	土木工程力学	978-7-301-16864-6	吴明军	38.00	2010.4	ppt
19	PKPM 软件的应用(第 2 版)	978-7-301-22625-4	王　娜等	34.00	2013.6	
20	◎建筑结构(第 2 版)(上册)	978-7-301-21106-9	徐锡权	41.00	2013.4	ppt/答案
21	◎建筑结构(第 2 版)(下册)	978-7-301-22584-4	徐锡权	42.00	2013.6	ppt/答案
22	建筑结构学习指导与技能训练(上册)	978-7-301-25929-0	徐锡权	28.00	2015.8	ppt
23	建筑结构学习指导与技能训练(下册)	978-7-301-25933-7	徐锡权	28.00	2015.8	ppt
24	建筑结构	978-7-301-19171-2	唐春平等	41.00	2011.8	ppt
25	建筑结构基础	978-7-301-21125-0	王中发	36.00	2012.8	ppt
26	建筑结构原理及应用	978-7-301-18732-6	史美东	45.00	2012.8	ppt
27	建筑结构与识图	978-7-301-26935-0	相秉志	37.00	2016.2	
28	建筑力学与结构(第 2 版)	978-7-301-22148-8	吴承霞等	49.00	2013.4	ppt/答案
29	建筑力学与结构(少学时版)	978-7-301-21730-6	吴承霞	34.00	2013.2	ppt/答案
30	建筑力学与结构	978-7-301-20988-2	陈水广	32.00	2012.8	ppt
31	建筑力学与结构	978-7-301-23348-1	杨丽君等	44.00	2014.1	ppt
32	建筑结构与施工图	978-7-301-22188-4	朱希文等	35.00	2013.3	ppt
33	生态建筑材料	978-7-301-19588-2	陈剑峰等	38.00	2011.10	ppt
34	建筑材料(第 2 版)	978-7-301-24633-7	林祖宏	35.00	2014.8	ppt
35	建筑材料与检测(第 2 版)	978-7-301-25347-2	梅　杨等	33.00	2015.2	ppt/答案
36	建筑材料检测试验指导	978-7-301-16729-8	王美芬等	18.00	2010.10	
37	建筑材料与检测(第二版)	978-7-301-26550-5	王　辉	40.00	2016.1	ppt
38	建筑材料与检测试验指导	978-7-301-20045-2	王　辉	20.00	2012.2	
39	建筑材料选择与应用	978-7-301-21948-5	申淑荣等	39.00	2013.3	ppt
40	建筑材料检测实训	978-7-301-22317-8	申淑荣等	24.00	2013.4	
41	建筑材料	978-7-301-24208-7	任晓菲	40.00	2014.7	ppt/答案
42	建筑材料检测试验指导	978-7-301-24782-2	陈东佐等	20.00	2014.9	ppt
43	◎建设工程监理概论(第 2 版)	978-7-301-20854-0	徐锡权等	43.00	2012.8	ppt/答案
44	建设工程监理概论	978-7-301-15518-9	曾庆军等	24.00	2009.9	ppt
45	◎地基与基础(第 2 版)	978-7-301-23304-7	肖明和等	42.00	2013.11	ppt/答案
46	地基与基础	978-7-301-16130-2	孙平平等	26.00	2010.10	ppt
47	地基与基础实训	978-7-301-23174-6	肖明和等	25.00	2013.10	ppt
48	土力学与地基基础	978-7-301-23675-8	叶火炎等	35.00	2014.1	ppt
49	土力学与基础工程	978-7-301-23590-4	宁培淋等	32.00	2014.1	ppt
50	土力学与地基基础	978-7-301-25525-4	陈东佐	45.00	2015.2	ppt/答案

序号	书名	书号	编著者	定价	出版时间	配套情况
51	建筑工程质量事故分析(第2版)	978-7-301-22467-0	郑文新	32.00	2013.9	ppt
52	建筑工程施工组织设计	978-7-301-18512-4	李源清	26.00	2011.2	ppt
53	建筑工程施工组织实训	978-7-301-18961-0	李源清	40.00	2011.6	ppt
54	建筑施工组织与进度控制	978-7-301-21223-3	张廷瑞	36.00	2012.9	ppt
55	建筑施工组织项目式教程	978-7-301-19901-5	杨红玉	44.00	2012.1	ppt/答案
56	钢筋混凝土工程施工与组织	978-7-301-19587-1	高　雁	32.00	2012.5	ppt
57	钢筋混凝土工程施工与组织实训指导(学生工作页)	978-7-301-21208-0	高　雁	20.00	2012.9	ppt
58	建筑施工工艺	978-7-301-24687-0	李源清等	49.50	2015.1	ppt/答案
	工程管理类					
1	建筑工程经济(第2版)	978-7-301-22736-7	张宁宁等	30.00	2013.7	ppt/答案
2	建筑工程经济	978-7-301-24346-6	刘晓丽等	38.00	2014.7	ppt/答案
3	施工企业会计(第2版)	978-7-301-24434-0	辛艳红等	36.00	2014.7	ppt/答案
4	建筑工程项目管理(第2版)	978-7-301-26944-2	范红岩等	42.00	2016. 3	ppt
5	建设工程项目管理(第2版)	978-7-301-24683-2	王　辉	36.00	2014.9	ppt/答案
6	建设工程项目管理	978-7-301-19335-8	冯松山等	38.00	2011.9	ppt
7	建筑施工组织与管理(第2版)	978-7-301-22149-5	翟丽旻等	43.00	2013.4	ppt/答案
8	建设工程合同管理	978-7-301-22612-4	刘庭江	46.00	2013.6	ppt/答案
9	建筑工程资料管理	978-7-301-17456-2	孙　刚等	36.00	2012.9	ppt
10	建筑工程招投标与合同管理	978-7-301-16802-8	程超胜	30.00	2012.9	ppt
11	工程招投标与合同管理实务	978-7-301-19035-7	杨甲奇等	48.00	2011.8	ppt
12	工程招投标与合同管理实务	978-7-301-19290-0	郑文新等	43.00	2011.8	ppt
13	建设工程招投标与合同管理实务	978-7-301-20404-7	杨云会等	42.00	2012.4	ppt/答案/习题
14	工程招投标与合同管理	978-7-301-17455-5	文新平	37.00	2012.9	ppt
15	工程项目招投标与合同管理(第2版)	978-7-301-24554-5	李洪军等	42.00	2014.8	ppt/答案
16	工程项目招投标与合同管理(第2版)	978-7-301-22462-5	周艳冬	35.00	2013.7	ppt
17	建筑工程商务标编制实训	978-7-301-20804-5	钟振宇	35.00	2012.7	ppt
18	建筑工程安全管理(第2版)	978-7-301-25480-6	宋　健等	42.00	2015.8	ppt/答案
19	施工项目质量与安全管理	978-7-301-21275-2	钟汉华	45.00	2012.10	ppt/答案
20	工程造价控制(第2版)	978-7-301-24594-1	斯　庆	32.00	2014.8	ppt/答案
21	工程造价管理(第二版)	978-7-301-27050-9	徐锡权等	44.00	2016.5	ppt
22	工程造价控制与管理	978-7-301-19366-2	胡新萍等	30.00	2011.11	ppt
23	建筑工程造价管理	978-7-301-20360-6	柴　琦等	27.00	2012.3	ppt
24	建筑工程造价管理	978-7-301-15517-2	李茂英等	24.00	2009.9	
25	工程造价案例分析	978-7-301-22985-9	甄　凤	30.00	2013.8	ppt
26	建设工程造价控制与管理	978-7-301-24273-5	胡芳珍等	38.00	2014.6	ppt/答案
27	◎建筑工程造价	978-7-301-21892-1	孙咏梅	40.00	2013.2	ppt
28	建筑工程计量与计价	978-7-301-26570-3	杨建林	46.00	2016.1	ppt
29	建筑工程计量与计价综合实训	978-7-301-23568-3	龚小兰	28.00	2014.1	
30	建筑工程估价	978-7-301-22802-9	张　英	43.00	2013.8	ppt
31	安装工程计量与计价(第3版)	978-7-301-24539-2	冯　钢等	54.00	2014.8	ppt
32	安装工程计量与计价综合实训	978-7-301-23294-1	成春燕	49.00	2013.10	素材
33	建筑安装工程计量与计价	978-7-301-26004-3	景巧玲等	56.00	2016.1	ppt
34	建筑安装工程计量与计价实训(第2版)	978-7-301-25683-1	景巧玲等	36.00	2015.7	
35	建筑水电安装工程计量与计价(第二版)	978-7-301-26329-7	陈连姝	51.00	2016.1	ppt
36	建筑与装饰装修工程工程量清单(第2版)	978-7-301-25753-1	翟丽旻等	36.00	2015.5	ppt
37	建筑工程清单编制	978-7-301-19387-7	叶晓容	24.00	2011.8	ppt
38	建设项目评估	978-7-301-20068-1	高志云等	32.00	2012.2	ppt
39	钢筋工程清单编制	978-7-301-20114-5	贾莲英	36.00	2012.2	ppt
40	混凝土工程清单编制	978-7-301-20384-2	顾　娟	28.00	2012.5	ppt
41	建筑装饰工程预算(第2版)	978-7-301-25801-9	范菊雨	44.00	2015.7	ppt
42	建筑装饰工程计量与计价	978-7-301-20055-1	李茂英	42.00	2012.2	ppt
43	建设工程安全监理	978-7-301-20802-1	沈万岳	28.00	2012.7	ppt
44	建筑工程安全技术与管理实务	978-7-301-21187-8	沈万岳	48.00	2012.9	ppt
	建筑设计类					
1	中外建筑史(第2版)	978-7-301-23779-3	袁新华等	38.00	2014.2	ppt
2	◎建筑室内空间历程	978-7-301-19338-9	张伟孝	53.00	2011.8	
3	建筑装饰 CAD 项目教程	978-7-301-20950-9	郭　慧	35.00	2013.1	ppt/素材
4	建筑设计基础	978-7-301-25961-0	周圆圆	42.00	2015.7	
5	室内设计基础	978-7-301-15613-1	李书青	32.00	2009.8	ppt
6	建筑装饰材料(第2版)	978-7-301-22356-7	焦　涛等	34.00	2013.5	ppt
7	设计构成	978-7-301-15504-2	戴碧锋	30.00	2009.8	ppt

序号	书名	书号	编著者	定价	出版时间	配套情况
8	基础色彩	978-7-301-16072-5	张　军	42.00	2010.4	
9	设计色彩	978-7-301-21211-0	龙黎黎	46.00	2012.9	ppt
10	设计素描	978-7-301-22391-8	司马金桃	29.00	2013.4	ppt
11	建筑素描表现与创意	978-7-301-15541-7	于修国	25.00	2009.8	
12	3ds Max 效果图制作	978-7-301-22870-8	刘　晗等	45.00	2013.7	ppt
13	3ds max 室内设计表现方法	978-7-301-17762-4	徐海军	32.00	2010.9	
14	Photoshop 效果图后期制作	978-7-301-16073-2	脱忠伟等	52.00	2011.1	素材
15	3ds Max & V-Ray 建筑设计表现案例教程	978-7-301-25093-8	郑恩峰	40.00	2014.12	ppt
16	建筑表现技法	978-7-301-19216-0	张　峰	32.00	2011.8	ppt
17	建筑速写	978-7-301-20441-2	张　峰	30.00	2012.4	
18	建筑装饰设计	978-7-301-20022-3	杨丽君	36.00	2012.2	ppt/素材
19	装饰施工读图与识图	978-7-301-19991-6	杨丽君	33.00	2012.5	ppt
		规划园林类				
1	居住区景观设计	978-7-301-20587-7	张群成	47.00	2012.5	ppt
2	居住区规划设计	978-7-301-21031-4	张　燕	48.00	2012.8	ppt
3	园林植物识别与应用	978-7-301-17485-2	潘利等	34.00	2012.9	ppt
4	园林工程施工组织管理	978-7-301-22364-2	潘利等	35.00	2013.4	ppt
5	园林景观计算机辅助设计	978-7-301-24500-2	于化强等	48.00	2014.8	ppt
6	建筑・园林・装饰设计初步	978-7-301-24575-0	王金贵	38.00	2014.10	ppt
		房地产类				
1	房地产开发与经营(第 2 版)	978-7-301-23084-8	张建中等	33.00	2013.9	ppt/答案
2	房地产估价(第 2 版)	978-7-301-22945-3	张　勇等	35.00	2013.9	ppt/答案
3	房地产估价理论与实务	978-7-301-19327-3	褚菁晶	35.00	2011.8	ppt/答案
4	物业管理理论与实务	978-7-301-19354-9	裴艳慧	52.00	2011.9	ppt
5	房地产测绘	978-7-301-22747-3	唐春平	29.00	2013.7	ppt
6	房地产营销与策划	978-7-301-18731-9	应佐萍	42.00	2012.8	ppt
7	房地产投资分析与实务	978-7-301-24832-4	高志云	35.00	2014.9	ppt
8	物业管理实务	978-7-301-27163-6	胡大见	44.00	2016.6	
9	房地产投资分析	978-7-301-27529-0	刘永胜	47.00	2016.9	ppt
		市政与路桥				
1	市政工程施工图案例图集	978-7-301-24824-9	陈亿琳	43.00	2015.3	pdf
2	市政工程计价	978-7-301-22117-4	彭以舟等	39.00	2013.3	ppt
3	市政桥梁工程	978-7-301-16688-8	刘　江等	42.00	2010.8	ppt/素材
4	市政工程材料	978-7-301-22452-6	郑晓国	37.00	2013.5	ppt
5	道桥工程材料	978-7-301-21170-0	刘水林等	43.00	2012.9	ppt
6	路基路面工程	978-7-301-19299-3	偶昌宝等	34.00	2011.8	ppt/素材
7	道路工程技术	978-7-301-19363-1	刘　雨等	33.00	2011.12	ppt
8	城市道路设计与施工	978-7-301-21947-8	吴颖峰	39.00	2013.1	ppt
9	建筑给排水工程技术	978-7-301-25224-6	刘　芳等	46.00	2014.12	ppt
10	建筑给水排水工程	978-7-301-20047-6	叶巧云	38.00	2012.2	ppt
11	市政工程测量(含技能训练手册)	978-7-301-20474-0	刘宗波等	41.00	2012.5	ppt
12	公路工程任务承揽与合同管理	978-7-301-21133-5	邱　兰等	30.00	2012.9	ppt/答案
13	数字测图技术应用教程	978-7-301-20334-7	刘宗波	36.00	2012.8	ppt
14	数字测图技术	978-7-301-22656-8	赵　红	36.00	2013.6	ppt
15	数字测图技术实训指导	978-7-301-22679-7	赵　红	27.00	2013.6	ppt
16	水泵与水泵站技术	978-7-301-22510-3	刘振华	40.00	2013.5	ppt
17	道路工程测量(含技能训练手册)	978-7-301-21967-6	田树涛等	45.00	2013.2	ppt
18	道路工程识图与 AutoCAD	978-7-301-26210-8	王容玲等	35.00	2016.1	ppt
		交通运输类				
1	桥梁施工与维护	978-7-301-23834-9	梁　斌	50.00	2014.2	ppt
2	铁路轨道施工与维护	978-7-301-23524-9	梁　斌	36.00	2014.1	ppt
3	铁路轨道构造	978-7-301-23153-1	梁　斌	32.00	2013.10	ppt
4	城市公共交通运营管理	978-7-301-24108-0	张洪满	40.00	2014.5	ppt
5	城市轨道交通车站行车工作	978-7-301-24210-0	操杰	31.00	2014.7	ppt
		建筑设备类				
1	建筑设备识图与施工工艺(第 2 版)(新规范)	978-7-301-25254-3	周业梅	44.00	2015.12	ppt
2	建筑施工机械	978-7-301-19365-5	吴志强	30.00	2011.10	ppt
3	智能建筑环境设备自动化	978-7-301-21090-1	余志强	40.00	2012.8	ppt
4	流体力学及泵与风机	978-7-301-25279-6	王　宁等	35.00	2015.1	ppt/答案

注：★为“十二五”职业教育国家规划教材；◎为国家级、省级精品课程配套教材，省重点教材；为“互联网+”创新规划教材。